中国软科学研究丛书

丛书主编：张来武

"十一五"国家重点图书出版规划项目
国家软科学研究计划资助出版项目

县（市）域复合生态空间发展研究

U0210738

赵运林 等 著

科学出版社
北京

内 容 简 介

本书以研究县（市）域复合生态空间发展战略规划为主，对县（市）域复合生态空间系统辨识、县（市）域复合生态空间发展战略规划内容、空间发展战略规划方法和计算机信息技术应用四个方面进行了研究。同时，本书为"四化两型"社会建设和城乡统筹发展对城镇体系调整、生态产业空间布局、生态环境保护与治理、重大生态工程建设、宜居生活空间布局等提供了宏观空间发展战略决策依据。

本书可供城市规划相关专业师生使用，也可供城市管理者参考。

图书在版编目（CIP）数据

县(市)域复合生态空间发展研究/赵运林等著.—北京：科学出版社，2017.6

（中国软科学研究丛书）

ISBN 978-7-03-052454-6

Ⅰ. ①县… Ⅱ. ①赵… Ⅲ. ①城市空间-空间规划-研究 Ⅳ. ①TU984.11

中国版本图书馆 CIP 数据核字（2017）第 055864 号

丛书策划：林 鹏 胡升华 侯俊琳
责任编辑：杨婵娟 刘巧巧/责任校对：王 瑞
责任印制：张欣秀/封面设计：黄华斌 陈 敬
编辑部电话：010-640355853
E-mail：houjunlin@mail.sciencep.com

科 学 出 版 社 出版

北京东黄城根北街 16 号
邮政编码：100717
http://www.sciencep.com

北京东华虎彩印刷有限公司 印刷
科学出版社发行 各地新华书店经销

*

2017 年 6 月第 一 版 开本：B5（720×1000）
2018 年 1 月第二次印刷 印张：15 1/2 插页：16
字数：331 000

定价：168.00 元
（如有印装质量问题，我社负责调换）

《县（市）域复合生态空间发展研究》
编写人员

赵运林　邱国潮　李小舟　徐正刚

黄慧敏　曹永卿　张　曦　周松林

黄　田　曾　敏　董　萌

总 序 ···▶

软科学是综合运用现代各学科理论、方法，研究政治、经济、科技及社会发展中的各种复杂问题，为决策科学化、民主化服务的科学。软科学研究是以实现决策科学化和管理现代化为宗旨，以推动经济、科技、社会的持续协调发展为目标，针对决策和管理实践中提出的复杂性、系统性课题，综合运用自然科学、社会科学和工程技术的多门类多学科知识，运用定性和定量相结合的系统分析和论证手段，进行的一种跨学科、多层次的科研活动。

1986 年 7 月，全国软科学研究工作座谈会首次在北京召开，开启了我国软科学勃兴的动力阀门。从此，中国软科学积极参与到改革开放和现代化建设的大潮之中。为加强对软科学研究的指导，国家于 1988 年和 1994 年分别成立国家软科学指导委员会和中国软科学研究会。随后，国家软科学研究计划正式启动，对软科学事业的稳定发展发挥了重要的作用。

20 多年来，我国软科学事业发展紧紧围绕重大决策问题，开展了多学科、多领域、多层次的研究工作，取得了一大批优秀成果。京九铁路、三峡工程、南水北调、青藏铁路乃至国家中长期科学和技术发展规划战略研究，软科学都功不可没。从总体上看，我国软科学研究已经进入各级政府的决策中，成为决策和政策制定的重要依据，发挥了战略性、前瞻性的作用，为解决经济社会发展的重大决策问题做出了重要贡献，为科学把握宏观形势、明确发展战略方向发挥了重要作用。

20 多年来，我国软科学事业凝聚优秀人才，形成了一支具有一定实力、知识结构较为合理、学科体系比较完整的优秀研究队伍。据不完全统计，目前我国已有软科学研究机构 2000 多家，研究人员近 4 万人，每年开展软科学研究项目 1 万多项。

为了进一步发挥国家软科学研究计划在我国软科学事业发展中的导向作用，促进软科学研究成果的推广应用，科学技术部决定从 2007 年起，在国家软科学研究计划框架下启动软科学优秀研究成果出版资助工作，形成"中国软科学研究丛书"。

"中国软科学研究丛书"因其具有良好的学术价值和社会价值，已被列入国家新闻出版总署"'十一五'国家重点图书出版规划项目"。我希望并相信，丛书的出版对软科学研究优秀成果的推广应用将起到很大的推动作用，对提升软科学研究的社会影响力、促进软科学事业的蓬勃发展意义重大。

2008 年 12 月

生态文明是人类文明史上继农业文明、工业文明以后的又一文明形态。在当代中国，生态文明建设是推进"五位一体"总体布局的有机组成部分。大力推进生态文明建设，加快生态文明体制机制改革，需要建立健全统一的空间规划体系，以主体功能区规划为基础统筹各类空间性规划，积极推进市县"多规合一"，一张蓝图干到底。构建新型城镇化体系，有序引导城镇化和农民工市民化进程；保护基本农田和永久基本农田；管制国土空间用途，统一保护、统一修复山水林田湖，科学划定生态红线，构建山水林田湖生命共同体，以期逐步建立国家空间规划体系，优化国土空间格局，对实现国家空间体系与治理能力现代化具有十分重要的意义。

在上述背景下，以赵运林教授为首的研究团队，依托科学技术部软科学研究计划项目"县（市）域复合生态空间发展战略规划研究"（2013GXS3K054-10）、益阳市科技计划项目（2014JZ07）和湖南省科技计划项目（2016TP1014），集中科研人员和技术力量联合攻关，践行"创新、协调、绿色、开放、共享"五大发展理念，以县（市）域行政区划为基本研究单元，从复合生态系统理论、景观生态学理论、空间发展规划理论等多元理论视角出发，采用系统工程方法、"3S"技术、地理设计技术、多目标决策法、模糊综合评价法等方法和技术，历时3年多，对县（市）域复合生态空间发展的理论体系构建和实证规划进行了大胆的探索和有益的尝试，并著书成说。在我看来，该书有以下4个方面的特色与创新。

1、创新县（市）域复合生态空间发展战略规划理论。作者原创性提出县（市）域复合生态空间概念，概述其内涵与外延，重点探究了县（市）域复合生态空间的划分依据、组成要素、功能与形态结构特征，县（市）域复合生态空间发展的制约与影响因素、自组织与他组织发展机制、演化途径。

2、创新县（市）域复合生态空间发展战略规划的方法与技术。作者在规划过程中采用了系统工程方法以及3S分析与管理技术和生态适宜性评价技术，基本形成独具一格的规划方法技术体系。

3、创新县（市）域复合生态空间发展战略规划范式。作者以多个规划为例，实证划分了县（市）域复合生态空间、识别并重组了空间结构和定位，提升了县（市）域空间功能，制定了空间发展控制指引，安排了空间发展时序与近期建设重点。

4、创新县（市）域复合生态空间发展战略规划管理。作者主要在县（市）域复合生态空间发展管理、县（市）域复合生态空间发展战略规划管理机制和战略规划实施保障体系等方面进行创新。

尤其值得一提的是，作者不仅力图原创性构建出县（市）域空间发展规划体系和空间治理体系，而且力图创新一种跨部门、跨行业、跨区域，多方利益主体、多学科参与的可操作、可推广、可复制的县（市）域空间发展管控机制，对创新生态空间治理有很好的借鉴。

因此，该书的出版将为我国县（市）域复合生态空间规划编制提供理论和方法，为我国城市县（市）域空间规划体系构建及治理能力现代化发挥积极的推动作用。

汤放华

教授，国务院政府特殊津贴专家，中国城市规划学会城乡治理与政策研究学术委员会副主任委员，湖南省城乡规划学会理事长

　　随着现代化和城镇化进程的加速，城市区域化与区域城市化对城市和区域的生态保护提出了更加严格的要求，人们更多地关注"三生"共荣，即生产空间集约高效、生活空间宜居适度、生态空间山清水秀，给自然留下更多的修复空间，给农业留下更多的良田，给子孙后代留下天蓝、地绿、水净、食品安全的美好家园。改革城市总体规划是落实党的十八大以来中央对城镇化、城市工作、生态文明建设等一系列战略部署的具体任务和工作。推进县（市）域"多规合一"，逐步形成一个县（市）、一个规划、一张蓝图①，根据主体功能定位和省级空间规划要求，研究、制定县（市）域空间规划编制指引和技术规范，形成可复制、可推广的经验，是解决当前城乡规划工作中出现规划失灵问题的迫切需要，是做好新一轮国务院审批城市总体规划编制的基础。

　　目前，城乡总体规划制度突出的短板较多。一是缺乏城乡全域的空间规划内容，如县（市）域有规划区内外的划分，从规划编制和管理上都集中关注中心城区，城镇体系的示意性和结构性规划没有空间约束性内容；规划区内"重城轻乡"，只规划和管理城镇建设用地，对城镇建设用地范围外的农村集体建设活动引导和控管不足，城乡"两张皮"造成城乡结合部问题突出、集体建设用地泛滥、违法建设蔓延、城镇环境恶化等现象。二是事权划分不清，城乡总体规划内容繁多，管控内容不清，审

---

① 本书所指市仅限于县级市，但研究内容亦可为地级市提供参考。

查、审批重点不突出，审批内容和编制、管理、监管内容脱节，需合理分配国务院事权、省级事权、市级事权、县级事权、镇级事权。

为响应习近平同志对城乡规划改革的要求，本书针对上文中所提及的问题，对接国家空间规划体系而撰写。力图整合城市空间和生态空间、复合生态系统、人类居住环境、区域与景观、生态位及自组织等方面的相关理论，创新性地提出了复合生态空间、县（市）域复合生态空间发展、县（市）域复合生态空间发展战略规划、县（市）域复合生态空间发展（战略规划）管理的概念，探究了县（市）域复合生态空间的组成要素、形态结构、功能结构、制约与影响因素、组织机制及途径，着重对县（市）域复合生态空间系统辨识、县（市）域复合生态空间发展战略规划内容、空间发展战略规划方法和计算机信息技术应用四个方面进行了研究。以县（市）域复合生态空间规划为基础，以用途管制为主要手段，以复合生态空间整理和结构优化为主要内容，以协调城镇、农业、设施、自然四类空间为目的，针对县（市）域人地矛盾突出、空间形态日趋破碎、生态环境日益恶化和空间管理效能低下等问题，开展了县（市）域复合生态空间规划、用途管制、干部考核等一系列治理研究，从数量型管制向空间治理转变，把生态文明放在突出位置，实现县（市）域复合生态空间格局优化。本书内容丰富，观念新颖，是一本理论与实践相结合的规划设计参考读物，可为城乡统筹发展、城镇体系调整、生态产业空间布局、生态环境保护与治理、重大生态工程建设、宜居生活空间布局等提供宏观空间发展战略决策依据。

本书由赵运林主持编著，邱国潮、李小舟、徐正刚、黄慧敏、曹永卿、张曦、周松林、黄田、曾敏和董萌参与编写。

本书在编写过程中，借鉴了国内外高校及专业科技文献资料，在此谨向各位专家，即参考资料原作者表示衷心的感谢。对参考文献著录中遗漏的作者在表示衷心感谢的同时也表示深深歉意。由于编者水平有限，书中不足之处在所难免，敬请有关专家及广大读者批评、指正。

赵运林

2016 年 11 月 30 日

目　录

CONTENTS

第一章

绪　论

第一节　研究背景

一　理论研究背景

生态已经成为全球发展的流行语，资源节约、环境友好与可持续发展的重要性越来越深入人心。人类赖以生存的大环境，经历了从自然生态系统状态到人工生态系统状态的过渡。人类出现之前，整个地球是自然生态系统；人类出现之后就开始了对自然生态系统的影响与改造，开始了从自然生态系统到半自然生态系统和人工生态系统的过渡。地球虽大，但随着人口的急剧增长和工业的快速发展，现在已很难找到没有人类影响的自然生态系统。因此，为了整个生物圈的良性循环，人类一直在致力于两个方面的工作：一方面建立不同类型和大小各异的自然保护区；另一方面使已经恶化的人工生态系统逐渐恢复。在这方面，我国进行了多种多样的尝试，总的方向就是在一定范围的人工生态系统内，力求做到生态环境、经济建设、社会发展三者持续、稳定、协调地发展，促进整个人工生态系统的良性循环。人们时时刻刻进行着物质、能量和信息的相互交换。社会经济的发展离不开生态环境，其所需的物质、能量和信息都来自和依靠生态环境。

自德国动物学家海克尔（E. Haeckel）于1866年提出"生态学"这一概念以来，生态学就得到了快速的发展和广泛的应用。虽然我国对生态系统的研究起步较晚，开始于20世纪70年代末，但是由于社会经济发展的客观需要，各领域学者对生态系统的研究工作进展很快，成绩显著。著名生态学家和环境科学家马世骏教授简明扼要地指出：当今我们人类赖以生存的社会、经济、自然是一个复合大系统的整体。社会是经济的上层建筑；经济则是社会的基础，又是社会联系自然的中介；自然是整个社会、经济的基础，是整个复合生态系统的基础[①]。同时，他指出"当代若干重大社会问题，都直接或间接关系到社会体制、经济发展状况以及人类赖以生存的自然环境。社会、经济和自然是三个

[①] 马世骏，王如松. 社会-经济-自然复合生态系统[J]. 生态学报，1984，(1): 1-8.

不同性质的系统，但其各自的生存和发展都受其他系统结构、功能的制约，必须当成一个复合系统来考虑"。马世骏分析了该复合系统的生态特征，提出了衡量该复合系统的三个指标，即自然系统的合理性、经济系统的利润和社会系统的效益。他指出复合生态系统的研究是一个多目标决策过程，应在经济生态学原则的指导下拟定具体的社会目标、经济目标和生态目标，使系统的综合效益最高，风险最小，存活机会最大。随后，马世骏进一步提炼了以组织结构与管理、思想文化、科技教育和政策法令为主导的人类社会作为核心，自然地理环境、人类工程和生物群落作为基础圈层的复合生态系统结构体系（马世骏和王如松，1984）。著名生态学家王如松提出复合生态系统作为人类社会与自然环境构成的多级系统，是自然子系统、经济子系统和社会子系统组成的多级复合体，涵盖人类行为、技术、村镇、城市、产业、生物、水体等要素（图1-1）。

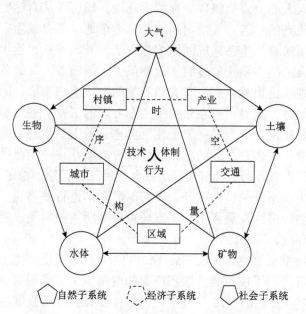

图1-1　社会-经济-自然复合生态系统结构图

资料来源：王如松. 转型期城市生态学前沿研究进展[J]. 生态学报，2000，20(5): 836.

从世界范围内的科学发展态势来看，21世纪成了生态学世纪，生态学已经成为解决一切与生命现象有关问题的学科指导。目前，生态学与各学科有机结合、各学科发展生态学化的趋势日趋明显，冠以"生态"名词的学科已不下100门。近年来，生态学、生态经济学、景观生态学、生物多样性保护理论的发展和完善，已为人类认识宏观环境提供了先进的理论和思想，为开展大尺度的区域生态区划与生态环境质量评价提供了可度量的技术与方法。遥感（remote sensing，RS）、地理信息系统（geography information system，GIS）、全球定位系统（global position system，GPS）（简称 3S）及信息网络技术的发展，为我们认识和管理生态环境提供了手段和方法。目前，关于复合生态系统的研究较多，主要集中在两个方面：一是复合生态系统特性研究，如结构分析、可持续发展评价、生态效率评估、能值分析、碳氧平衡分析、协调发展动态评价、生态位评价、动态足迹分析、有效物质平衡模型构建等；二是以复合生态系统理论为指导的环境管理、景观资源评价与优化、流域梯级开发累积、环境影响识别等。简而言之，复合生态系统的最终目标为合理制定各系统的衡量指标，实现系统均衡发展，从而为解决社会、经济和自然环境问题提供决策支持。

二 实际应用背景

城镇化和生态环境破坏并存已经成为许多国家正在面临或曾经面临的巨大难题。新的时代背景对社会生产和生活提出了更高的目标和要求，最为突出的两个特点是：生态环境友好和城乡一体化发展。作为指导县（市）域建设与发展的规划，传统以经济建设为核心的规划已经无法满足新时代的要求，迫切需要研究型和应用型的新规划。

（一）复合生态理论与人类生存环境息息相关

20 世纪 90 年代以来，可持续发展思想成为时代发展主题。2012 年 6 月 20 日，联合国可持续发展大会（“里约+20”峰会）在里约召开。会议指出，全球可持续发展面临城市可持续发展、海洋资源保护、能源效率、水资源及食品安全五大挑战，并提出“绿色经济”口号。我国作为负责任的大国，基于自身可持续发展问题一直在积极寻找对策。近十年来，在科学发展观的指引下，全国各地正蓬勃开展生态县、生态市和各类生态园区的规划建设，力图通过制定生态战略规划来促进区域城乡人口、资源、环境和社会经济的协调发展。

“生态文明”建设的提出对城镇建设理念产生了积极影响，扭转了贪大求快的城镇化势头，明确了以生态文明为导向的城镇化建设新思路。其中，寻求与生态学整合之途就是十分有效的发展路径。党中央高屋建瓴，紧跟时代潮流，党在十八大报告中已经作出经济建设、政治建设、文化建设、社会建设、生态文明建设“五位一体”的总体布局，以此推进小康社会的全面建成、社会主义现代化的早日实现、中国特色社会主义事业的顺利完成及中华民族的伟大复兴。其中，已经达成的共识是：经济建设是根本，政治建设是保障，文化建设是灵魂，社会建设是条件，生态文明建设是基础。"十三五"时期，我国发展既要看速度，也要看增量，更要看质量，实现有质量、有效益、可持续的增长，着力在转变经济发展方式、优化经济结构、改善生态环境、提高发展质量和效益中实现经济增长。

在 2015 年第 21 届联合国气候变化大会开幕式上，习近平同志提出："作为全球治理的一个重要领域，应对气候变化的全球努力是一面镜子，给我们思考和探索未来全球治理模式、推动建设人类命运共同体带来宝贵启示"，"应该创造一个各尽所能、合作共赢的未来"，"应该创造一个奉行法治、公平正义的未来"，"应该创造一个包容互鉴、共同发展的未来"。生态文明与气候变化紧密相关，我国把生态文明作为"十三五"规划重要内容，通过科技创新和体制机制创新，实施优化产业结构、构建低碳能源体系、发展绿色建筑和低碳交通、建立全国碳排放交易市场等一系列政策措施，形成任何自然和谐发展的现代化建设新格局。

随着现代化和城镇化进程的加速，不仅城市区域化与区域城市化对城市和区域的生态保护提出了更加严格的要求，而且小康社会的价值观正日益转向重视生态环境保护，更多地关注生态、生产、生活"三生"共荣，关注生产空间集约高效、生活空间宜居适度、生态空间山清水秀，给自然留下更多的修复空间，给农业留下更多的良田，给子孙后代留下天蓝、地绿、水净、食品安全的美好家园。这些要求直接导致规划的价值追求转向提倡以人为本和公众参与，追求生态文明，倡导人与自然的和谐共生。这些发展趋势必然要求城市、城乡、县（市）域乃至区域等空间的科学规划、合理建设与可持续发展必须及时寻找生态学途径，注重大量提供生态产品和生态服务，大幅提高生态效益和生态适宜性，大力改善人居环境和生态环境。

（二）复合生态理论是国家新型城镇化规划需求

新型城镇化是以城乡统筹、城乡一体、产城互动、节约集约、生态宜居、和谐发展为基本特征的城镇化，是大中小城市、小城镇、新型农村社区协调发展、互促共进的城镇化。新型城镇化的"新"，是指观念更新、体制革新、技术创新和文化复新，是新型工业化、区域城镇化、社会信息化和农业现代化的生态发育过程。"型"指转型，包括产业经济、城市交通、建设用地等方面的转型，环境保护也要从末端治理向"污染防治-清洁生产-生态产业-生态基础设施-生态政区"五同步的生态文明建设转型。其核心在于不以牺牲农业、生态和环境为代价，着眼农民，涵盖农村，实现城乡基础设施一体化和公共服务均等化，促进经济社会发展，实现共同富裕，让城镇建设体现尊重自然、顺应自然、天人合一的理念，依托现有山水脉络等独特风光，让城市融入大自然，让居民"望得见山、看得见水、记得住乡愁"。

新型城镇化是解决三农问题的主要途径。我国农村人口数量大、农业水土资源紧缺，在城乡二元体制下，土地规模经营难以推广，传统生产方式较难改变。新型城镇化总体上有利于集约节约利用土地，为发展现代农业腾出宝贵空间。随着农村人口逐步向城镇转移，农民人均资源占有量相应增加，可以促进农业生产规模化和机械化，提高农业现代化水平和农民生活水平。而城镇经济实力提升，将会进一步增强以工促农、以城带乡能力，加快农村经济社会发展。城镇化作为现代人类文明进步的产物，不仅可以提高生产效率，还能造福人民，全面提升居民的生活质量。随着城镇经济的繁荣、功能的完善、公共服务水平和生态环境质量的提升，人们的物质生活会变得更加殷实充裕，精神生活会变得更加丰富多彩。随着城乡二元体制逐步破除，城市内部二元结构矛盾逐步化解，全体城乡居民将共享现代文明成果。这既有利于维护社会公平正义，消除社会风险隐患，也有利于社会进步。

2014 年，中共中央、国务院印发了《国家新型城镇化规划（2014—2020年）》，按照建设中国特色社会主义"五位一体"总体布局，顺应发展规律，因势利导，趋利避害，积极稳妥、扎实有序推进城镇化，努力走出一条以人为本、四化同步、优化布局、生态文明、文化传承的中国特色新型城镇化道路，对建设健康的、可持续发展的中国特色现代化城镇体系具有重大意义。城镇化的快速推进，吸纳了大量农村劳动力转移就业，提高了城乡生产要素配置效率，推动了国民经济持续快速发展，带来了社会结构深刻变革，促进了城乡居民生活水平全面提升，取得了举世瞩目的成就。

（三）复合生态理论是构建国家、省、县（市）三级主体功能区的理论支撑

在工业化和城镇化快速推进、空间结构与经济社会结构急剧变动的转型时期，为了有效解决国土空间开发中的突出问题和沉着应对未来的诸多挑战，党中央、国务院审时度势，立足国土空间自然状况，从建设富强、民主、文明、和谐的社会主义现代化国家，确保中华民族永续发展的高度出发，按照人口、资源、环境相均衡，经济、社会、生态效益相统一的原则，力争到 2020 年基本形成空间开发格局清晰、空间结构优化、空间利用效率提高、区域发展协调性增强、可持续发展能力提升的主体功能区布局，着力构建国土空间的"三大战略格局"和"三大主体功能区"。其中，"三大战略格局"指以"两横三纵"为主体的城市化战略格局、以"七区二十三带"为主体的农业战略格局，以及以"两屏三带"为主体的生态安全战略格局。按开发方式，国土空间可分为优化开发区域、重点开发区域、限制开发区域和禁止开发区域四类主体功能区；按开

发内容，可分为城市化地区、农产品主产区和重点生态功能区三类主体功能区；按层级，可分为国家和省级两个层面的主体功能区。

当前，国家层面的主体功能区规划已经基本完成，但还不是一个完全可以直接操作的规划。因为我国各地差异较大，国家层面难以照顾到各省（自治区、直辖市）的不同情况。因此，为了分清事权，发挥地方的积极性，要共同推进省级主体功能区划，明确本辖区内国家确定的城市化地区、农产品主产区的具体范围及国家规划未涉及地域的主体功能及其定位。只有省级规划完成之后，国家和省级两个层面的主体功能区才真正实现陆地国土空间的全覆盖，才能够有效指导全国各地严格按照主体功能定位发展。

但是，国家和省级主体功能区都是从较大空间尺度出发的，除了禁止开发区域以外，单个主体功能区都是以"万平方公里"为尺度，一般包括几个或十几个县（市）级行政单位。而在县（市）级行政区，空间尺度较小，且多数县（市）均质性较强，没有再划定主体功能区，其空间规划主要是落实国家和省级主体功能区规划对本县（市）的主体功能定位。

目前，县（市）域空间规划，尤其是总规层面的县（市）城镇体系规划，不仅没有充分发挥承上（国家和省级主体功能区规划）启下（城镇总体规划）的衔接作用，而且内容相当粗略（简而言之，就是所谓的"三结构一网络"，即城镇规模等级结构、城镇职能结构、城镇空间结构、交通市政设施网络点—轴—面空间结构网络），难以覆盖整个行政区域的城镇发展、农业生产与生态保护，难以形成科学合理的城市化格局、农业发展格局和生态安全格局。换而言之，目前县（市）域范围内正迫切需要某种更具体的功能区划，来明确城镇、农村居民点等生活空间，农业、工业等生产空间，林地、水系、湿地等生态空间；明确山水林田路和城市的界限，各功能区的定位、发展方向、管制原则；管制开发强度，规范开发秩序，把握开发时序。正如国家发展和改革委员会原秘书长杨伟民所言："我希望能探索一种新的规划，把每个县（市）的山、水、林、田、路、城镇、村庄的界线确定下来。这一规划的名称是什么没有关系，其'任务'是将各类规划合为一个，实现'三规合一'或'多规合一'，真正实现'一县（市）、一张图、一支笔'管理体制。届时，我国国土上的规划才能全部完成。""在县（市）一级，所有的规划就指向那点国土了，因此可以探索用一个规划解决所有问题，避免浪费人力、物力。任何活动都在一个规划指导下来实施，那么国土空间管理就可以变得非常精细。哪在修路？哪在建住宅？是不是符合规划？盯着计算机就可以实现管理。一旦出现违规情况，第一时间即可发现。这样，对国土的管理就可以从目前的现场管理、行政系统管理，变为及时准确的精细化管理。这样的基础规划，每隔5年做些调整即可。没有必要像现在一样，每5年重新编写一次。"

（四）复合生态理论是"全域城乡规划"与主体功能区规划的保障

"全域城乡规划"是以行政边界为规划区界限并着重解决区域内城乡发展问题的规划统称。2008 年，《城市规划法》向《城乡规划法》的演变标志着城市规划界正式步入了"城乡规划"时代，"城乡统筹"正式成为城市与乡村发展的纲领性思想。各种以"城乡统筹"为名或以城乡统筹为首要目标的县域、市域甚至省域的"全域城乡规划"实践在全国许多地区陆续出现。

全域城乡规划依靠物质空间利用，从镇区到镇域、从建设要素（用地）到非建设要素（用地）、从微观到宏观进行有机整合和系统规划。在规划层次上，"全域城乡规划"在一定意义上可以作为区域规划在宏观层面上指导市域或者省域的城乡发展，也可以在中微观层面上作为专项规划研究，以解决地方城乡发展的实际问题。从字面上理解，全域代表着某一区域的全部，即从更高的层次上将城镇与乡村作为一个一体的异质地区。其原因是在新形势下，小城镇发展需要在镇域及区域环境层面梳理城乡发展要素，突破传统发展路径，以实现发展模式的"一隅"到"全域"的转变。这包括三个层面的"全域观"：一是"全空间"的统筹，即全域规划具有全地域性，不仅涉及城镇建成区，而且包含广大乡村地区及大量非建设用地；二是"全要素"统筹，即从整个镇域空间调动土地、经济、社会、生态等发展要素，实现空间发展与资源承载、产业驱动、基础保障、生态保护的耦合和系统性计划与布置；三是"全过程"协调，包含出于区域协调和与上位规划的衔接互动的考虑，挖掘小城镇特色，体现优化区域生产力格局的基本价值。

第二节 国内现状问题剖析

一 国内现状

（一）城乡统筹

新中国成立以来，中国作为一个典型的城乡"二元结构"国家，为了民族独立和加快社会主义建设，确立了优先发展重工业的发展战略，并采取高度集中的计划经济、城乡户籍分隔管理、农产品统购统销等一系列制度，从而进一步固化了城乡"二元结构"。长期以来，由于制度、政策的"二元化"，城乡发展不仅存在结构"二元化"，也呈现出发展时空的"二元化"。

党的十六大提出："统筹城乡经济社会发展，建设现代农业，发展农村经济，增加农民收入，是全面建设小康社会的重大任务。"这是我国第一次在党的全国代表大会上从社会-经济-自然的全局角度提出城乡共同发展战略，开启了城乡统筹发展的新纪元，此后，一系列理论创新和实践都在此基础上逐步发展起来，城乡"二元"结构开始出现松动。党的十七大进一步提出，"统筹城乡发展，推进社会主义新农村建设"，强调农业基础地位，走中国特色农业现代化道路，形成城乡经济社会发展一体化新格局。党的十八大提出"推动城乡发展一体化"，对工业化、城镇化、信息化和农业现代化"四化同步"协调发展和全面建成小康社会奋斗目标作出了部署。从党的十六大提出"统筹城乡经济社会发展"，到党的十八大提出"推动城乡发展一体化"，体现了我国经济社会发展战略的进一步深化，为城乡一体化发展奠定了坚实的基础，但在一个13亿多人口的大国实现城乡一体化协调发展将是长期艰巨的任务，也是人类发展历史上的伟大壮举。

在新的历史条件下，"推进城乡一体化发展"不仅是我国经济社会发展重大战略形式上的深化，更是发展战略实质内容的深化；不仅是发展战略在时间维度上的深化，更是发展战略在空间布局上的深化；不仅是发展战略思维方式的深化，更是发展战略指导思想和理论的深化。

（二）主体功能区划

主体功能区划根据资源环境承载能力、现有开发密度和发展潜力，统筹考虑未来我国国土利用、人口分布、城镇化格局和经济布局，将国土空间划分为不同类型的空间单元，不同于单一的行政区划、自然区划或经济区划。

目前，我国在空间发展中存在着空间结构失调、农村地区盲目开发、耕地大量减少、农产品供给安全不能保障、自然资源过度开发、生态系统整体功能退化和资源环境压力越来越大等现象。针对区域发展的各种问题，2010年年底，国务院印发了《全国主体功能区规划》，将主体功能区划分为优化开发区域、重点开发区域、限制开发区域和禁止开发区域四类。该规划将开发内容定义为以提供工业产品和服务产品为主体功能的城市化地区、以提供农产品为主体功能的农业地区、以提供生态产品为主体功能的生态地区等。

（三）生态文明

党的十八大作出"大力推进生态文明建设"的战略决策，提出"建设生态文明，是关系人民福祉、关乎民族未来的长远大计。面对资源约束趋紧、环境污染严重、生态系统退化的严峻形势，必须树立尊重自然、顺应自然、保护自然的生态文明理念，把生态文明建设放在突出地位，融入经济建设、政治建设、文化建设、社会建设各方面和全过程，努力建设美丽中国，实现中华民族永续发展"；"坚持节约资源和保护环境的基本国策，坚持节约优先、保护优先、自然恢复为主的方针，着力推进绿色发展、循环发展、低碳发展，形成节约资源和保护环境的空间格局、产业结构、生产方式及生活方式，从源头上扭转生态环境恶化趋势，为人民创造良好生产生活环境，为全球生态安全做出贡献"，达成了"经济建设是根本，政治建设是保障，文化建设是灵魂，社会建设是条件，生态文明建设是基础"的共识。"生态文明"建设的提出对城镇建设理念产生了积极影响，扭转了贪大求快的城镇化势头，明确了以生态为导向的城镇化建设新思路。

（四）国家空间治理体系

在国家法制化和民主化的发展下，中共十八届三中全会提出深化改革和推进国家治理体系和治理能力现代化的议题。在城乡建设和发展治理能力方面，2014年3月，国务院颁布《国家新型城镇化规划（2014—2020年）》，提出"健全国家城乡规划督察员制度""设立总规划师制度"等系列措施。伴随着深化改革的过程，国家的空间治理逐渐深入研究如何进一步夯实国家的基本权力，不断健全和完善既有的法律制度，提高空间治理能力；另外，为了避免在国家空间治理领域的权力结构出现"另起炉灶"和"重复建设"的现象，政府提高了对土地使用和空间管理的效能。逐步形成以县（市）级行政区为单元，建立由空间规划、用途管制、领导干部自然资源资产离任审计、差异化绩效考核等构成的空间治理体系。

空间规划是空间治理体系的基础，目前的空间用途管制分散在各个部门，所以需要推进"多规合一"。在"十三五"空间规划体系里，以国土规划、土地利用总体规划为基本规划，推进区域布局、城乡建设、交通发展、土地利用、国土整治、生态保护等空间规划编制过程的统一、成果要求的融合，最终建立完整的空间治理体系。

二 面临的主要问题

（一）生态问题：经济社会活动与生态环境矛盾

生态环境承载和净化着在社会经济活动过程中所产生的废弃物，然而，不合理的人类活动造成生态环境破坏。在片面发展观指导下，强烈的经济利益驱动、密集的人类活动和快速的高能耗、高污染型产业发展已经并继续对城乡生态环境产生巨大的胁迫效应，导致城乡建设与生态环境失衡，导致城乡矛盾、人地矛盾、人与资源的矛盾、人与地域分布的矛盾，以及城镇空间与农业空间和生态空间之间的矛盾日益突出，资源环境约束加剧，生态系统退化等现象突出。其具体表现为，水源污染严重，农田、森林、草原和湿地蚕食与破坏严重，环境事故与生态灾害频繁发生，极富特色的河道、水网和丘陵山体惨遭破坏，农田抛荒与农田肥力下降，城市交通拥挤，住房短缺，基础设施滞后，环境污染与污染扩散，等等。各地屡屡上演的极难消除、缓解的各种生态问题越来越多、土地城镇化远快于人口城镇化、许多工业产品过剩而粮食越来越多地依赖进口等现象，已经充分地证明了这一点。因此，在已有的城乡发展基础上，建立复合生态理论和实践体系对解决经济社会活动与生态环境矛盾之间的问题至关重要。

（二）空间问题：区域城乡缺乏统筹、整体空间形态日趋破碎

我国区域发展，尤其是县（市）域发展，始终没有以空间规划的形式来表达；区域空间规划虽然与区域规划编制并行，但是并没有很好地融合；经济区划分、重大基础设施布局（如区域交通、水利建设、港口选址）等问题很少以空间规划的形式实现综合统筹。县（市）域从整体上来看，缺乏空间整合、缺乏城乡统筹，生态共建基本上无从谈起，根本上忽视了县（市）域空间在生态、经济、社会等方面期待多元综合的迫切要求。

应该注意的是，在区域发展过程中"各取所需、忽视自然、人定胜天"的县（市）域空间发展思维仍然一直不同程度地存在着，即只注重城镇空间而忽视或者轻视农业空间、生态空间及诸多类型的廊道空间，只注重经济社会效益而忽视生态效益，只注重生产力根本不考虑生态力。另外，人们的思想相当容易从一个极端走向另一个极端：在生态环境日益恶化的今天，又出现了一种"否定人的本体论"的思潮，这种思想过分强调环境控制，而忽略必要的经济效益的支撑。这两种不良倾向在很大程度上同样导致城市与乡村之间、经济与社会之间、人与自然之间产生巨大的矛盾与冲突。

此外，城乡各利益主体价值观和活动的较大差异性，以及城乡二元化发展、小农经济长期影响的历史背景，还导致形成了被复杂的社会经济形态、复杂的用地功能和复杂的利益主体所左右，相互排斥和彼此割裂的城郊空间被动发展模式。这种发展模式致使县（市）域空间丧失自身的发展轨迹和主体性；致使县（市）域空间结构不合理，空间形态不完整，空间利用效率不高；致使县（市）域农业生产空间日益破碎，农村居民点布局缺乏规律，农户小规模生产经营，小城镇建设用地无序蔓延，区域性重大基础设施自由蔓延，不利于农业的规模化、机械化生产，不利于提高农户把握市场、承担风险的能

力及掌握技术的能力，不利于在全球化市场中取得竞争优势，不利于加快农业产业化和农业现代化的发展步伐；致使县（市）域空间形态发展与生态环境之间的矛盾日益尖锐，生态调节功能趋于脆弱，生态安全难以持续保障；致使县（市）域内地域空旷对管网布置约束性小，管网走线随意，各类管网自成系统并交错叠合，将用地划分得七零八碎。这些最终将进一步加剧县（市）域的空间破碎化和景观破碎化。

（三）规划问题：城乡规划创新能力不强、各类规划亟待整合

空间发展战略滞后或者落后，将制约经济社会发展，影响开发建设水平，造成资源的极大浪费，给后人留下包袱和历史遗憾。县（市）域内经济社会发展规划、土地利用规划、城镇体系规划、城乡规划、风景名胜区规划、自然保护区规划、生态保护规划、环境保护规划、新农村建设规划、森林公园规划、区域性管线基础设施规划等各类规划，基于现行条块分割的行政体制和规划体制，分属不同的职能部门，内容彼此矛盾、交叉重叠、缺乏相互衔接，互"不搭界"现象尤为严重，规划打架，彼此不合现象屡屡可见，实施部门和基层常常无所适从、无所作为。这不仅导致规划难以得到有效执行和实施，而且还导致规划难以发挥城乡统筹发展、优化开发和耕地保护的作用。

城乡规划仍然沿用诸如此类没有生态准则的空间发展战略，将导致忽视生态环境规划、空间规划方法与技术日渐陈旧、创新能力不强等现象。整体而言，城乡规划界对县（市）域的空间规划绝大多数仍沿袭城乡二元规划方法，并未引入复合生态系统理念，分析的科学性也较弱，CAD绘图技术仍一统天下，新一代以地理信息技术为基础的3S技术并未得到全面的推广与应用。

值得一提的是，在许多发达城市和地区，总体规划频繁和反复修编，导致不断增加开发量，扩大增量空间，对县（市）域的国土空间与生态环境造成极大的破坏，各类规划已经出现了富余，它们的整合、协调也正成为一件迫在眉睫的大事。无论在任何地区，尤其是县（市），在快速发展和新型城镇化进程当中，必须警惕这种规划资源浪费的不良趋向，避免重蹈覆辙。

（四）管理问题：急功近利、政出多头、效能低下

第一个方面则是县（市）人民政府施政行为的阶段性与规划的渐进性并不匹配，领导管理年限与中长期规划年限难以协调。当前实行的任届干部轮换制度和定期的职责考核制度使得上下届政府施政政策延续机制得不到保障，每届政府、每期执政者在区域、经济、社会发展、自身发展等方面都存在着不同的诉求，都力求在任期内多办"实事"，每一位新官上任都力求按自己原则办事。

这就不可避免地导致"一届政府一个规划、一届政府一个样"的弊端。在这种情形下，能够迅速改变县（市）域面貌和直观形象的近期建设规划必然会大受青睐；而更多体现为规划效益渐进增长的远景规划、战略规划、中长期规划必然很少有人问津，自然也就缺乏对实施所需资金的支持。

第二个方面是行政界限与规划管理存在着权限不整合的问题。城市规划实施是在《城乡规划法》赋予的行政界限的基础上执行土地和空间资源配置的职能，即城市规划区的划定明确了城市规划管理的权限。而乡村地域范围的调控权限则不归规划部门所有，城乡土地与空间资源矛盾亦一直存在于规划部门和土地部门之间。在目前城乡分治体制的背景下，很难保证城乡一体的生态系统调控能够确保城乡公平，更难在部门条块分割造成局部利益纷争的情况下做到整体生态效益优先。因而十分显见的弊端就是乡村空间资源缺乏管理、乡村地区建设秩序混乱、自然资源浪费现象严重、生态环境破坏日益加剧。

第三个方面则是重技术规划轻公共政策、重城市轻农村，空间发展中不平衡、不协调、不可持续的难题依然突出。规划管理体制与规划管理方法导致农村地区始终陷于封闭式内向性发展的困境。一旦陷入这样的困境当中，生态区位优势就无法在城镇化进程中积极发挥正面作用，而且其自身的生态环境优势和农副业发展还会遭到严重的打击。

第四个方面为规划管理模式较为单一。目前，县（市）域规划管理更多地体现为一种"自上而下"的管理模式，空间规划管理的职责就是在上级政府政策的导向下制定各种城乡建设的空间准入准则，对具体建设行为、内容和方式进行调控。然而，城乡统筹下社会效益的直接体现及空间规划完整而又顺利的实施，只有通过社会全体的监督才能保证其实现。单凭行政行为无法体现完整的社会意识，因而需要通过建构并畅通来自公众的"自下而上"的路径来达到。

第三节 研究意义

县（市）域是人口、资源、历史、文化、产业、基础设施、公共服务设施及生态文明建设的空间载体。县（市）人民政府是县（市）域城乡统筹发展规划及相关行业规划编制和实施管理的主体，县（市）域空间有多种生态功能相互耦合的生态系统。经济的高速增长带来的资源环境问题给城镇体系规划带来了新的契机，在一些城市化发展速度、经济发展水平走在前列的县（市），经济增长方式转变、行政体制改革等问题显得尤为紧迫，县（市）域成为实现城乡统筹发展的主要空间载体，而县（市）域城镇体系规划将逐步应对这些变化，逐步成为县（市）级行政主体调控区域发展的主要手段。因此开展县（市）域复合生态空间发展战略规划研究和规划编制不仅具有重大的理论和实践意义，而且对于某些独特的城乡地域［如生态绿心地区、城镇群地区、跨县（市）的中小流域］还具有一定的指导意义，具体如下。

（一）有助于打破城乡地域二元结构，创新性地提出复合生态空间概念

长期以来形成的城乡二元结构，不但造成了城乡间的巨大差距，而且更重要的是，使人们的头脑中深深地烙上了"重城市而忽农村，先城市居民后农村农民"的根深蒂固的城乡二元结构思想。县（市）域复合生态空间在遵循生态准则的前提下实现县（市）域城乡统筹，并将县（市）域复合生态空间作为国家、省主体功能区划的必要层次和有效补充。

众所周知，为了城市的快速发展，农业、农村及农民作出了巨大的牺牲和贡献，然而当真正要讲起重视农村发展时，许多人都会感到不适应，甚至连农民自己也不敢相信和接受。每当遇到城市与农村在发展项目上的取舍问题时，往往天平还是会倒向城市这一块。由此可见，要真正做到打破城乡地域的二元结构，还需要建立城乡经济-社会-自然发展一体化机制。打破城乡地域的二元结构，将复合生态系统、自组织与他组织、城市空间和生态空间等理论应用到县（市）域空间研究，将一定的城乡空间地域［即县（市）域］：县域、地级市市域或一个城镇群地域作为研究对象，创新思维模型，强调遵守自然规律与充分发挥人的主观能动性的有机统一，赋予空间以生态的含义，探寻县（市）域生态文明建设的空间途径，统筹解决空间的生态问题。针对县（市）域，创新性地提出复合生态空间概念，将县（市）域看作是一个自然-经济-社会要素相互紧密耦合的复合生态空间。在此基础上构建涵盖城镇生态空间、农业生态空间、设施生态空间和自然生态空间在内的复合生态空间结构，为县（市）域复合生态空间提供一种空间模式，为县（市）域城乡统筹、主体功能区划提供理论依据，从而有望探索出一条城市与乡村共繁荣、经济与社会同发展、人与自然相和谐的科学发展路径，促进县（市）域复合生态空间的愈合、恢复、整合、提升和平衡，从而达到资源节约、环境友好、社会和谐、科学发展的目标。

按照复合生态空间的客观要求，构建有利于公共服务和发展机会均等化的管理制度，从而有望正确引导生产要素向适合的空间集聚，加快城乡公共设施和基础设施一体化建设，改善城乡居民生态、生产、生活条件，奠定农村地区长期可持续发展所需的社会基础和制度基础，有效缩小城乡差距，从而形成城

乡和谐共荣的新态势和新格局，推进城乡同步现代化和全面一体化。只有坚定统筹城乡、共同发展的思路才是符合历史潮流的，才是代表全国人民共同受利益的，才是与党的方针政策相吻合的道路。

（二）有助于完善既有规划层次，着力解决县（市）域空间发展战略性问题，指导下位规划的编制与整合

开展广泛深入的分析研究和多方咨询、协调，有利于提升县（市）域定位、增强县（市）域综合竞争力、促进空间优化和稳固生态安全保障等，对未来县（市）域发展的重大战略性、宏观性、创新性和关键性问题有着巨大影响。一方面，由单一空间布局方案转向"发展目标—实施策略—政策保障"三位一体的综合空间发展政策，成为引领县（市）域发展的战略蓝图、社会各方行动的共同纲领和政府各项政策的整合平台。另一方面，为县（市）域各级政府及各相关部门开展相应的规划研究和编制各项专项规划提供宏观平台，进而可望形成以战略规划为统领的跨部门公共政策体系，以创新转型为目标，明确各区域空间发展的重点和方向。县（市）域战略规划重在突出战略导向、趋势导向和问题导向，既有县（市）域视野又响应国家战略，同时也要抓住县（市）域未来发展的宏观性、关键性问题。由此，在方法论意义上，通过战略规划的工作平台可更好地汇聚各方意见和智慧。通过问卷、访谈、研讨，以及报纸、网络等媒体途径，领导、专家与普通百姓都能够充分认识这项工作对破解县（市）域发展瓶颈的现实意义，以及引导城市长远发展的前瞻价值。

县（市）域复合生态空间发展战略规划，从总体长远、动态发展的角度出发，主要致力于县（市）域空间发展方面重大的宏观战略性问题：县（市）域空间格局如何划分？一般涵盖哪些内容？力图解决哪些重大问题？如何管理空间发展？如何改变现状，实现生态系统集成和功能提升？如何选址与安排重大项目？如何科学地预测远景规模和空间格局？如何推进规划实施？因而它顺应生态化、城镇化与城乡统筹的时代潮流，有利于完善既有规划层次，为县（市）域复合生态空间利用探索一种切实可行的规划模式，为县（市）域空间发展战略规划和城乡统筹规划提供一种可供参考的宏观框架，为县（市）域内新型城镇化、城乡统筹、新农村建设、生态环境保护及经济社会发展规划提供科学的空间发展决策依据和支撑，确保县（市）与县（市）之间，以及县（市）域内城镇建设用地、产业发展、交通基础设施、公共服务设施、重大市政设施廊道的布局、河流水系等生态廊道的充分对接与有效配置。

（三）有助于探索战略规划新途径，创新一种可操作、可推广、可复制的县（市）域生态空间发展战略规划编制与管理模式

从县（市）域空间发展现状出发，摒弃沿用已久的粗放规划方法，探索将从定性到定量系统"综合集成研讨厅"（hall for workshop of metasynthetic engineering，HWMSE）方法移植应用到县（市）域复合生态空间战略规划的具体路径中，实现各种资料的综合集成与公众广泛参与的民主决策规划技术路线；开发支持复合生态系统辨识和从定性到定量系统综合集成研讨的软件平台，将GIS、RS、GPS 等最新信息技术手段应用于空间规划，打破仅以绘图自动化为主体的 CAD、PhotoShop 技术一统天下的局面，实现调查研究、系统分析、方案设计、规划管理全过程贯通的数字化规划，实现二、三维空间数据关联，为现状总体规划提供一种创新性思路。

建立与健全县（市）域复合生态空间发展战略规划管理模式，创新性构建"一张图、一支笔"制度，提供一种可操作、可推广、可复制的县（市）域空间发展战略规划管理平台框架。采用系统、综合、生态的观点，为县（市）域内城镇体系调整、城乡统筹发展、"两型社会"建设、生态产业空间布局、生态环境保护与治理、重大生态工程建设、宜居生活空间布局、重大基础设施和重大产业项目落地等空间发展提供科学的战略决策依据。同时，研究成果为县（市）域城镇体系调整、生态产业空间布局、生态环境保护与治理、重大生态工程建设、宜居生活空间布局、重大基础设施和重大产业项目落地提供空间发展战略决策，为县（市）域空间发展战略规划和城乡统筹规划提供技术框架，这样能够提高政府、城乡规划局关于经济、社会、空间协调发展决策的科学性，对指导新型城镇化、城乡统筹、新农村建设和生态环境保护具有重要意义，并提供借鉴。

第四节 研 究 思 路

本书通过收集和分析国内外相关研究成果及相关规划案例、相关法律法规，归纳总结、分析推理，将县（市）域作为研究对象，综合运用生态学、复合生态学、景观生态学、城乡规划学、环境科学、土地利用规划学、自组织与他组织等其他相关理论，在县（市）域复合生态空间发展战略规划理论、规划方法、规划技术、规划范式及规划管理等方面进行深入研究、集成创新。最后以某个具体的县（市）域为例，实证校验研究结论的科学性、实用性与可行性。

（一）创新县（市）域复合生态空间发展战略规划理论

本书原创性地提出县（市）域复合生态空间概念，概述其内涵与外延，重点研究县（市）域复合生态空间的划分依据、组成要素、功能与形态结构特征，以及县（市）域复合生态空间发展的制约与影响因素、自组织与他组织发展机制、演化途径。

（二）创新县（市）域复合生态空间发展战略规划方法与技术

在规划过程中，本书使用综合集成研讨厅方法、3S 分析与管理技术和生态适宜性评价技术，形成独具一格的规划技术体系。

（三）创新县（市）域复合生态空间发展战略规划范式

本书划分县（市）域复合生态空间，识别并重组空间结构，定位并提升县（市）域空间功能，制定空间发展控制导引，安排空间发展时序与近期建设重点。

（四）创新县（市）域复合生态空间发展战略规划管理

本书主要在县（市）域复合生态空间发展管理、县（市）域复合生态空间发展战略规划管理机制和战略规划实施保障体系等方面进行创新。

第五节　理 论 基 础

一　生态学理论

"生态学"一词由德国生物学家海克尔（E. H. Haeckel）于 1866 年最早提出，在其著作中定义生态学是：研究动物与其有机及无机环境之间相互关系的科学。后来，生态学定义中又增加了生态系统的观点，成了一门研究生物与其生活环境之间相互关系的学科。20 世纪 70 年代以来，生态学把生物与环境之间的关系概括为物质流、能量流和信息流。在一定时间内，生态系统的结构和功能处于相对稳定状态，其物质和能量的输入输出基本达到平衡，在外来干扰下，可以通过自我调节或者人为控制恢复到最初的稳定状态。当外来干扰超越生态系统的自我控制能力而不能恢复到原始状态时，即出现生态失调或生态平衡受到破坏的现象。生态平衡是动态的，在进行县（市）域复合生态空间规划过程中，不仅要维护生态平衡保持其原有的稳定状态，还应在人为的有益影响下建立新的平衡，达到结构更合理、功能更高效和生态效益更好的平衡状态。

任何一个种群在生态系统中都占据着一定的生态位，也就是它们所占的位置及其与其相关种群之间的功能关系与作用，既表示在生产空间上的特性，又包括生活在其中的生物特性，如能量来源、活动时间、行为及种间关系等。在县（市）域人工生态系统中，生态位不仅仅是地域空间概念、环境最优概念，而且涉及经济范畴。例如，人们在迁移过程中，总趋向于最适宜的生态位，各自带来县（市）域地域的分异、空间的变化和结构的调整，从而达到经济的最高效运转和资源的充分利用。简而言之，在县（市）域生态空间规划中，应努力创建生态位高的生态系统，通过规划其性质、地位、功能、作用及其环境、资源、人口分布等，为人民群众提供各种经济活动和良好的生活环境。

在县（市）域复合生态空间规划过程中，生态系统结构越复杂多样，抗干扰能力则越强，从而也有利于保持其动态平衡的稳定性。在复杂的生态系统中，当食物链（网）上的某一环节异常变化，造成能量、物质流动障碍时，可由其他不同生物种群间的代偿作用加以克服。在县（市）域生态系统中，多重属性的各种用地保证了其各类活动的开展，多种小城镇功能的复合作用与交通方式使其更具有吸引力和辐射能力，各个部门行业和产业结构的多样性和复杂性使其维持经济稳定。

食物链是生态系统中各生物之间以食物营养关系彼此联系起来的序列，由多条错综复杂的食物链相互连接而形成的复杂营养关系为食物网。一个复杂的食物网是生态系统保持稳定的重要条件，一般情况下，食物网越复杂，生态系统抵抗外力干扰的能力则越强；食物网越简单，生态系统则越容易波动甚至被毁灭。在县（市）域复合生态空间规划中，可以运用食物链（网）的原理建立生态工艺、生态农业和生态工厂，合理利用各种物质，将"废弃物"重新回收到复杂的系统中循环利用，形成不同类型的"生态产业链"，在提高资源利用效率和减少污染物排放的同时，还可以维持县（市）域生态系统的稳定性。

县（市）域各个子系统功能的发挥对系统整体功能的发挥具有一定的影响，同时，各个子系统功能的状态也取决于整体功能的状态，彼此之间相互影响、相互联系。各个子系统具有各自的目标与发展趋势，作为个体，它们都在无限满足着自身的发展需要，而不顾及其他个体的存在。县（市）域各个组分之间的关系并非总是协调一致的，而是呈现出共生、竞争等多种复杂的关系状态。因此，理解县（市）域生态系统结构，改善其运行状态，需以提高整个系统的整体功能和综合效益为目标，局部功能应服务于整体功能，局部效益应服从于整体效益。

二 复合生态系统理论

复合生态系统是 1981 年由生态学家马世骏提出的，即社会、经济和自然三个系统相互制约与互补而形成的一个复杂的大系统。随后，马世骏进一步发展了复合生态系统理论，他认为以组织机构与管理、思想文化、科技教育和政策法令为主导的人类社会是整个系统的核心，而自然地理环境、人为工程、生物群落是系统发展的基础圈层。[①]总体说来，复合生态系统涵盖了生物、大气、城市、农村、产业、交通、社会行为等各要素，是自然子系统、经济子系统和社会子系统组成的多级复合体。

县（市）域是集成经济、社会、政治、人口、资源、环境、基础设施、公共服务设施等各要素的一个复杂的巨系统，复合生态系统理论对县（市）域城乡一体化规划有着重要的指导作用。自然子系统制约着自然过程和人类活动的方式及程度，社会经济活动也会引起一系列的生态环境问题及资源配置问题，县（市）域城乡一体化规划从优化复合生态系统的角度出发，通过刚性与弹性相结合的方式，实现自然资源特别是土地资源增量和存量的均衡，解决县域可持续发展问题。

三 景观生态学理论

景观的定义有多种表述，一般是指反映内陆地形、地貌景色的图像，诸如草原、森林、山脉、湖泊等；或是某一地理区域的综合地形特征；或者是人们放眼所见的自然景色。而生态学中，景观的定义可概括为狭义和广义两种。狭义景观是指几十千米至几百千米范围内，由不同生态系统类型所组成的异质性地理单元。广义景观概念强调空间异质性，其空间尺度则随研究对象、方法和目的而变化，而且它突出了生态学系统中多尺度和等级结构的特征。

景观生态学的研究对象可概括为结构、功能和动态。这三者是一个耦合的动态过程。在景观生态学的各个研究层面上，结构决定功能，功能影响结构的形成与发展；同时在这个动态变化的过程中，景观的结构与功能在自然、人力、生物和非生物等因素影响下随时间而变化。

传统生态学强调生态系统的动态平衡、稳定性、抵抗性、均质性、确定性和可预测性。然而，在实际时间和空间上，异质性才是生态系统的普遍特征，人类活动的干扰加强了这种异质性。相比之下，景观生态学强调多尺度

---

① 马世俊，王如松. 复合生态系统与持续性发展的复杂性研究[M]. 北京: 科学出版社, 1993.

空间格局和生态学过程中的相互作用及斑块动态过程，更能合理有效地解决实际环境和生态问题。景观生态学为县（市）域规划提供了新的思维模式——景观生态规划，即在追求"秩序"和生态适应性的常规规划下一次思维的转变。

维护县（市）域景观生态应做到以下基本原则：一是协调好人与自然的关系，发扬和传承文化特色的同时，还应在人工环境中塑造多样化和本地特色的自然风光，以增加生态系统和视觉的多样性；二是合理安排县（市）域空间结构，尤其是县（市）域生态用地的斑块和廊道布局，保持一定的相对集中的敞开空间；三是维持景观生态过程和布局的连续性，为物种的繁衍提供一定的连续空间；四是保护生态环境的敏感区，适当建立保护带，对被破坏的生境给予生态补偿；五是生态建设与基础设施建设相互结合、相互协调。

四 环境科学理论

环境科学是现代社会经济和科学发展过程中所形成的一门综合性学科，旨在研究人类社会的发展与环境演化规律之间的相互作用与关系，寻求人与自然环境的协同演化、发展途径和方法。将环境科学的研究对象定义为"人类-环境"系统和人类生态系统值得商榷，这两者都不是环境科学特有的研究对象，如地理学就将"人（类）地（地理环境）关系"或"人地关系地域系统"作为研究对象，人类生态系统是人类生态学的研究对象。

"环境问题"有狭义和广义之分。广义上的环境问题是指任何不利于人类生存和发展的自然环境结构和状态的变化，其中一些自然现象（如地震、泥石流、滑坡、森林火灾、病虫害、洪涝和干旱灾害）虽然也对人类生存和发展构成威胁，但其主要诱因不是人类活动，这些自然现象也不是近几十年来才出现的，同时人类也不能改变这些自然现象的发生与发展，所以，不应将其包括在环境科学研究内容之中。狭义上的环境问题则是指人为因素的干扰下，引起的任何不利于人类生存和发展的自然环境结构和状态的变化。

县（市）域复合生态空间规划应充分考虑县（市）域生态系统的环境容量和环境承载力。环境容量指的是某区域环境对该区域发展的规模及各类活动要素的最大容纳阈值。该区域的环境容量包括自然环境容量（如水环境容量、大气环境容量、土地环境容量等）和人工环境容量（如人口容量、工业容量、交通容量、建筑容量、用地环境容量等）。这些容量的总和即为总体环境容量。县（市）域环境容量的大小取决于区域环境功能的作用与自然条件状况、社会经济条件和所制定的环境质量标准。环境承载力则是指在一定时期、一定状态或条件下和一定区域范围内，维持该区域环境系统结构不发生质的变化、环境功能不遭受破坏的前提下，区域环境系统能承受人类的各类社会经济活动的能力，或是说该区域对人类社会发展过程中的支持能力。在县（市）域复合生态空间规划中，通过分析该区域生态系统的环境容量和环境承载力，为县（市）域人口规模、总体规划、空间布局、用地规模、发展方向和水平等规划建设决策提供先决条件，同时为供应各种物质资源、废物消纳空间和基础设施系统设计提供依据。

五 土地利用规划理论

土地利用规划是对某区域未来土地利用的计划和安排，是依据区域社会经济发展和土地的自然历史特性，在时空上进行土地资源的合理分配和组织土地利用的综合技术和经济措施，以符合区域特点和寻求土地利用效率最大化。土地利用规划的主要内容是寻求最满意的土地利用决策方案；解决土地供需平衡的有效途径则是在保证其效率最大化约束下优化土地利用结构。土地利用规划的实质则是土地利用结构在时空上的优化。土地利用结构优化则是以一定区域土地利用系统的效益为最大目标，在满足一定的条件下将一定数量的土地分配到各用地部门，使土地在时间上得到合理安排，在空间上得到最佳落实。

土地利用弹性理论是建立在一种动态思想的基础上，根据环境的不确定性与变化进行协调的一种理念。在传统的蓝图式规划中，土地用途包括城镇建设用地、村庄建设用地等在空间上的严格划定，控制指标过于刚性，导致城镇实际发展方向和用地规模经常与规划不符，最终需要不断地调整规划，从而降低了规划的法律地位。

1987年，克拉伯尔斯和庶普在国际规划设计思想研讨会上提出了社会系统的"绿图设计"思想。这种设计只为使用者设计好"骨架"，内容由使用者根据变化的环境，不断加以充实和完善，使规划成为一个持续成长和发展的过程。县（市）域复合生态空间规划是对未来土地利用、空间布局的一种决策安排，存在着不确定性，因此，可以借鉴"绿图设计"思想，灵活调整体系和规划时序，构造弹性发展思路和弹性发展政策，在规划目标体系、规划期限、多目标规划方案几个方面实行弹性控制。

六 多目标决策理论

多目标决策是对多个相互矛盾的目标进行科学、合理的选优，然后作出决策的理论和方法。在多目标决策中，有一部分方案经比较后可以淘汰，称为"劣解"；但还有一批方案既不能淘汰，又不能互相比较，从多目标上考虑又都不是最优解，称为"非劣解"。多目标决策是现代决策科学的重要组成部分，是运筹学的重要分支。我们面临的土地利用决策问题包含若干个相互矛盾且不可公度的决策目标。如何在有限资源的限制下，同时使多个目标函数达到最优或找到决策者的满意解，是多目标决策法在县（市）域复合生态空间规划中应达到的目的。

第六节 关 键 技 术

一 系统工程方法

所谓系统，是混乱、无秩序的反义词，通俗地说就是有组织、有秩序地达到某种目的的一个组合体。系统是由许多相互关联、相互制约、相互作用的元件或部件组合而成的，因此，系统具有集合性、整体性、相关性、目的性、阶层性和环境适应性。系统工程的主要任务是根据总体协调的需要，把自然科学和社会科学中的基础思想、理论、策略和方法等从横向方面联系起来，应用现代数学和电子计算机等工具，对系统的构成要素、组织结构、信息交换和自动控制等功能进行分析研究，借以达到最优化设计、最优控制和最优管理的目标。系统工程的基本方法是系统分析、系统设计和系统综合评价。具体地说，就是用数学模型和逻辑模型来描述系统，通过模拟反映系统的运行，求得系统的最优组合方案和最优运行方案。

系统工程研究的对象是复杂系统或复杂大系统，系统工程在思考问题和处理问题时，除采用逻辑推理的方法，即具有明显的自然科学的描述性和工程技术的规范性特色以外，也有社会科学中的艺术性和对话性特点。描述性、规范性、对话性和艺术性这些特点相互交织，构成了独特的系统工程思考问题和处理问题的思想方法、理论基础、基本程序和方法步骤，以及系统工程的方法论。复合生态空间是一个复杂的大系统，因此，对复合生态空间进行规划、经营、管理的工程就是系统工程，需采用系统工程的理论、方法、技术思考问题和处理问题，将系统工程方法贯穿于复合生态空间规划与管理的全过程。

二 3S 技术

（一）地理信息系统（GIS）

GIS 是在计算机软硬件的支持下，运用系统工程和信息科学理论，科学管理和综合分析具有空间内涵的地理数据，以提供规划、管理、决策和研究所需信息的空间信息系统。GIS 诞生于 20 世纪 60 年代，早期由于硬件限制性的花费及软件有限的功能，其应用受到限制，随着计算机硬件、存储和外围设备价格的降低，加之硬件和软件的进步，特别是计算机处理器速度，以及数据结构和基于矢量格式的 GIS 算法的进步，GIS 变得更加可支付和可操作。20 世纪 80 年代，GIS 开始在欧洲、北美洲及其他发达地区的城市和区域管理部门普及。20 世纪 90 年代，GIS 在城市规划中的应用开始出现在发展中国家。GIS 能为规划提供空间数据、空间查询、地图制图、地理处理、空间分析和建模，已经成为规划的重要技术手段。

（二）遥感（RS）

RS 即在不直接接触的情况下，对目标或自然现象远距离感知的一种探测技术，狭义上是指在高空和外层空间的各种平台上，运用各种传感器（如摄影仪、扫描仪和雷达等）获取地表信息，通过数据的传输和处理，研究地面物体形状、大小、位置、性质及其与环境相互关系的一门现代化技术科学。RS 具有可获取大范围资料、获取信息手段多、信息量大、获取信息速度快、周期短和获取信息受条件限制少等特点，当前正经历着从定性向定量、从静态向动态的发展变化，已在农作物估产、非点源污染、湿地景观生态等领域广泛应用。RS 通过获取不同时间分辨率、空间分辨率和波普分辨率的 RS 影像并解译，对规划中的生态空间辨识、景观格局动态变化分析、生态规划管制与执法等提供支持，是规划的基础数据采集平台，获取的数据具有实时性、现势性、精准性、多时相动态性等特点。RS 独立应用于城市规划的研究较少，多与 GIS、GPS 集成应用。

（三）全球定位系统（GPS）

GPS 利用覆盖全球的 24 颗卫星实时获取地表位置、速度、时间等信息，生态规划中主要利用 GPS 进行导航、定位、校核和纠错，GPS 在规划中的应用主要通过与 GIS、RS 集成实现，独立应用的研究还未出现。

目前，3S 技术的结合与集成正经历从低级向高级的发展和完善过程。低级阶段是通过互相调用功能实现的，而高级阶段是通过相互作用形成有机的一体化系统，以快速准确地获取定位的现势信息，对数据进行动态更新，实时实地地进行现场查询和分析判断实现的。在这个系统中，GIS 相当于中枢神经，RS 相当于传感器，GPS 相当于定位器。3S 技术的集成应用研究已经成熟，土地管理、尾矿库管理、"精准土地"调查、土地利用动态监测与执法检查、土壤侵蚀等行业和领域均有大量应用研究成果。

　　3S 技术对复合生态空间规划的支持主要表现为以下几个方面：一是利用 GPS 卫星、GPS 接收终端或便携设备在现状调研阶段定位空间点线面对象、采集对象信息、导航和记录踏勘路线；二是利用 RS 获取研究区多时相、多分辨率的 RS 影像，提取空间信息，为景观时空变化分析、生态环境评价、规划方案编制与评价提供数据支持；三是利用 GIS 地理数据库集中存储和管理规划区空间数据，利用 GIS 桌面端软件（如 ArcGIS、SuperMap 等）为空间信息可视化、数据处理、空间分析、模型计算、方案草图勾绘、出图等提供统一平台。

三 地理设计技术

　　地理设计的概念是在 2008 年"GIS 与设计中的空间概念"（Spatial Concepts in GIS and Design）的会议上提出的，广义上是指通过设计改变环境，狭义上是指将地理分析引入设计过程中，借助存储于数据库中的描述项目空间范围内各类自然与社会要素的众多信息层，使得初始设计草图能及时得到适宜的评价。地理设计可以终结诸多领域各自为政、缺乏有机联系的现状，加强、提升和统一环境设计的内涵，使规划设计结合最新科技手段，真正有效地为可持续地保护并提高人文与自然环境质量服务。地理设计的研究内容包括理论方法和技术实现两部分。在地理设计理论方法上，斯坦尼兹在"景观设计框架"基础上研究出"地理设计框架"，使得这一方法体系适用于所有空间设计项目。地理设计对复合生态空间规划的支持主要表现为以下几个方面。

　　一是通过建立空间数据库，并对其进行组织和管理，实现规划相关的海量空间数据和属性数据具有高访问性、空间数据与属性数据无缝集成、空间与时间多尺度、数据项长度可变等特点，为规划现状分析、生态空间优化布局、方案评价提供丰富的标准化数据支持。

　　二是为多学科、多部门的综合分析与评价提供平台，使规划过程综合集成规划基本原理、法律、法规、政策、标准、空间分析知识发现、现有规划方案、专家知识和经验、设计人员想法、领导与利益集团意愿等多种规划要素，实现规划编制过程的自动化或半自动化，改变现有规划编制以定性分析为主缺乏定量分析的局面，促进规划更加科学地指导建设。

　　三是地理设计的规划方案实时评价体系，使规划设计能更加充分考虑项目所处地理环境的自然和社会问题，并将所知的环境和社会系统运行机制通过有效的工具结合到设计过程中，有效地解决人类建设所产生的生态环境问题，确保县（市）域生态环境有机结合和自然生态过程畅通有序。

四 多目标决策法

随着管理科学的迅速发展，多目标决策法开始广泛地应用于管理、教育、工程、技术等多个领域。多目标决策是指需要同时考虑两个或两个以上目标的决策。与常规决策方法比较，多目标决策法的优势在于不是简单地选择最佳方案而是可以进行多个方案的比较和选优。由于需要考虑多个目标，而且这些目标可能互补，难以比较，也可能彼此矛盾，因此多目标决策是目标之间优化选择的一种分析过程。

在县（市）域复合生态空间发展过程中，既要考虑城镇建设用地的适宜性，还要考虑农林用地、林业用地等非建设用地的适宜性。各种用地之间的影响因素错综复杂，如坡度低、水源充足的区域既适合作为城镇建设用地也适合作为农业用地，如何选择合适的用地类型很难轻易地做出决策，多目标决策就是基于此类的一种分析方法，其技术流程如图 1-2 所示。首先通过确定评价目标，对研究区域影响因素进行高度概括和归纳总结来构建评价指标体系，再将评价指标进行归一化处理，然后根据因素的重要程度进行指标权重计算，最后采用一定的数学模型把评价指标进行有机整合，得到评价结果，同时还可以对结果进行检查，进一步优化模型。

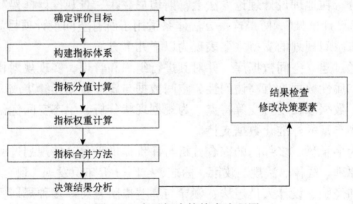

图 1-2　多目标决策技术流程图

五 模糊综合评价法

模糊综合评价法是基于不确定性普遍存在而发展起来的，1965 年，美国的控制论专家 L.A.Zadeh 在杂志 *Information and Control* 上发表了其著名论文 *Fuzzy Sets*，开创了模糊数学的新领域。模糊综合评价模型是以模糊变换理论为基础，以模糊推理为主的定性和定量相结合、精确与非精确相统一的一种综合分析方法。在县（市）域复合生态空间发展中，针对适宜性边界的不确定性，引入了模糊数学的分析方法，其数学模型的关键在于隶属函数的建立和模糊向量的确定。

1. 数学模型

通常，模糊评价的数学模型公式采用如下形式：

$$B = A \times R \tag{1-1}$$

式中，B 代表模糊矩阵，通过模糊乘积运算求得。对于县（市）域土地多功能适宜性评价，根据评价目标的种类，确定评价的次数。A 代表评价因子模糊向量，即通常所说的权重值，R 代表模糊关系矩阵，该矩阵中的某个元素 r_{ij} 表示 i 因子属于 j 等级的从属度。

2. 隶属函数的建立

在解决县（市）域土地适宜性评价模型中，首先必须确定隶属函数。通常模糊集合取 0～1 之间的数值，"0" 代表不属于该集合，而 "1" 代表完全属于该集合。参考已有的数学方法与相关研究，根据实际需要选择适合的隶属函数，表 1-1 为偏小型、中间型和偏大型三种常用隶属函数分布情况。

表 1-1 常用模糊函数分布表

类型	偏小型	中间型	偏大型
矩形分布	$\mu_A = \begin{cases} 1, & x \leqslant a \\ 0, & x > a \end{cases}$	$\mu_A = \begin{cases} 1, & 0 \leqslant x \leqslant a \\ 0, & x < 0 \text{或} x > a \end{cases}$	$\mu_A = \begin{cases} 1, & x \geqslant a \\ 0, & x < a \end{cases}$
梯形分布	$\mu_A = \begin{cases} 1, & x \leqslant a \\ \dfrac{b-x}{b-a}, & a \leqslant x \leqslant b \\ 0, & x > b \end{cases}$	$\mu_A = \begin{cases} \dfrac{x-a}{b-a}, & a \leqslant x < b \\ 1, & b \leqslant x < c \\ \dfrac{d-x}{d-c}, & c \leqslant x < d \\ 0, & x < a, x \geqslant d \end{cases}$	$\mu_A = \begin{cases} 0, & x < a \\ \dfrac{x-a}{b-a}, & a \leqslant x \leqslant b \\ 1, & x > b \end{cases}$
正态分布	$\mu_A = \begin{cases} 1, & x \leqslant a \\ \exp\left\{-\left(\dfrac{x-a}{\sigma}\right)^2\right\}, & x > a \end{cases}$	$\mu_A = \exp\left\{-\left(\dfrac{x-a}{\sigma}\right)^2\right\}$	$\mu_A = \begin{cases} 0, & x \leqslant a \\ 1-\exp\left\{-\left(\dfrac{x-a}{\sigma}\right)^2\right\}, & x > a \end{cases}$
柯布分布	$\mu_A = \begin{cases} 1, & x \leqslant a \\ \dfrac{1}{1+\alpha(x-a)^{\theta}}, & x > a \end{cases}$ $(\alpha > 0, \beta > 0)$	$\mu_A = \dfrac{1}{1+\alpha(x-a)^{\theta}}$ $(\alpha > 0, \beta \text{为正偶数})$	$\mu_A = \begin{cases} 0, & x \leqslant a \\ \dfrac{1}{1+\alpha(x-a)^{\theta}}, & x > a \end{cases}$ $(\alpha > 0, \beta > 0)$

隶属函数的形状影响数据的准确性，一般曲线型的隶属函数实质上是概率

分布函数，如正态分布、柯布分布等，准确性相对较高，但是实际计算比较耗时，矩形分布、梯形分布等直线型隶属函数计算简单，在不同研究尺度下，可以根据精度要求选择适合的隶属函数形状。在县（市）域土地多功能适宜性评价系统中，根据评价因子的主要特征，在满足准确性的前提下，选择目前使用频率较高的梯形分布函数。

3. 模糊向量的确定

模糊向量即我们通常所说的权重，权重确定的方法有很多，如层次分析法（AHP）、德尔菲（Delphi）法、因素成对比较法、相关分析法、回归分析法等。为了精简模型，同时保证权重计算的准确性，本书采用模糊层次法求取评价因素的权重分配向量，即通过优先关系判断矩阵几何平均值来得到评价因子的模糊向量。

优先关系判断矩阵：

$$f_{ij} = \begin{cases} 0.5 & i\text{元素与}j\text{元素同等重要} \\ 1.0 & i\text{元素比}j\text{元素重要} \\ 0 & i\text{元素不如}j\text{元素重要} \end{cases} \tag{1-2}$$

建立模糊一致矩阵：

对 $F = (f_{ij})_{mm}$ 施行如下变换，令 $r_i = \sum f_{ij}$，$j = 1, \cdots, m, m$ 为评价因子个数，则

$$r_i = \frac{r_i - r_j}{2m} + 0.5 \tag{1-3}$$

先通过对模糊向量求几何平均值，再采用归一法计算评价因子的权重向量。最终将 GIS 技术与多目标决策法和模糊综合评价法相结合，更好地对方案进行客观评价，为规划决策提供更科学的依据。

第七节　本　章　小　结

通过对国内外研究背景和发展现状的调查了解，经济的高速增长带来的资源环境问题给城镇体系规划带来了新的契机，在一些城市化发展速度、经济发展水平走在前列的县（市），作为指导县（市）域建设与发展的规划，传统的以经济建设为核心的规划已经无法满足新时代的要求，迫切需要的是研究型和应用型的新规划。因此，急需打破城乡地域的二元结构，将复合生态系统、自组织与他组织、城市空间和生态空间等理论应用到县（市）域空间研究，创新思

维模型,强调遵守自然规律与充分发挥人的主观能动性的有机统一,赋予空间以生态的含义,探寻县(市)域生态文明建设的空间途径,统筹解决空间的生态问题。提出县(市)域复合生态空间发展战略规划管理模式,创新性构建"一张图、一支笔"制度提供一种可操作、可推广、可复制的县(市)域空间发展战略规划管理平台框架,为县(市)域空间发展战略规划和城乡统筹规划提供技术框架,提高城乡规划局关于经济、社会、空间协调发展决策的科学性,对指导新型城镇化、城乡统筹、新农村建设和生态环境保护具有重要意义,并提供借鉴。

第二章

县（市）域复合生态空间及其发展

第一节　基本概念与内涵

一　基本概念

1. 空间

空间是一个非常宽泛的概念，不同的学科对其有不同的理解，一般意义上的空间是指三维立体空间及具有特定界限的二维平面空间。在生态学中，任何生物体或种群为维持自身生存与繁衍都需要一定的环境条件，一般把处于宏观稳定状态的种群所需要或占据的环境总和称为生态空间。在生态空间研究过程中，其外延实现了扩展，提出了城镇生态空间、城市生态空间、城市生态腹地等概念。相关学者提出了城镇生态空间的概念，认为城镇生态空间与人的行为活动密切相关，人类营建场所完全可以看作一种特殊的"物种"并具有一般生命活动的主要特征，营建场所与自然环境共同组成稳定的独立生态空间系统，并分化为丰富的空间种群和空间群落，呈现多种多样的城镇空间景观。城市生态空间强调经济发展与生态保护相协调，城市内部各组成元素相互作用和相互制约，实现发展、保护、持续三者的最优化。一般认为，城市生态空间包括城市自然生态空间和城市人文生态空间。也有学者提出，城市生态腹地是由自然规划决定的，与城市具有密切的生态联系，具有维持城市赖以生存之生态基础作用的城市外围的特定区域。

复合生态空间是在一定空间地域范围内，由具有不同生态功能的地理单元集合而成的地域空间，承载着自然与经济、社会相耦合的功能。为了有效解决人地矛盾日益冲突、空间形态日趋破碎、生态环境日趋恶化、空间管理效能低下等难题，力争为城乡统筹、新型城镇化、新农村建设、生态产业空间布局、生态环境保护、宜居生活空间布局、重大基础设施和重大产业项目落地提供宏观决策参考，复合生态空间概念被提出。

由此可见，空间包含生态空间和复合生态空间，是更宏观、更抽象、层次更高的概念。生态空间是生物体或种群的生存空间，是以空间范围内的单一主体为对象的。复合生态空间强调多载体多对象，在一个复合生态空间内，可以是一个或多个生物体或种群的生态空间，也可能是其中一部分。在一个生态空间内，可以形成一个组成、结构和复杂程度不同的复合生态空间。

2. 生态空间

生物为维持自身生存与繁衍需要的一定的环境条件，一般情况下，处于宏观稳定状态的某物种所需要或占据的环境总和称为生态空间，如河流、森林、草原等。这些区域一旦受到破坏，容易导致重大生态环境问题或者自然灾害，危害区域乃至国家生态环境和生态安全。

3. 复合生态空间

复合生态空间是指多个生态系统交叉重叠、相互影响，以人为主体的社会经济系统和自然生态系统在特定区域内，通过协调作用形成的复合系统。而所谓"复合系统"是一个复杂性系统的概念，是通过多个子系统之间的交叉重叠而组成的多层多级系统，内外部关系错综复杂，具有非线性结构。复合系统的提出，以及开放的"复合巨系统"理论的建立，标志着人类认识论的新发展。

第二次世界大战结束后，人类社会、经济与科技开始全面发展，同时相关的经济活动、社会活动与科技活动强力地介入自然生态系统之中，并逐步发展演变为一种人类经济社会活动和自然生态系统融合为一体的复合生态系统。这是人类社会与环境演变和发展的必然历史结果。

在县（市）域复合生态空间中，人类起着最重要的支配作用，与自然系统不同。在自然生态空间中，能量的最终来源是太阳，在物质方面则可以通过生物循环和化学循环而达到自给自足。然而，县（市）域复合生态空间所需要的大部分能量和物质需要从其他生态系统（如森林生态系统、农田生态系统、草原生态系统、海洋生态系统、湖泊生态系统）人为地输入。同时，在县（市）域复合生态空间中，人类在生产活动和日常生活中所产生的大量废物，由于在本系统中不能完全分解和再利用，还需输送到其他系统中去。因此可知，县（市）域复合生态空间对其他空间依赖性较大，也是比较脆弱的生态空间。

因此，本书将复合生态空间定义为：一定空间地域范围内，由具有不同生态功能，承载着自然与人工、经济、社会、文化相耦合的那些地理单元集合而成的地域空间。

二 复合生态空间结构

复合生态系统一般由三部分组成，即自然生态系统、经济生态系统和社会生态系统，这三大系统不是机械地相加，而是有机地复合之后融为一个整体。学者一般认为可以从三个方面来阐述复合生态空间：一是自然、经济和社会三者的要素在同一时间和空间的复合；二是不同层次的复合；三是融环境污染、生态破坏和自然灾害于一个整体系统中的复合。本书将复合生态空间划分为四个组成部分，即自然生态空间、城镇生态空间、农业生态空间和设施生态空间四类子空间（图 2-1）。

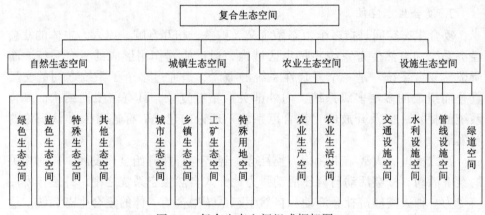

图 2-1 复合生态空间组成框架图

1. 自然生态空间

自然生态空间是在地质、风力、雨水、人类活动等长期作用下形成的自然表面，包括山体、植被、水面等要素，能提供地表空间、水等人类社会赖以生存和发展的基础物质和能量，也能通过净化空气、涵养水源、防风固沙、保持水土、调节气候等生物化学过程，为人类提供生态产品。同时，自然生态空间也可以理解为：区域尺度下，生态边界范围内对县（市）域空间结构产生一定的生态影响，促使县（市）域呈现出稳定的状态，维持县（市）域的生态绩效和保证生态收益的空间环境总和。其空间范畴包含城乡内部的自然生态空间和生态边界与城乡建设边界之间的自然生态空间。

2. 城镇生态空间

城镇生态空间与人的行为活动密切相关，是人类活动的主要空间，也是人类生态空间的主要表现形式，是固定的人工场所，是自然生态空间中宽广的镶嵌体，是人类文明的集中地。城镇生态空间通过工业生产、商品贸易、行政管理等手段为人类提供工业产品和服务产品，是复合生态空间中物质和能量的再加工和再生产基地。生物生态空间缺乏相对独立性和时空稳定性（如植物生态空间仅是其自身的表露，动物虽然具有巢穴，但稳定性差），但人类与环境的关系兼具随机性和稳定性，发生了一定程度的超越。一方面，城镇聚落所处的自然环境为人类提供了广阔多变的生存舞台；另一方面，人类还营建了更为稳固的人工场所，其生境大大扩展了。

3. 农业生态空间

农业生态空间是对自然生态空间初步加工和活动的产物，其人类活动程度介于自然生态空间和城镇生态空间之间，目的是进行农业生产活动及其相关的农业生活活动。农业生态空间为人类提供农产品及相关的服务，如农产品初步加工、休闲农业体验与旅游、农村文化活动等。

4. 设施生态空间

设施生态空间多以廊道或带的形态呈现出来，主要包括交通道路、水力管网与渠道、电力电信线路等，是自然生态空间、城镇生态空间和农业生态空间内部及相互间联系的通道，是物质和能量流动的运输载体。

复合生态空间的各组成要素相互依赖、彼此联系，相互之间通过物质和能量流动形成一个有机的整体。在四类子空间中，自然生态空间是基础，为农业生态空间和城镇生态空间提供水、空气、矿物等原始物质。设施生态空间是复合生态空间物质和能量流动的通道，如自然生态空间中的水通过设施生态空间中的水渠流向农业生态空间和城镇生态空间，农业生态空间中的初级农产品通过道路流向城镇生态空间供居民消费等（图 2-2）。

三 县（市）域复合生态空间属性

县（市）域复合生态空间是指在一个县（市）域行政边界内，由具有不同生态功能，承载自然与人工、经济、社会、文化相耦合的地理单元集合而成的地域空间。处理好复合生态空间各组成部分之间的关系，有促进社会、经济可持续发展与维护生态平衡和生态安全的作用。复合生态空间在自然和人为作用下变化相对较快，因此必须通过人为规划来控制和引导其演化，同时，人为规划又必须遵循其自组织的规律，以体现对复合生态空间进行统筹规划的必要性。

从空间、城市空间、生态空间、复合生态系统、区域与景观等核心概念出发，系统梳理并整合与县（市）域空间相关的一些概念，以具有法定行政

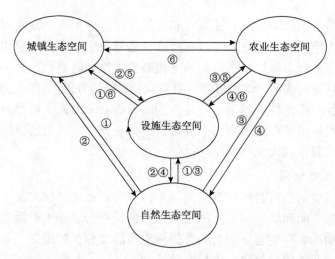

①新鲜空气、水、木材、矿石等　④农业生产生活垃圾、废水等
②废气、生活生产垃圾与热量、废水等　⑤农业生产资料、生活商品等
③水、土壤、养分、燃料等　⑥初级农产品、工业原料等

图 2-2　复合生态空间中的物质和能量流动图

边界和法定管理权限的县（市）域为研究对象，尊重它的自然边界和空间发展现状，以及它的整体有机性和复合生态性，立足县（市）域空间发展所面临的困境与发展目标，集成并整合城镇空间（含城乡结合部）、农村及农业空间、生态空间，创新性地提出复合生态空间及县（市）域复合生态空间的概念（表 2-1）。

表 2-1　县（市）域复合生态空间相关概念一览表

概念		内涵	外延
空间	宇宙中物质实体之外的部分称为空间	"虚无"性、纯净性、三维、均匀性、广延性	（1）宇宙空间、网络空间、思想空间、数学空间； （2）城市空间、乡村空间、开放空间、私密空间； （3）政治空间、权力空间、社会空间、经济空间； （4）信息空间、赛博空间、磁盘空间、宇宙空间； （5）生产空间、生活空间、生态空间
城市空间	城市所占有的地域（包括三度空间）	物质属性、社会属性、生态属性、认知与感知属性	居住空间、商业空间、工业空间、交通空间、开放空间等

续表

		概念	内涵	外延
生态空间	广义	任何生物维持自身生存与繁衍都需要的一定的环境条件，即处于宏观稳定状态的某物种所需要或占据的环境总和	具有生态服务功能，对于生态系统和生物生境保护具有重要作用	包括农田、林地、草地、水域、沼泽等，以及地表无人工铺装、具有透水性的地面
	狭义	承载着自然生态系统的空间地域	生态用地所在的空间范围，应以土地的主体功能来划分生态用地和生态空间	自然保护区、生态公益林、农业用地中林地和牧草地、水利建设用地中的水库水面，以及全部未利用地
复合生态系统		由人类活动所形成的社会、经济活动及自然条件等因素共同结合耦合而成的复杂生态系统	功能复合性、结构复杂性	自然子系统、经济子系统、社会子系统

从空间、城市空间、生态空间、复合生态系统、人居环境、区域与景观、生态位及自组织等核心概念出发，系统梳理并整合与县（市）域空间的相关概念（表2-2），以具有法定行政边界和法定管理权限的县（市）域为研究对象，尊重自然边界和空间发展现状，以及整体有机性和复合生态性，正视困境，着眼于发展目标，创新性地提出复合生态空间及县（市）域复合生态空间的概念。

表 2-2　县（市）域相关规划用地分类一览表

所属部门	分类依据	名称	类别名称	概念
住房与城乡建设部	土地使用的主要性质	城乡规划用地	建设用地	包括城乡居民点建设用地、区域交通设施用地、区域公用设施用地、特殊用地、采矿用地等
			非建设用地	水域、农林用地及其他非建设用地
国土资源部	土地利用规划信息的主要特征	土地规划用途	农业用地	直接用于农业生产的土地
			建设用地	建造建筑物、构筑物的土地
			未利用地	农用地和建设用地以外的土地
国家发展和改革委员会	提供产品的类别	国土空间	城市空间	以提供工业品和服务产品为主体功能的空间，包括城市建设空间和工矿建设空间
			农业空间	以提供农产品为主体功能的空间，包括农业生产空间和农村生活空间
			生态空间	以提供生态产品或生态服务为主体功能的空间
			设施空间	纵横于上述三类空间中的交通、能源、通信等基础设施，水利设施，以及军事、宗教等特殊用地的空间

作为一种法定规划，城乡规划在县（市）域发展（尤其是空间发展中）中发挥着龙头、引领作用，它直接操控地域空间而不是生态系统，而且"空间发展战略"早已成为城市与区域规划中的重要概念，它更加强调县（市）域统筹规划落地的操作性。因此，本书采用"县（市）域生态空间"而不是"县（市）域生态系统"的概念。在"空间"一词前面加上"复合生态"一词，一则为了突出生态学理论应用于县（市）域空间规划，二则为了强调县（市）域空间具有自然子系统-经济子系统-社会子系统-文化子系统相互耦合的复合性。这样，就可以将县（市）域复合生态空间用来描述县（市）域内"城-镇-设施廊道-乡村-自然"之间的复杂关系，以寻求对人类活动本质的、有机的理解，剖析县（市）域复合生态空间的要素构成和内在规律。

就本质而言，县（市）域复合生态空间是一个开放、复杂、复合的生态空间，一个充满矛盾的统一体，一个自然-生态-经济-社会相互耦合的复合生态系统，因而它必然兼备空间与复合生态系统的基本属性。因此，从内涵上说，县（市）域复合生态空间应该至少包含以下四种本质属性。

1. 空间整体性

县（市）域复合生态空间是县（市）域范围内经济、社会、政治、文化、自然等多种因素相互作用的物质载体，它具有特定的空间形态与空间结构。它不是单纯的几何空间，而是一个以人为主体，包括动物、植物、微生物在内的所有生物的生存与发展空间，需要兼顾不同时间、空间的人类住区，合理配置资源，不单单追求环境优美或自身繁荣，而是要兼顾社会、经济和自然环境三者的整体效益和协调发展。县（市）域复合生态空间的发展整体上要实现生态文明的目标，不仅要重视经济发展与生态环境的协调，也要注重人们生活品质的提升，更不能因为眼前的利益而以掠夺其他空间的方式来促进自身暂时的"繁荣"，要保证空间发展的健康、持续和协调，使复合生态空间的发展有更强的适应性，即强调人类与自然系统在一定时空下整体协调的发展。

县（市）域复合生态空间内各类要素具备有序性、协调性、有机整体性、弹性与灵活性和空间分异属性，主要表征为动态调节能力、空间多样性和地域分异性。这种属性差别和属性取值对于空间的生态功能区划、生态功能评价、生态保护与利用有着实质影响，因而要求针对不同空间单元的经济、社会、自然条件和生态环境差异，制定不同的建设和保护规划，采取不同的资源与环境保护对策。

2. 复合多样性

县（市）域复合生态空间是由自然要素、社会要素、经济要素共同组成的复杂综合体，具有自然属性、生态属性、经济属性、社会属性、文化属性等多重基本属性，同时还承担着生产、生活、生态和保障等多重功能。这些要素相互联系、相互耦合、共同作用形成一个空间整体，具有鲜明而又复杂的整体性、综合性和地域性特征。这种整体性和综合性特征主要表现在它十分强调县（市）域复合生态空间作为一个复合多样的宏观整体效益。

同时，复合多样性也是生物圈特有的生态现象。县（市）域复合生态空间的多样性不仅包括生物多样性，还包括景观多样性、文化多样性、空间多样性、交通多样性、功能多样性和选择多样性等更广泛内容，最终形成了一个多功能的复合生态空间。同时，这些多样性也反映了县（市）域复合生态空间中的生活化、多元化和丰富化等特点。

3. 时空尺度性

尺度是县（市）域复合生态空间研究中的核心问题，一般分为空间尺度和时间尺度，可划分为小尺度、中尺度、大尺度和超大尺度，有局域尺度、区域尺度和全球尺度等类型。其中，宏观为县（市）全域，主要体现为多种功能空间的统一；中观为城市（主城区、都市发展区、都市外围区）、中心镇区、乡村、基本农田保护区、自然保护区、风景名胜区、干流、交通廊道、绿道等，主要体现为多种生态功能并存，多种生态因子相互作用、相互影响，只不过是一两种功能或者因子占据主导地位，决定着县（市）域复合生态空间的空间单元的类型；微观为组团、街道、居民点、溪流、大块水体、森林、均质的农田、林荫小道等。这种地理单元具有空间的多尺度特征，可以从宏观的整个国家、区域、省域、城镇群地域、流域，到微观的城镇规划区、乡村规划区、自然保护区、溪谷小流域、水域、成片农田、森林公园等，甚至可以是一口水塘、一块菜地、一片果园。值得一提的是，由于长期的无序发展，县（市）域复合生态空间中充满了支离破碎、没有规则但又常常表现出自相似性的空间现象。

4. 动态开放性

一般的自然生态空间只要有足够的太阳光输入，依靠自身内部的物质循环、能量交换和信息传递，就可以保证和协调空间系统的平衡和持续发展。县（市）域复合生态空间本身不能提供所需要的能源和物质，必须从外部输入资源物质和能源，以及大量的人力、物力、技术、资金和信息等，以维持本身的正常发展、演化及其形态、结构与功能的协调。同时，县（市）域复合生态空间不是一个封闭、静止不变的均质空间，而是一个开放、动态有序的分异空间。它不仅内部空间结构相当复杂，它的边界及其空间结构还永不停止地发展演化、突变，因而也不可预测、不可化约；县（市）域复合生态空间还是一个开放系统，其中的自然要素、社会要素、经济要素之间的关联与耦合，共同构成有序的复杂系统，这些要素之间及与其周围环境之间，不断进行物质、能量和信息的交换和传输，以"流"的形式（如人口流、物质流、能量流、信息流等）贯穿其间，既维持着县（市）域复合生态空间与外界环境的关系，又维持着空间内部各类空间单元、各种要素之间的动态平衡关系。

四 县（市）域复合生态空间发展

县（市）域复合生态空间发展，是指复合生态空间在县（市）域上的整体性、在功能上的综合性、在动力上的内生性的发展。它不仅仅表征为量的扩张，更大程度上表征为质的提升。在当代背景下，更加强调在保持包括空间资源在内所有资源保护与利用的动态平衡的前提下，自然、生态、经济、社会、政治、文化的协调发展，因而这种发展应该是一种可持续的发展。

县（市）域复合生态空间不断发展演化，这种发展过程由自组织机制和他组织机制相互作用、共同决定。它是在特定的生态位，区位和交通条件，经济、社会、政治、文化条件下，由自然演替、自我完善与人为开拓、人为干预这两种力交叉协同作用的复合结果。

县（市）域复合生态空间发展的实质在于提高自调节能力，维护经济增长的生态潜力，维护与发展各类生态资源的服务价值，因而必须强调自然生态系统提供给人类生态保育、资源利用、景观效益、游憩空间等潜在的各种价值；必须强调生态效率、生态活力和生态稳定的协调统一；必须将这种生态价值与其他价值的权衡作为县（市）域复合生态空间发展战略规划的重要依据之一。县（市）域复合生态空间发展具有以下四个基本特征。

1. 开放性发展

县（市）域复合生态空间是一个开放系统。它不仅与外界环境之间，还与自身各空间单元之间不断发生着人口、物质、能量、资金、信息等方面的交换，不断地从外部引入负熵流（人口、物质、能量、资金、信息等），不断增大空间开放度，促使县（市）域复合生态空间健康有序地发展；而且空间内自然-生态、社会、经济、政治、文化等要素也都是开放的，它们互相交换物质、能量和信息，相互作用，共同形成自我调节、自我进化的复合生态空间发展整体，保持着自身的动态稳定。但是，县（市）域复合生态空间是一种有边界限制的相对开放，边界的作用在于界定范围和过滤外来的物质、能量和信息。

2. 综合性发展

县（市）域复合生态空间是自然生态因素、社会因素、经济因素、政治因素和文化因素共同作用的综合体，这些因素按照各自的规律，从简单到复杂、从低级到高级、从无序到有序地发展变化。众多的系统因素决定了县（市）域复合生态空间发展是一个多变量的动力学系统。因此，县（市）域复合生态空间发展的高维性（或称多维性）也决定了其发展过程的复杂性。因此，除了人口用地规模扩大导致的空间扩展和形体生长、功能拓展、经济内涵丰富之外，必须充分认识到强化甚至提高县（市）域复合生态空间的自然生态功能、生态环境质量的重要性。

3. 非平衡性发展

县（市）域复合生态空间发展的非平衡性主要体现在自然、社会、经济、政治、文化等因素在时间和空间上的不均匀性。县（市）域复合生态空间与外部环境之间进行着人口、物质、能量、资金、信息的交流，促使内外人口流、物质流、能量流、资金流和信息流有序流动，从而成为县（市）域复合生态空间发展的动力。此外，生态和交通区位条件与县（市）域复合生态空间各类空间单元用地属性、人口密度、规模的不均衡和差异，同样也导致这些流的有序流动，最终导致县（市）域复合生态空间四类空间单元间及其下属子空间单元之间的优势互补。

4. 混沌性发展

县（市）域复合生态空间发展的混沌性具体表现在非线性、有序性和突变性三方面。其中，非线性是县（市）域复合生态空间发展的核心特征，也是空间发展复杂性的根本原因。县（市）域复合生态空间是一个典型的复杂非线性动力学系统，普遍存在着非线性机制，其中任何一个要素的变化都会受到多种因素的综合作用，这些作用促使远离平衡态的县（市）域复合生态空间形成新的有序结构，导致空间发展的多样性、不确定性和复杂性。有序性是建立在县（市）域复合生态空间发展的开放性、非平衡性和非线性的基础上的，是一个开放的非线性耗散系统所具有的基本特征。县（市）域复合生态空间发展在不停地自组织演化、不停地形成着秩序。此外，县（市）域复合生态空间发展不仅在空间上表现出有序性，而且在时间上也表现出周期性、节律性等时间有序性。这种时空有序说明了县（市）域复合生态空间的发展和演化有其固有的规律。突变性则是指县（市）域复合生态空间内各种随机因素的扰动，必然导致县（市）域复合生态空间发展的不确定性，甚至某个变量的微变都可能导致它的空间功能结构和形态结构发生剧变。因而，虽然县（市）域复合生态空间发展具有内在的规律性，但是很难精确描述和预测它的发展途径。

第二节　空　间　划　分

社会经济的快速发展、人口的增加、城镇化的迅速发展，导致不同地域具有各自不同的特点。虽然县（市）域复合生态空间是一种广义的生态空间"连续谱"，但是为了更好地对它进行深入探究，就有必要对它进行进一步划分。一般而言，从生态学的角度出发，以科学合理、可持续地保护和利用生态环境及自然资源提供依据和方便为主，着眼于生态系统时空的异质性，选取较大的时空尺度，重视由地域生态单元构成的等级系统，落实其具体的地标地段，给出具体的地理位置和范围，即从定性、定量和定位三方面作出确定，根据县（市）域空间生态位、区位、经济活动、人口、景观结构及社会文化结构等方面的差别，对其进行划分并进一步细分。

一 县（市）域复合生态空间划分依据

1. 生态位的差别

简而言之，空间生态位，就是组成县（市）域复合生态空间的各子单元在其中所占据的地位和所起的作用，主要表征为能够被占有和利用的各种不同资源（自然资源、社会经济条件及人力资源等）的总和，以及各种资源的数量和类型及其在空间上和时间上的变化。由于各类空间子单元在时间和空间上所利用的生态资源（自然的、经济的、社会的、人力的）、所处的环境条件（政治、经济、政策）及与其他空间单元之间的功能关系（竞争与合作、集聚与扩散等关系）不同，生态位存在着巨大的差别，从而必然会自觉或者不自觉地沿循着适合自身禀赋的发展途径发展与演化。

2. 区位的差别

县（市）域复合生态空间区位差别主要表现为交通区位和生态区位的差别。在经济地理学中，区位本来就是一个竞争优势空间或最佳位置，交通的便捷性是最重要的因素。而生态区位则是一个生态优势空间或最佳位置。前者以单一的交通位置或者地理位置为考察指标，而后者以生态位（包括自然、社会、经济等方面）为综合性的考察指标。组成县（市）域复合生态空间的各类子空间单元在县（市）域，尤其在更高层次的区域范围内，所处的地理区位和生态区位的差异，决定着它们所属的空间类型，从而也必然决定着它们不同的发展途径。

3. 经济活动的差别

一般而言，人类在县（市）域复合生态空间的各子空间单元中所从事的经济活动截然不同。例如，城镇是加工业、交通运输业、建筑业、商业、服务业等第二、第三产业集聚的地方；乡村除了少量第三产业活动以外，耕作业、林果业、放牧业、渔猎业等第一产业占绝对优势；而自然生态空间只是提供一种休闲、观光、防护的空间。从另一方面来讲，城镇土地只与城镇经济活动发生间接关系，为城镇居民的工作与生产提供活动空间，其主要是利用物理机制；

乡村土地与农业经济活动发生直接关系，深刻地参与生产的物质与能量循环，其主要是利用生物化学机制。

4. 人口的差别

一般而言，在县（市）域复合生态空间的各子空间单元中，人口存在着巨大的差异。首先表现为人口数量的差别，一般来说，我国人口在 10 万人以上的可设市，2000～10 万人的可设镇，2000 人以下的居民点为乡村。其次表现为人口劳动构成的差别，城市和镇以从事第二、第三产业的劳动人口为主，乡村以从事第一产业的农业劳动人口为主。最后表现为人口密度的差别，一般说来，城市人口比较稠密，乡村人口比较稀疏，而自然保护区（尤其是它的核心区）的人口几乎为零，只有这样才能有效地降低他们对于自然保护区的扰动和破坏。

5. 景观空间的差别

县（市）域呈现给人类的是优美和谐、丰富多样的人工-自然景观，包括城市中心区景观、城市边缘区景观、小城镇景观、农业景观、乡村景观、河流景观、湖泊景观、山体景观、重大交通廊道景观等。其中，县（市）域自然景观是景观环境的一大组成部分，其多维多面性是城市景观无法比拟的。

6. 社会文化结构的差别

城镇居民的民族与宗教色彩、文化与职业构成都很复杂，乡村则比较单一。城镇拥有众多的学校、科研单位和文艺、体育、娱乐、卫生设施与机构，乡村则比较少，而自然区基本上没有。城市居民的生活方式很有规律，习惯于在工作日严格按时间表作息，周末则购物、娱乐和社交（除出差和远游外，城市基本上可以满足居民的日常生活需求）；乡村居民的生活方式季节性很强，农忙时早出晚归，农闲时则可自由安排时间。

二 县（市）域复合生态空间划分原则

每个生态单元都具有独特的自然属性和社会属性，在进行县（市）域复合生态空间划分时，应同时考虑自然过程和人类活动过程，即在对生态系统客观认识和充分研究的基础上，应用生态学的原理和方法，揭示自然生态系统的相似性和差异性规律，以及人类活动对生态系统干扰的规律，结合区域内的社会、经济和自然等多种因素，做到遵循以下几项基本原则。

1. 可持续发展，环境效益、经济效益和社会效益三者统一原则

经济的发展是地方发展的根本保证，因此，功能分区应该在注重保护自然生态环境的同时，充分体现和满足地方经济发展的需求，考虑区域的长远规划及其潜在的功能开发，同时注意区域的环境承载力，尽量提高区域生态环境的级别，增加其结构的复杂性与稳定性，使其环境质量得到改善。在复合生态空间划分过程中，要给城镇发展和经济建设留有一定的土地和空间，并使其充分利用交通和其他物质条件。除此之外，在划分过程中合理利用资源和环境容量，避免工业布局不合理导致的污染源分布不均，而使有限的环境容量处于超负荷状态，使生态环境受到破坏。复合生态空间划分的最终目的是为了资源的合理利用与开发，避免盲目地开发自然资源和破坏环境。这就要求从各区域的自然环境和资源现状出发，根据社会与经济发展需求，统筹兼顾，综合部署，增强区域社会经济发展的生态环境支撑力，促进区域的可持续发展。

2. 以自然属性为主，兼顾社会属性原则

在复合生态空间中，经济结构、资源利用方式是短时期作用因子，社会文化、行为方式、人口资源结构、价值观念是中时期作用因子，而区域内的地理环境和自然资源则是长时期作用因子。在几种作用因子里，长时期作用因子是最难改变的，最佳方案是适应它；一般情况下是通过克服短、中时期作用因子来改善复合生态空间发展条件，实现县（市）域的可持续发展。因此，县（市）域复合生态空间划分必须以自然属性为主，根据县（市）域自然环境特征，合理安排其使用功能，首先考虑结构与功能的一致性，其次考虑满足现实生产和生活需要。

3. 坚持整体性原则

县（市）域复合生态空间是开放非自律性的，是一个"不独立和不完善"的生态系统，县（市）域的正常运行需要从外界输入大量的物质流和能量流，同时向外界输出大量产品和排放废物。县（市）域复合生态空间不独立，决定了区域功能分区要坚持整体性原则，不仅要考虑县（市）域内自然环境的相似性、特征性和连续性，还要考虑县（市）域与县（市）域外缘生态系统的联系，适当建立起生态缓冲带和后备生态构架，不仅要坚持县（市）域内部结构使用的合理有效性，而且还要坚持县（市）域与县（市）域外部的连通互补关系和相互支撑作用。

4. 保护生态系统多样性，维持生态系统稳定性原则

县（市）域复合生态空间是经过人为改造的空间，在其形成和发展过程中，一定程度上使其原有的自然生态结构发生了剧烈变化，而且大量的人工技术的输入改变了原有生态系统的空间结构和形态特征，使自然生态系统趋于单一化，降低了县（市）域生态系统的自我调节能力，使县（市）域复合生态空间具有一定的脆弱性。因此，县（市）域复合生态空间划分要坚持保护其生态系统结构和种类多样性原则，以提高县（市）域复合生态空间的稳定性。

5. 注重保护资源，考虑长远利益原则

县（市）域生态环境、生态资产和生态服务功能导致县（市）域发展过程

中机会和风险并存，县（市）域生态资产保护和服务功能强化是其建设的重要内容，而县（市）域复合生态空间的划分又是合理保护和利用生态资产、强化服务功能的重要条件。对县（市）域复合生态空间规划建设而言，分区比较有利于生态结构与功能的相似匹配，做到保护并合理利用县（市）域自然生态结构，强化其服务功能。对于正在发展中或者已经形成了的县（市）域，要进行结构和功能改造就相对较难。因此，开展县（市）域复合生态空间划分，必须以可持续动态发展、保护自然资源和注重长远利益为出发点，同时通过分区工作找出现实县（市）域复合生态空间中结构与功能不相符合的症结，然后逐步进行恢复与调整。调整原则为对自然资源使用不当的功能，依照远近结合原则，从实际出发进行逐步改造；对于自然资源存在潜在利用功能的，给予特别关注；对于自然资源竞争利用功能的，应充分发挥其主功能的需求。

6. 利于居民的生产和生活需求原则

在县（市）域复合生态空间划分的所有因素中，当地居民的生产和生活需求是需要充分考虑和尽量满足的。因此，在县（市）域复合生态空间划分过程中，既要避免各类经济活动对居民造成的不良影响，以及工业、农业、交通业和生活污染对居民身体健康的威胁，也要保证商业区、工业区与居住区的适当联系和居民在生活生产中对娱乐、休闲等的需求。

7. 分区基本连片与行政单元一致性原则

在基本满足其生态环境特点、功能及开发利用方式等方面都具有相对一致性的条件下，各种空间应适当保持相对的集中和空间连片。只有这样才能既有利于发挥各种空间的整体功能，也便于进一步宏观建设和进行产业布局规划、调整与管理县（市）域复合生态空间。除此之外，还要考虑到行政区域对环境区域的影响，尽量减少与行政区域的冲突，从而更有利于统筹规划和引领单一空间内的经济发展方向、产业合理布局、环境管理和环境保护对策等。

8. 突出主体功能原则

不同空间分区具有不同功能或者在同一区域具有多种功能，因此，应该明确县（市）域复合生态空间的主体功能，各个小区的功能应服从于主体功能，但也不可以盲目求同。

9. 便于管理原则

县（市）域复合生态空间划分的最终目的是为了生态保护和实现城乡居民生活安定与幸福、生产有序与高效及物质能量流动畅通与安全。因此，在进行县（市）域复合生态空间划分时，除了要考虑生态系统的特点外，同时还要考虑实际情况中的行政区划分和社会经济发展的关联性，确定区域边界时，应尽量与行政区划边界相吻合，以更有利于环境的保护与管理。

第三节 空间结构

县（市）域复合生态空间结构指该空间内四类空间单元（即城镇生态空间、农业生态空间、设施生态空间及自然生态空间）在其中的空间分布、组合状态和相对比重（图 2-3）。作为经济结构和社会结构的载体，它既可指不同尺度的空间所构成的结构体系，也可指某一空间内部各种要素的交织、组合关系及空间要素之间的组合规律。

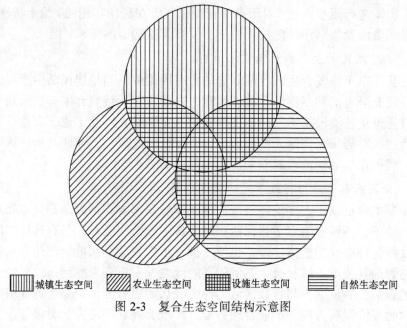

城镇生态空间   农业生态空间   设施生态空间   自然生态空间

图 2-3 复合生态空间结构示意图

县（市）域复合生态空间结构具有可识别性、持续性或系统性、动态性或变化性、层次性或不对称性等基本特征。一般可分为形态结构和功能结构两种类型。其中，县（市）域复合生态空间形态结构是指空间结构的整体形式、空间二维乃至三维形状的显象表现，是功能结构，以及空间开发与保护的方式与相对强度的综合反映，主要由空间数量、空间形态、空间规模、空间分布等方面来表征。

第四节 空间功能

县（市）域复合生态空间的形态结构与功能结构之间存在着密切的关系。

一般而言，空间功能由形态结构和空间环境共同决定。其中，形态结构是第一位的。例如，一个城市如果没有休闲绿地和市政公共服务设施，那么就不具备休闲游憩功能。功能结构对形态结构具有较大影响，功能结构的演变要求形态结构的重组。因而人们可以通过编制生态空间发展战略规划，开展重大生态工程建设活动，合理调配和利用战略性生态资源来优化或重构生态空间结构，使县（市）域复合生态空间朝着更积极、更有效的生态平衡方向演化。

空间功能结构是指县（市）域复合生态空间的组成要素及要素之间的关系，主要具有生物生长、生态服务、人类居住、物质文明生产、精神文明生产等重要功能，存在着人口、物质、能量、资金、信息等方面的相互交流。总的来说，分为生产功能、能量流动功能、物质循环功能和信息传递功能四种基本类型。

一　生产功能

县（市）域复合生态空间的生产功能是指利用区域内外环境所提供的自然资源及其他资源，加工生产出各类"产品"。这种功能在一定程度上是由县（市）域复合生态空间特性所决定的。在此将其分为生物生产和非生物生产两类。

生物生产是指在县（市）域复合生态空间内，生物利用营养物质、原材料物质和能量生产新物质并固定能量的过程，同时也包括绿色植物作为初级生产者将太阳能转变为化学能，供人类在内的各种生物的生长、发育和繁衍。县（市）域复合生态空间中的绿色植物包括耕地、草地、林地等生产的粮食、水果、蔬菜、农副产品及其他各类绿色植物产品。虽然县（市）域的绿色植物生产不占主导地位，但在其过程中具有吸收二氧化碳和释放氧气的功能，对人类健康和维持生态环境比较有利。因此，保留城镇郊区农田，尽量扩大其草地、森林等绿地面积是十分有必要的。此外，县（市）域生物初级生产还具有生产效率高、人工化程度高和品种单一等特点。

非生物生产是指直接由阳光、空气和水为生物的生命活动提供物质和能量的过程。

二　能量流动功能

能量流动是指在县（市）域复合生态空间内，生物与环境之间、生物与生物之间能量传递与转化的过程。县（市）域复合生态空间能量流主要可分为两部分：一部分是县（市）域为自身运转而引入、加工和消费的能量；另一部分是县（市）域引入低级、低效的原生能源（一次性能源），经过加工后，输出高级高效的次生能源。一般情况下，县（市）域引入的原生能源指从自然界直接获取的能量形式，如太阳能、风能、热能、核能、水力、生物能、地热能等，同时也包括天然气、石油、煤等自然资源，人们加工利用原生能源之后，将其转化为便于输送、储存和使用的能量形式，最后由城乡生产和生活消费或输出。

三 物质循环功能

县（市）域复合生态空间物质循环和物质来源主要分为两种：第一种为自然性来源，包括日照、水、空气、绿色植物等；第二种则为人工性来源，包括采矿、能源部门生产的各种物质和人工性绿色植物。

物质循环中的物质流又可分为自然流、人口流、货物流和资金流。自然流是指在自然条件下的物质流，如水体流动，风力流动等，具有状态不稳定、数量大、对区域环境影响大的特征。人口流是一种特殊的物质流，即人口在时间和空间上的变化。在时间上的变化是自然增长和机械增长，在空间上的变化则是区域内部和外部之间的过往人流、迁移人流和区域内部的交通人流。货物流是指在生产、消耗、累积和排放废弃物等过程中，各种物质资料在区域内的各种状态和作用的集合。资金流是指在商品交易过程中产生的资金流动。

四 信息传递功能

信息传递又称为信息流，即信息的传递运动。信息流在任何系统中，都是维持正常的、有目的性运动的基础条件。随着社会信息的大量涌现，以及人们对信息的大量需求，信息流形成了瞬息万变、错综复杂的形态。这种流动可以在人和人之间、人和空间之间、空间内部以及空间与空间之间发生，包括有形流动和无形流动，前者如图纸、报表、书刊等，后者如声信号、电信号、光信号等。

第五节 空间划分程序和内容

一 划分程序

县（市）域复合生态空间的划分层次及工作程序为：首先进行区域内自然环境和社会环境的现状调查，选取并确定能反映该区域自然环境和社会经济特征的指标体系，从而利用这些指标分析和评价该区域的自然环境和社会经济特点及主要问题。在此基础上进行生态功能划分，并指出划分区域的生态环境功能的要求和发展方向。

二 主要划分步骤和内容

（一）县（市）域现状调查与评价

对县（市）域的生态环境现状进行调查，主要包括以下几个方面。

（1）自然环境要素：地形、地质、地貌、水资源、气候资源、动植物资源、土壤情况等。

（2）社会经济条件：人口、主导产业、产业布局、经济发展情况等。

（3）人类活动及其影响：城镇分布情况、土地利用情况、污染物排放情况、工业、农业等情况。

（4）社会结构情况：人口密度、人口年龄构成、人均资源拥有量、人口发展状况、生活水平的过去和现在状况、教育水平的过去和现在状况、科技水平的过去和现在状况、生产方式等。

（5）生态功能情况调查：生物量、区域内自然植被净生产力、单位面积内生物种类数量、土壤理化性质及其生产能力、生物组分空间结构及其迁移状况、生物组分的异质性及对项目拟建区的支撑力等。

（6）经济结构与经济增长方式：自然资源的开发与利用方式，产业结构的历史、现状及发展等。

通过调查或收集资料，以数据库或图件（地形图、植被分布图、交通路线图、动植物资源分布图、土地利用现状图等）的形式储存。

县（市）域复合生态空间现状评价是在对县（市）域生态环境进行调查的基础上，针对生态环境特点，分析县（市）域内生态环境特征与空间分异规律。因此，这种现状评价需明确各个问题的起因，适当分析各个地区环境和社会的历史变迁，对主要的环境问题、环境现状及环境发展趋势进行评价。

（二）县（市）域复合生态空间现状评价主要内容

县（市）域复合生态空间评价主要是针对复合生态空间的现状、形成及其演变过程等问题进行评价。评价内容主要包括水资源和水环境情况、植被与森林资源情况、生物多样性、大气环境问题、土壤侵蚀、沙漠化、石漠化、盐渍化、自然灾害等，具体如洪水、沙尘暴、泥石流等，以及环境污染（农业面源污染、土壤污染、工业污染和生活污染）等。

（三）县（市）域复合生态空间环境评价方法

利用遥感技术、地理信息技术等先进方法与手段，采用定性与定量相结合的方法，对县（市）域复合生态空间进行现状评价，具体方法内容如下。

1. 人口和经济承载力分析

在一定的社会和经济背景下，县（市）域对人口的承载能力是有限的。县（市）域部分地区存在人口高度集聚的现象，这说明该区域经济、社会和文化事业繁荣兴盛。另外，伴随着近些年来城镇化化进程的不断加速，环境污染、资源匮乏、交通拥挤、就业困难等一系列问题在县（市）域产生和蔓延，从而导致县（市）域的综合功能下降，甚至引发经济社会发展与县（市）域生态环境系统的矛盾，把县（市）域人口推向生存与发展的两难选择之中。人口是县（市）域空间发展的基础，其数量、结构、空间分布与县（市）域经济发展规划、产业布局、公共资源配置、自然资源利用和环境保护等问题密切相关，是影响县（市）域经济发展和竞争力的基础性问题。

县（市）域功能及其布局在中心地区的高度聚集与资源供给能力在空间分布上的不协调，是造成中心区域人口密集现象的重要原因。大多县（市）域的发展都是从中心向外发展，以"摊大饼"的形式，中心城区承担了大部分的功能，而经济的发展和密集是人口高度集中的根本原因。因此，通过单因子分析法、资源综合平衡法和投入产出法来探寻县（市）域人口空间分布与经济发展之间的联系性，合理控制人口流动方向，缓解城镇区域资源环境压力，使城镇区域保持良好的经济发展态势，保障其功能正常发挥，对县（市）域复合生态空间中城镇生态空间的发展至关重要。

1）资源综合平衡法

该方法综合考虑土地、水、气候资源等因素，通过分析各种环境资源对人口发展的限制，利用多目标决策法进行综合研究，从生态系统角度全面进行估算，从而得出比较精确的结论。

2）投入产出法

该方法以投入产出技术为手段，根据农业生产的劳力、水、肥力等实际投入状况及其发展趋势，推测土地的现状及未来生产潜力，从而计算土地承载力。该方法考虑了实际生产情况，对于预测一定时间尺度的土地生产能力表现出一定的可信度。

2. 土地利用适宜性分析

土地功能利用是指同一块土地具有不同的功能，其表现形式为土地的多种用途。例如，城市土地利用的多功能主要表现为居住、办公、商业和休闲等多种功能的综合利用与开发。一般土地多功能利用分为三种类型（图 2-4）：①混合利用，即拥有不同功能土地的混合利用开发；②空间多功能利用，即不同的功能在同一土地空间上叠加；③时间多功能利用，即综合建筑物或公共空间在不同时间段具有不同的功能。

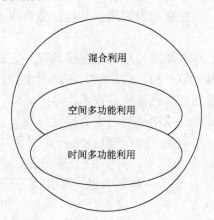

图 2-4　土地多功能利用的不同类型图

在土地多功能利用的研究中，依据城乡土地使用的主要性质，考虑用地的兼容性，遵循土地利用弹性理论引入农林复合用地和农城复合用地的概念，最终确定县（市）域土地多用途目标为城镇用地、农业用地、设施建设用地和自然资源用地，进而依次划分出城镇生态空间、农业生态空间、设施生态空间和自然生态空间等四种基本类型。

土地适宜性评价是在对土地各构成要素进行全面分析的基础上，以土地合理利用为目标，根据特定的目的或针对一定的土地用途来对土地的属性进行鉴定，并阐述土地的适宜性及其程度的过程。广义的土地适宜性分析是根据县(市)域复合生态空间特定的需求和优先级，或对某些活动的预测，来确定将来土地利用的合理空间分布和模式。由于土地适宜性评价的对象是土地，其涉及自然生态因素、经济社会因素、生态安全因素及生态服务因素等多个方面，很难用简单的数学模型进行表达。因此，如何选取评价因子和评价方法将是解决县(市)域土地适宜性评价工作的关键。

县（市）域土地空间布局则是指包括城乡各类建设用地、农业生产用地及设施用地等在空间上的配置和分布特征，是按照一定研究区域内的总体发展目标，统筹安排各种土地利用类型的空间组织及形式，达到社会、经济和生态效益三者的统一。

土地适宜性评价是主要对生态环境因素制约下的县（市）域内产业类型、城镇建设用地和土地利用的适宜性进行评价。结合人为活动对环境造成的压力，以及城镇发展需求进行综合性分析，采用地图重叠法、因子加权评分法和生态因子组合法等，重点考虑土地利用的适宜性。

地图重叠法是较为形象直观的方法，可以根据土地利用情况，将自然环境、社会等不同因素进行综合分析，分析各个因子之后，通过深浅不同的颜色表示适宜等级并进行叠加，该过程相当烦琐，并且在综合图上较难分别相近颜色之间的细微差别。

因子加权评分法的基本原理与地图重叠法具有一定的相似性。然而因子加权评分法克服了各个因子等权相加的缺陷，在地图重叠过程中减少了烦琐的制图过程，同时避免了对相近颜色辨别的技术困难。另外，该方法使用计算机得出结果，更为快速、便捷，应用范围也更为广泛。

从数学的角度思考，不论是地图重叠法还是因子加权评分法，都要求各个因子是独立的，然而在实际中，许多因子是相互联系和影响的。因此，为解决这一难题，人们又开发了一种新方法，即生态因子组合法，该方法可分为层次组合法和非层次组合法。层次组合法是通过一组组合因子来判断土地的适宜度等级，之后将这组因子看做单独因子与其他因子再进行组合判断土地的适宜度，是一种按照一定的层次组合的方法，反之则为非层次组合法。因此，在判断因子较少的情况下，一般使用非层次组合法，层次组合法则更适用于因子较多的情况。但是，不管是哪种方法，都需要专家先建立一套合理而又完整的组合因子和判断准则，这是此方法的关键之处也是较为困难的地方。

3. 生态环境敏感性分析

生态环境敏感性是指生态系统对人类活动反应的敏感程度，反映出产生生态失衡与生态环境问题的可能性大小，即在同样的人类活动影响或外力作用下，各生态系统出现区域生态环境问题（水土流失、沙漠化、生物多样性受损和酸雨等）的概率大小。它表明一个区域发生生态环境问题的难易程度、可能性大小及恢复的速度。生态敏感性的强弱通常以在不降低环境质量或者不破坏环境的情况下，生态因子对外界压力或变化的适应能力，以及其遭受破坏后的恢复能力的强弱和快慢来衡量。它是一个综合评价区域生态环境质量、人口负荷、土地利用合理程度及经济发展状况的综合性指标，是生态系统对各种环境变异和人类活动反应的敏感程度，用来反映产生生态失衡与生态环境问题的可能性大小，是区域生态环境规划与管理的基础。在实际运用过程中，生态环境敏感性分析可分为县（市）域生态因子的选择、各种生态因子不同敏感度的边界划定、县（市）域生态因子敏感度的量化和空间叠加分析及敏感度评价图四个部分。

1）县（市）域生态因子的选择

选择县（市）域生态因子应考虑自然资源、植被、水域、气温、道路交通、县（市）域建成区和人口迁居情况等。这些因子可以体现出县（市）域生态因子对城市敏感度的影响，具有一定的代表性。

2）各种生态因子不同敏感度的边界划定

考虑到各个县（市）域生态因子的特点各不相同，采用不同的方法进行分析，从而划定各个县（市）域生态因子的边界及其敏感性缓冲区。对于植被、水域、道路交通和县（市）域建成区的生态敏感度划分，首先要利用卫星影像制作假彩色影像，之后在此基础上制作仅包含以上四种要素的县（市）域土地利用分类图，最后根据不同生态因子对县（市）域生态的作用划分缓冲区的等值曲线，并将其划分为敏感、较敏感、较不敏感、不敏感四个等级，即县（市）域生态因子敏感度分布图。对于气温这个生态因子来说，最高效的方法则是采用热红外影像来进行分析，从而得出不同的气温生态敏感度分布图。对于人口迁居这个生态因子，则查阅相关资料进行总结分析，从而划分不同的人口敏感区域，得出人口迁居敏感分布图。

3）县（市）域生态因子敏感度的量化

各种不同生态因子的相互作用具有互斥性，为了展现这一特点和保证分析结果的可读性，研究者设计了量化方法，即不同的等级用不同的数字表示，量化后的生态敏感度称为生态敏感值。因此，各个生态因子的生态敏感值，其低一级的所有值的总和会比上一级低，叠加区域中只要有一个高等级区域，即可保证叠加之后的数值仍在高等级中，不会出现越级情况。

4）空间叠加分析及敏感度评价图

得出不同生态因子生态敏感值分布图，通过 GIS 软件空间叠加功能将所有分布图进行叠加，之后得出县（市）域的综合敏感度分布图。在该图中，每个多边形的值是原来各个生态因子的生态敏感值的和，将这些多边形通过数值转换（表）再转换为不同的等级，并加上颜色，以便于区分县（市）域生态敏感度评价图。

第六节　空间类型

按照上述六大差别及人类活动干预程度的强弱，利用上述工作流程和评价技术与方法，可以将县（市）域复合生态空间划分为城镇生态空间、农业生态空间、设施生态空间和自然生态空间四种基本类型。也就是说，县（市）域复合生态空间主要由城镇生态空间、农业生态空间、设施生态空间和自然生态空间四类生态空间单元组成（表 2-3）。

表 2-3 县（市）域复合生态空间组成要素一览表

序号	大类	编号	中类	小类
I	城镇生态空间	I₁	城市生态空间	城市、县人民政府所在地镇和其他具备条件的镇的中心区空间、居住空间、工业空间、商业空间、服务与办公空间、游憩活动空间，以及城市边缘人工化或半人工化的自然生态空间（绿化隔离带、郊野公园）
		I₂	乡镇生态空间	一般建制镇，乡人民政府驻地的居住空间，工业空间，商业空间，服务与办公空间
		I₃	工矿生态空间	城镇居民点以外，进行采矿冶炼、重型加工的独立工矿空间（含独立的开发区）
		I₄	其他城镇空间	居民点以外，国防、安保、宗教等占用的空间
II	农业生态空间	II₁	农业生产空间	耕地、改良草地、人工草地、园地、其他农用地空间（包括农业设施、农村道路、村镇企业及其附属设施用地）
		II₂	农村生活空间	集镇和农村居民点空间，即以农村住宅为主的用地空间（包括住宅、公共服务设施和公共道路等用地）
III	设施生态空间	III₁	交通设施空间	铁路、公路、民用机场、港口码头、管道运输等占用的空间
		III₂	水利设施空间	水利工程建设、供水排水占用的空间
		III₃	管线设施空间	能源、通信等管线所占用的空间
		III₄	游憩设施空间	主要由人行步道、自行车道等非机动车游径和停车场、租车店、休息站、旅游商店、特色小店等游憩配套设施及一定宽度的绿化缓冲区构成的空间（以绿道最具特色）
IV	自然生态空间	IV₁	绿色生态空间	天然草地、林地占用的空间
		IV₂	蓝色生态空间	河流、湖泊、水库、坑塘、滩涂、沼泽、湿地（含国际重要湿地）等占用的空间
		IV₃	特殊生态空间	自然保护区（含世界自然遗产）、风景名胜区、饮用水源保护区、森林公园、生态公益林、地质公园、植物园、地质灾害区等占用的空间
		IV₄	其他生态空间	未利用的化石能源用地，矿山用地，海洋、荒草地、沙地、盐碱地、高原荒漠等占用的空间，以及亟待生态修复的受损地域空间

一 城镇生态空间

城镇生态空间是指以提供工业品和服务产品为主体功能的生态空间，其特征就是以人类为主体，人群活动高度集中。它主要包括城市生态空间（及城市边缘区空间）、乡镇生态空间、工矿生态空间和其他城镇空间。其中，城市生态空间是指城市、县人民政府所在地镇和其他具备条件的镇的规划区内的中心区空间、居住空间、工业空间、商业空间、服务与办公空间、游憩活动空间，以及城市边缘区人工化或半人工化的自然生态空间（绿化隔离带、郊野公园）。乡镇生态空间是指一般建制镇、乡人民政府驻地的规划区内的居住空间、工业空间、商业空间、服务与办公空间。工矿生态空间是指城镇居民点以外的进行采矿冶炼、重型加工的独立工矿（含独立的开发区）占用的空间。其他城镇空间是指城镇居民点以外的国防、安保、宗教等占用的空间。

城镇生态空间规划是县（市）域复合生态空间规划的一部分，与区域、城镇乃至居住区、商业区等规划和城市设计紧密相连。从某种程度上讲，未来的区域规划、城市规划和城市设计必然走向生态空间的规划和设计。城镇生态空间规划的中心问题是研究和探索一条能够解决城镇和区域空间的发展和保护之间矛盾的道路，促进城镇和区域的空间景观和空间经济持续发展和良性循环的科学途径和对策。

二　农业生态空间

农业生态空间是指以提供农产品为主体功能的空间。它主要包括农业生产空间和农村生活空间。相对于城镇生态空间，农业生态空间的人口较少，居住分散，开发强度不大，产业结构以农业及依托农业的第三产业为主。其中，农业生产空间是指为耕地、改良草地、人工草地、园地、其他农用地（包括农业设施、农村道路、村镇企业及其附属设施用地）占用的空间。必须指出的是，耕地、园地等也兼有生态功能，但绝大多数情形下它的主体功能是提供农产品，所以一般应该定义为农业生态空间。农村生活空间是指为集镇和农村居民点和农村其他建设（包括农村公共设施、公共服务和公共道路）占用的生态空间，相对而言，它们分布分散、数量众多、单个规模较小。

农业生产的自然基础是依赖于生态系统而生存的生物体（植物、动物、微生物），农业整体上是经济再生产和自然再生产的统一体，而自然再生产是农业赖以存在和发展的基础。

三　设施生态空间

设施生态空间是指为县（市）域及以上级别的区域（如地级市、省乃至整个国家）服务的重大基础设施，以及必须按照一定宽度控制的缓冲地带所组成的生态空间。它主要包括交通设施空间、水利设施空间、管线设施空间及游憩设施空间。其中，交通设施空间是指铁路、公路、民用机场、港口码头、管道运输等重大交通设施及其缓冲区占用的空间。水利设施空间主要为水利工程建设、供水排水等重大水利设施及其缓冲区占用的空间。通信设施空间则包括通信光缆、微波通道、基站、塔、通信电线等。管线设施空间是指能源（天然气管道、高压电线）、通信（通信光缆、微波通道）等重大基础设施及其缓冲区所占用的通道空间。游憩设施空间是指由人行步道、自行车道等非机动车游径和停车场、租车店、休息站、旅游商店、特色小店等游憩配套设施及其绿化缓冲区构成的绿色廊道空间，其中以多种功能复合的绿道空间最有特色。在城市生态空间及其外围，它们构成城市绿廊或绿地的重要组成部分；而在整个县（市）域复合生态空间内，它是生态基础设施的重要组成部分，有效地保障着县（市）域乃至区域生态安全。

根据相关报道，2006～2020 年，中国农村基础设施建设需投入资金 4 万亿元，即平均每年约 2700 亿元。其中，大部分资金由各级政府财政投入。以 2006 年为例，在 2005 年中央和地方政府投入的 441 亿元资金的基础上，《2006 年政府工作报告》提出要增加新农村基础建设资金 273 亿元，即政府当年计划投入新农村建设资金 714 亿元，而这些建设资金还包括医疗、教育等建设资金。在解决现阶段"三农"问题的过程中，基础设施是一个重要的突破口。世界银行发布的《1994 年世界发展报告》明确提出，基础设施是县（市）域经济增长和发展的必要前提，并分析了其对全球经济增长的重要作用。广而言之，党中央提出的"一带一路"其实就是一种国家级的设施生态空间。

四 自然生态空间

自然生态空间是指以提供生态产品或生态服务为主体功能的空间。它主要包括绿色生态空间、蓝色生态空间、特殊生态空间和其他生态空间。相对于农业生态空间，自然生态空间的人口更加稀少，开发强度很小，经济规模很小，居民点以点状分布、数量极少的村庄为主。虽然自然生态空间可以提供其部分林产品、牧产品和水产品，但其主体功能应该是生态（因为如果偏重于其农业生产功能，就可能损害其生态功能）。其中，绿色生态空间主要为天然草地、林地所占用的空间。蓝色生态空间是指河流、湖泊、水库、坑塘、滩涂、沼泽、湿地（含国际重要湿地）所占用的空间。特殊生态空间是指自然保护区（含世界自然遗产）、风景名胜区、饮用水源保护区、森林公园、生态公益林、地质公园、植物园、地质灾害区等占用的空间。其他生态空间是指未利用的化石能源用地、矿山用地和海洋，以及荒草地、沙地、盐碱地、高原荒漠等所占用的空间。

县（市）域具有重要的生态服务功能，生态敏感性较强，并且对人居环境具有重要的生态意义，是县（市）域自然生态文明和生态建设的物质基础。自然生态空间不仅能保证县（市）域正常生态需求，还能对突发生态事件进行生态缓冲。在规划和建设过程中应该将县（市）域自然生态空间作为衡量该地区发展健康状况和竞争力的一个重要指标。首先应该将对县（市）域自然生态空间生态价值的整体性和定量的评估作为规划的生态支撑基础，然后基于自然生态空间的生态价值评估对县（市）域空间进行理性、客观的生态化规划和品质提升，用共赢的策略来协调"自然生态空间-建设空间-人"三位一体的复杂共生关系，保证县（市）域发展不仅在生态承载阈值范围之内，并且拥有足够的生态空间进行生态优化和品质提升。

第七节　空间发展的制约与影响因素

县（市）域复合生态空间是县（市）域范围内经济、社会、政治、文化、自然等多种因素相互作用的物质载体。这些因素及其相互作用直接影响并严重制约县（市）域复合生态空间的分异模式、分布格局和演进过程，这些制约与影响因素主要包括以下五个方面。

一 自然-生态因素

自然-生态因素是县（市）域复合生态空间内最基础、最重要的因素。自然-生态因素（如地质、地形地貌、水文气候、河流湖泊、动植物、土壤农田植被、矿产资源）等更具潜在生态力，它们一直在塑造县（市）域复合生态空间的空间过程中发挥着重要作用：一方面为空间发展提供物质支持、空间支撑和源生动力；另一方面也由于自身的客观条件，规定或限定了空间发展的形态和规模，造就了独特的自然生态景观特征。县（市）域复合生态空间与所依托的环境（包括生物与非生物环境）相互作用，生态因子、种群、群落的分布格局等生态因素相互联系、相互作用并呈现动态变化的特征。它们不可避免地影响到县（市）域复合生态空间的整体形态和发展途径。

二 经济因素

县（市）域复合生态空间中的城镇生态空间、农业生态空间和设施生态空间都被人类投入了不可计数的劳动，价值较明显，而自然生态空间的天然资源具有生态服务价值。同时，县（市）域复合生态空间还可以用于居住、交通、工业、商业和休闲，生产食品、纤维和药品，具有一定的使用价值。另外，经济属性取值的高低与土地的自然属性、生态属性、土地区位都密切相关，生产方式、经济制度、产业结构、经济流通等最活跃、最容易变化的因素，一方面为县（市）域复合生态空间发展提供必要条件，同时也对县（市）域复合生态空间的规模、功能和结构变化提出了相应的要求。例如，县（市）域经济职能的变迁、经济效益的聚集对县（市）域复合生态空间发展变化产生了巨大影响。

三 社会因素

县（市）域复合生态空间社会因素涉及人类活动的许多主要方面（如政治、文化、宗教、习俗、种族、血缘、阶级、组织等），它们形成了各种层面的社会网络，互相叠合、彼此交织，共同构成了有序的空间整体。个体行为、社会组织、社会组织权力群体和机构的活动等，必然导致社会阶层、邻里与社区组织，以及土地利用的差异；必然导致建筑环境的空间分异、土地利用与建筑环境的分异。此外，社会文化变迁、人的价值观念（尤其是日趋流行的生态文明观）、社会行为观念及其空间趋向，也间接影响县（市）域复合生态空间的空间组成与空间发展。

四 政治因素

县（市）域复合生态空间具有一定的权属特征（如我国土地归国家和集体所有，农村集体土地的使用权归农民集体）。当前，农村耕地、林地等的使用权正在实施流转，这一过程将大大影响城镇化和农业现代化进程。此外，政治权力的相互作用往往决定着县（市）域复合生态空间决策的最后形成，城市的设立、城镇的合并、农村居民点的重组、基本农田保护区的划定、设施用地范围的厘定、自然保护区的成立等，基本上是政治决策的产物，受到政治权力的严重影响。

五 技术因素

现有的城乡规划技术、土地利用规划技术、国民经济和社会发展规划技术，以及自然保护区、风景名胜区、森林公园、区域性重大基础设施等规划建设技术、交通技术等，在很大程度上都制约着县（市）域复合生态空间的空间结构变化，而且还影响着县（市）域复合生态空间的演进过程。

尤其应该注意的是，县（市）域复合生态空间发展是一个自然、生态、经济、社会、政治、文化复合发展的长期过程，它们按照各自的规律运动。但是这些因素绝非简单的并置或叠加，在特定地理边界约束下，它们互相开放，进行着物质、能量和信息的交换，相互联系、相互依存、相互适应、相互协调、共同作用，最终形成自我调节、自我进化的动态复合的县（市）域复合生态空间。

第八节　空间发展组织机制

县（市）域复合生态空间发展有两种机制：一种是按照自组织规律自发地形成和发展；另一种则是通过受控于人类的规划而形成和发展起来的。因而总体组织机制是：在内外部环境的支撑与限制下，县（市）域复合生态空间自组织和他组织相互交替，在县（市）域复合生态空间发展中共同发挥着不同程度的作用。

一　自组织机制

自组织理论是 20 世纪 60 年代末期开始建立并发展起来的一种系统理论。自组织系统（生命系统和社会系统）是它的主要研究对象，研究其复杂的形成和发展机制问题，即在一定条件情况下，系统是如何自动地由无序走向有序，由低级有序走向高级有序发展的。从系统论的观点来说，"自组织"是指一个系统在内在机制的驱动下，自行从简单向复杂、从粗糙向细致方向发展，不断地提高自身的复杂度和精细度的过程。

在县（市）域复合生态空间发展研究过程中，自组织指县（市）域复合生态空间中的物质系统趋向一个有序化、组织化和系统化的过程。一个远离平衡态的开放系统通过其与环境进行物质能量和信息的交换，能够形成有序的结构，或从低序向高序的方向演化的空间。开放性、远离平衡态、非线性相互作用，是县（市）域复合生态空间中物质系统演化的自组织机制。县（市）域复合生态空间具有隐藏的秩序和自身的规律，这种秩序和规律，以及一种隐藏的自发力机制共同作用于各类空间单元，影响其空间发展的规模大小、区位选择、发展时序和发展过程。因而县（市）域复合生态空间发展自组织是一种多因子共同作用、相互关联、互为制约的"自下而上"的空间自组织机制，这种自组织机制具有隐性、永久性、进化性、自主随机性等特性。

二 他组织机制

县（市）域复合生态空间发展他组织作为一种建立在人类意志、价值观基础之上，试图"使系统偏离目标的变化控制在允许范围之内"的人为干预，是一种"自上而下"的空间组织机制。其运作过程中具有显性、阶段性、优化性、整体受控性等特性。

县（市）域复合生态空间发展无不受到区域规划（省域规划、流域规划、跨省城镇群规划）、县（市）域城镇体系规划、国民经济和社会发展规划、土地利用总体规划、城镇总体规划等外部因素（即他组织力）的影响或干预。这些他组织力通过经济社会发展战略及政治决策等间接方式，干预空间发展过程。例如，重大项目投资的空间布局，大型基础设施的布局与建设，人口、资源、产品流动的政策，各空间子单元发展方向与规模的规定，以及具体的近期开发建设与时序安排，等等，都从宏观［整个县（市）域］、中观（城镇生态空间、农业生态空间、设施生态空间和自然生态空间四类空间单元）及微观（各空间单元下属的子单元）等层面干预县（市）域复合生态空间的发展进程，促进或者阻滞县（市）域复合生态空间发展规律的发挥。

第九节　空间演化途径

县（市）域是一个开放的复杂大系统，由物质的和非物质的、自然的、社会的、经济的和文化的各种要素共同构成，其获得空间、时间的和功能的有序复杂结构过程兼有自组织与他组织特性。在开放的、远离平衡的和有外部物质、能量、信息的非特定输入、输出的县（市）域复合生态空间内外部条件下，自然生长、发展和有意识的人为规划控制两种动力相互作用，直接导致县（市）域复合生态空间发展总体上产生如下三种结果。

一是当自组织力和他组织力同向时，加速县（市）域复合生态空间的良性发展。

二是当自组织力和他组织力相背离时，则阻碍或延缓县（市）域复合生态空间良性发展。

三是当自组织力和他组织力处于可耦合状态时，通过对他组织力的不断调试和修正，促使县（市）域复合生态空间稳步、良性发展。

正是这样经历多种结构与功能的互动，县（市）域复合生态空间才通过渐变和突变，从无序跃变为有序或者使有序程度得以进一步提高，从混沌、平衡态走向有序，又进一步演化为相互套嵌、自相似的有序空间结构的非平衡混沌状态。于是，将呈现一幅县（市）域复合生态空间从简单到复杂、从无序到有序、从低级到高级的县（市）域复合生态空间发展自组织演化图景。

第十节　本　章　小　结

根据复合生态系统理论，从城乡统筹的角度出发，以空间认知的视角从单一的城镇建成区空间拓展到县（市）域空间。本章主要介绍了空间、生态空间和复合生态空间的概念，以及它们之间的联系与区别；着重介绍了复合生态空间的概念，对其结构、评价体系、空间属性及未来发展趋势等其他基本属性进行了分析与介绍。由于各个区域的生态位、区位、经济活动情况、人口情况、景观空间结构和社会文化结构具有一定差异性，因此，应用生态学的原理和方法，揭示自然生态系统的相似性和差异性规律，以及人类活动对生态系统干扰的规律，结合区域内的社会、经济和自然等多种因素，做到遵循可持续发展原则、整体性原则、保护生物多样性原则、保护环境自然资源原则等，对县（市）域复合生态空间进行划分。按照对县（市）域复合生态空间划分的程序原则将其分为城镇生态空间、农业生态空间、设施生态空间和自然生态空间四种基本类型，并对各个空间类型的特征和结构进行分析。

同时，本章提出现有的城乡空间发展、城乡生长管理存在着先天的局限性。将空间发展的视角从以城镇为中心的城市空间发展、空间生长拓展为县（市）域空间发展，城市空间生长管理拓展为县（市）域空间发展管理。发展是内力与外力相结合的产物，采用自组织理论和生态位理论进行分析。每个空间的发展，是它所在的生态位，以及自组织力与他组织力的共同作用的结果。根据空间地域复杂系统净化的自组织他组织复合机制，城市群地区建设永久性生态屏障，提升生态产品生产和生态服务功能，促进城市协调发展，创建复合生态空间系统重构的生态规划理论。

县（市）域复合生态空间的划分反映了人类对自身活动所产生的生态环境负效应的反思。从哲学的角度来指导和思考人类社会发展，反映在人类对人与自然关系的认识上，人们的观念已经从"一味地向自然索求"到"利用自然和改造自然"所导致的人与自然的分离，正在走向以追求人与自然的共生为目标，即"经济-环境-社会效益"相互统一，从不可持续发展到可持续发展。今后，人与自然的关系还应从人与自然的共生最终走向人类永恒的追求目标，即人与自然的和谐。这些理念的不断进步将使县（市）域复合生态空间划分更具科学性和实际应用性。从理论上讲，不断发展的生态学、景观生态学等学科，使生态保护规划理论和可持续发展理论为县（市）域复合生态空间划分提供更多的理论指导，同时也促使县（市）域复合生态空间划分系统深入地探讨更为成熟的理论方法，构建严密而完整的区划指标体系，完善具体的县（市）域复合生态空间划分方案。

县（市）域复合生态空间划分与发展的最终目的是为了改善区域生态环境。了解各空间内的主要生态环境问题只是阶段性的。针对各类生态环境问题，还必须加强生态保育和恢复技术与工程的理论与实践相结合的研究，根据我国国情，探索经济有效的生态保护实用技术，仍是生态环境科学关注的焦点。

第三章 县（市）域生态资源评价与空间辨识

本章主要完成了生态资源现状调查、基于 3S 技术的空间数据平台开发、现状空间数据集成、生态空间辨识、综合评价生态资源等工作，为科学划分县（市）域复合生态空间并进一步细分生态空间单元奠定了坚实的基础。

第一节 生态资源现状调查

一 调查原则

（1）根据研究对象和地区特点，筛选出调查因素和重点因子。

（2）与空间发展和规划密切相关的重点因子，应进行详细、全面的调查，并做出定量的数据分析。

（3）系统应收集现有资料，及时核实资料的准确性和有效性。

二 主要调查内容

县（市）域生态资源是一个广义的概念，主要包括自然生态资源、水资源、土地资源、森林资源、矿产资源、历史文化资源等。其中，自然生态资源包括地形地貌（又可细分为坡度、坡向、高程等）、气候、水文、地质。土地资源主要包括农田、农作物、主要经济作物等。具体可分为以下几类。

（一）自然地理环境

本书通过资料收集法、野外调查法、RS 图像判别法等方法，对典型县（市）域地理位置及其条件、地质地貌、土壤等自然条件进行调查。

地理位置调查包括县（市）域所处的经度、纬度、行政区位置和交通位置，以及周边县（市）域、与主要交通线路交会的情况及其交通条件等信息。

地质调查主要是收集现有资料，简要说明当地的地质情况。主要内容包括地层概况、地壳构造、物理和化学风化情况、当地已开采的矿产资源情况等。县（市）域的地貌调查则包括海拔高度、地形特征、周围地貌类型（山地、平原、丘陵、沟谷、沙漠沙地、海岸，以及岩溶地貌、风成地貌、冰川地貌等）。除此之外，若有泥石流、滑坡、崩塌、冻土等地质灾害情况，也需调查。

土壤调查则主要包括成土母质、土壤类型、土壤结构、理化性状、分布、肥力状况、土层厚度等基本性质；同时还要考虑土壤含水率和持水能力、地下水深度、水分季节变化情况、水质及利用情况等；对于受污染的土壤，还需调查其土壤一次、二次污染状况，以及土壤侵蚀原因、特点、面积、侵蚀程度等。

（二）自然资源调查内容

1. 气候资源

主要调查年均气温、各月平均气温、极端最高和最低气温（出现的年月日）、气温年较差和日较差、霜期（初霜期、终霜期和无霜期）；土壤温度、土壤始冻和解冻日期、最大冻土深度等；年均降水量及年内各月分配情况、年最大降水量（出现年）、最大暴雨强度；年均湿度、日照、风向和风速及农业灾害性天气（台风、干旱、沙尘暴、霜冻、干热风、冰雹）等资料。

2. 土地资源

主要调查县（市）域内土地总面积和各类用地面积，如林地、耕地、园地、牧地、居民点用地、交通运输用地、水域、未利用地或难利用地（荒地）面积等。这些数据一般应以第二次全国土地调查（以下简称国土二调）为依据，可编制县（市）域土地利用现状图及土地利用现状统计表，使图与表数字相符。

3. 水文与水资源

主要调查地表水水源类型及水量、流量、水位、库容、历史洪水和枯水资料、含沙量等资料；径流资料（径流深、径流系数、径流率、汇水面积等）、地表水水文特征及水质现状、地面水（河、湖、库等）之间及其与地下水的联系、地面水污染情况等；地下水的来源、埋藏深度、水质的理化特性、水的储量与运动状态、水源地及其保护区的划分、蓄水层特性、承压水状况等。

4. 生物资源

主要调查植物资源和动物资源，其分布区、类型、层次、生产等情况，以及国家重点保护、珍稀、濒危或野生动物和植物资源；主要森林和草场资源、建群种类型及其分布和覆盖度、当地主要生态系统类型、现状、生产力、稳定性和多样性状况等。

（三）社会经济情况

主要调查包括人口、劳动力、生产生活水平、基础设施等方面，具体内容如下。

1. 人口资料

主要调查人口数量、密度及其分布、总户数、总劳动力、每个居民点户数、户均人数、人口自然增长率和迁移率；人口年龄结构、劳动力现状、职业结构、受教育情况、劳动力就业率、失业率等。

2. 生产经营情况

主要调查农、林、牧、副、渔各业生产现状、水平和存在的问题；各业远景规划指标、水平及发展速度。

3. 经济状况

主要调查人均 GDP、人均年收入、人均纯收入、人均消费状况，第一、第二、第三产业产值及其所占比重、能源的供给与消耗方式、人均粮食产量等。同时，还调查经济产业结构、投资结构、能源结构等。

4. 环境保护状况

主要调查生态环境现状、环境污染和治理现状、环保投资占 GDP 的比重等情况。

5. 基础设施与社会保障情况

主要调查农、林、牧、副、渔、加工业等基础设施现状，技术推广服务设施，产品储运加工购销设施；公路、铁路、水路、航空等方面交通运输设施、电信设施、科教文卫设施等。

6. 科技

主要调查基础研究与应用研究的比例关系，以及科技成果在生态建设中的转化应用情况。

（四）区域特殊保护

主要调查包括地方性敏感生态目标、生态脆弱区、生态安全区和重要生境四大类，具体内容如下。

1. 地方性敏感生态目标

（1）自然景观、大型湿地和风景名胜；

（2）水源地、水源林与集水区等；

（3）各种独特的自然物，如火山、温泉、洞穴、分水岭、地质遗迹、外来标志等；

（4）各种名木、寺庙、圣地圣物等；

（5）特殊生物保护地，如动物园、植物园、成批果园、育种地、农业特产地等；

（6）特殊人群保护目标，如学校、集中居民区、医院、疗养地等。

2. 生态脆弱区

生态脆弱区指处于剧烈退化状态、易演化为灾害或处于交界地带、过渡地带，以及受到外界干扰后不易恢复的区域。例如，严重和剧烈沙漠化区、沙尘暴源区、强烈或剧烈水土流失区和石漠化地区；水陆交界之湖岸、河岸、海岸，山地平原交界之山麓地带；农牧交错带、绿洲荒漠过渡区等。

3. 生态安全区

生态安全区是一个具有重要生态安全保护功能的区域，是一个至关重要的安全区。一旦被破坏，往往会导致一个巨大的区域性生态灾难，因此需要进行特别的保护。生态安全区主要有两类：①江河源头区；②对县（市）域或人口经济集中区有重要保护作用的地区，如水源涵养区、水土保持重点区、洪水蓄泄区、防风固沙保护区等。

4. 重要生境

重要生境指生物物种特别丰富或珍稀濒危野生生物生存的区域，主要包括：①原始森林、天然林、热带雨林、滩涂、湿地生态系统、受人类影响甚少的荒野地、珊瑚礁、红树林及具有区域代表性的生态系统；②重要保护的生物及其生境，包括列入国家级和省级一、二级保护名录的动植物及其生境；③地方特有和土著动植物及其生境，以及具有重要经济价值和社会价值的动植物及其生境；④自然保护地、自然保护区、种子资源保护地等。

（五）图形、图像资料

主要指各种规划底图的收集与整理，包括规划区域的地形图、最新航片、卫片等；区域内土壤分布图、植被分布图、水资源分布图、土地利用现状图等；各专业（农、林、牧业）区划、规划图。根据所需的数据源、测绘单位、时间和方法，对所收集的各种地图的准确性和质量进行检查和识别。若图纸采用不同坐标系统，应根据有关公式进行归一化处理，使之处于统一的坐标系统当中。

三 主要调查方法

现状调查是生态空间规划的重要环节。规划技术人员到现场，对县（市）

域内的城镇、乡村、农田、森林、自然保护区、河流、湿地、道路、高压线路、电缆、油气管线等进行了全面的野外情景踏勘，获得了亲身感受，并产生了灵感。调查之前，装备了有 GPS 导航与定位功能的便携式计算机和县（市）域基础地理信息系统，然后赴现场导航定位和采集信息，包括对新建设施的定线定点，对兴趣点的摄像、拍照，在数字地图上对重要情景区段进行勾画。

此外，更多的调查工作就是到相关部门收集资料，包括基础地理数据、人口分布现状、县（市）域过去一段时期内的城镇化水平、县（市）域土地利用与空间发展过程、行业部门规划数据、政府制定的"十三五"发展规划等。在此基础上，量化分析城镇化水平随时间的变化特征，预测城镇化水平及未来的空间发展趋势。

在实际运用中，依据调查范围、内容、精度，调查地区经济发展水平及调查人员技术水平等因素，调查方法可以分为走访询问调查法、现有资料收集法、野外实地调查法、RS 调查法、实地调查与 3S 结合调查法等。

（一）走访询问调查

将拟调查事项，以多种询问方式有计划地向被调查者提出问题，通过其回答获得有关信息和资料。它广泛应用于各种类型的规划研究当中，是国际上通用的一种调查方法。该方法主要用来调查公众对生态环境政策、法律法规的认识程度，使公众了解生态环境的恶化原因及其危害。同时，通过询问可进一步了解和掌握社会经济状况，弥补统计资料的遗漏与不足之处。询问可分为面谈、电话访问、问卷调查、表格调查等形式。

（二）现有资料收集法

该方法主要调查第一手资料和第二手资料。第一手资料又称为原始资料，是进行实地调查所获取的数据资料，获得第一手资料的调查称为野外实地调查。第二手资料是已经存在的不需要再次进行实地调查即可获得的资料。获得第二手资料的过程称为资料收集，它是指从有关部门、材料中搜集、取得并利用现有资料（包括文档、档案、统计资料、图册、史志、各种规划设计成果）、数据和信息等，是对某一专题进行研究的一种调查形式。

该方法的优势在于节省了大量的物力和时间，费用低、效率高。在生态环境野外调查时，应首先采用此法。其不足之处在于以获得第二手资料为主，信息不全面，不能完全符合要求，还需要其他方法补充。

该方法所获资料主要来源于内部资料和外部资料。内部资料为调查单位或行业内部的资料，外部资料为调查单位或行业以外的资料。规划收集的资料包括三个方面：①气候、地质、地貌、土壤和植被等方面的资料；②与规划有关的社会经济资料；③调查使用的图件和 RS 资料及其他技术资料。

这些数据主要来自各种原材料、研究报告、统计数据和科研信息机构、图书馆、报纸、杂志等，来源于不同的行业内部和行业外部。

（三）野外实地调查法

当遇到收集资料不能满足规划要求，或对时效性要求非常强，或收集的不同来源的资料互相出入较大且需要验证时，单靠收集资料法往往不能提供全部的答案，这就要求进行野外实地调查。野外实地调查的方式有典型调查、重点调查、全面调查（普查）、抽样调查等。

（1）典型调查是一种非全面调查，即在众多调查研究对象中，有意识地选择若干个具有代表性的对象进行深入和系统的调查。如对某项生态环境建设典型工程、示范工程、新技术推广应用工程等均可采取这种调查方法。

（2）重点调查也是一种非全面调查，它是在调查总体中，选择一部分重点对象作为样本进行调查。这种方法通常用在地面调查与 RS 判读相结合的方法中，选择一部分区域进行重点调查以作为判读标志。

（3）全面普查（调查）指对调查总体中的每一个对象进行调查。它比其他调查方式所取得的资料更全面、更系统。全面调查的优点是其收集资料更全面和准确；缺点是工作量大、费用高等。该方法一般适用于政府部门，如国家进行的农业普查、工作普查等。当规划区为小尺度区域时，也可采用普查的方式对其组成要素进行调查。

（4）抽样调查是一种非全面调查方法，是在被调查对象总体中，抽取一定数量的样本，对样本指标进行量测和调查，以统计样本特征值对应总体特征值做出具有一定可行性的估计和推断的调查方法。抽样调查在农、林、草业领域应用得较为广泛。抽样调查可节省大量人力、财力、物力，提高调查的时效性，也可通过严格的抽样技术控制抽样误差，提高调查结果的准确性。常用的抽样方法有简单随机抽样、分层随机抽样、系统抽样、整群抽样等。

（四）RS 调查法

RS 是利用某种装置，在不与研究对象直接接触的情况下，获得它们的数据，并通过处理和分析数据，最后提取和应用其研究对象信息的一种技术。RS 的主要技术组成系统有 RS 平台、传感器和 RS 信息的接收处理部分。现代 RS 技术系统的 RS 平台，主要是航空 RS 平台和航天 RS 平台。RS 调查适用于大范围的地表及覆盖物等环境特征信息的获取，具有较强的宏观性和时效性。通过收集规划区的航空相片、卫星相片等信息资料或直接购买规划区的信息数据，利用机器判读或人工判读的方法，以及 RS 信息处理软件、地理信息系统技术，可以迅速获取规划区域的生态环境状况和特征。

（五）实地调查与 3S 技术结合法

该方法既可获得第一手资料，又可增强判读的准确性，从整体与局部两方面了解环境特点。但其工作量较大，对于微观环境调查主要采用野外实地调查方法；而且对于 3S 技术来说，其局限性强，只有全部配备 3S 的单位才可运用。

第二节　生态资源现状空间数据集成

县（市）域复合生态空间发展需将城乡的自然、经济和社会作为一个统一的系统来对待，规划过程使用的数据以研究县（市）域内多种图件资料、经济和社会属性数据为主。例如，县（市）域的卫星 RS 影像、行政区划数据、林业资源数据库、乡镇发展规划、国土二次调查数据库、重要地段地形图、道路交通系统数据及相关专业规划等图形资料。另外，还需要收集县（市）近五年统计年鉴、"十三五"发展规划、政府工作报告，以及其他社会、经济、产业、基础设施建设等方面的文件资料。

一　现状调研

现状调研阶段的成果是规划方案构思、成果编制和规划决策的有力依据，将对整个规划产生深远的影响，因此现状调研工作至关重要。现场调研工作由野外调查和部门调研两个部分组成，要收集包括社会、经济、环境三个子系统的数据，项目对调研数据的精度和准确性要求较高，调研技术方面应有所创新。

传统的野外调查采用的主要方式为纸质图纸对照，即在野外调查工作开展之前将纸质图纸准备好，到野外后与实际进行对照，获取相应的信息。传统方式要求野外调查人员具有丰富的野外调查经验，且需对调查区域具有较高的熟悉程度，便于提高野外调查的精度和效率。

二　导航定位

系统的导航定位具有快速、准确定位的优点，且定位数据每秒刷新一次，实时性强。通过解译 GPS 坐标信息，将坐标信息以一个点对象显示在地图窗口中，结合卫星 RS 影像就可以快速定位，为数据采集提供导航定位功能。在导航定位的同时，将导航点保存到专门的导航路径数据层，根据需要可以设置 1 秒、2 秒或者 5 秒记录一次。导航点的数据结构包括编号、X 坐标、Y 坐标、高程、速度等属性，可以清楚地显示出已经走过的地方，便于合理安排调查路线和日后的数据整理工作。

三 数据采集

就县（市）域复合生态空间发展而言，针对一些区域性的大数据，在地理信息系统的支持下，按级别建立"主题数据库、专题数据库、参考型数据库、专业数据库"等，其中与城乡规划相关的科学数据库主要有 30 米分辨率高程信息的数字高程模型（DEM）RS 影像数据、针对景观生态分析和地表温度数据的 30 米分辨率中分辨率成像光谱仪（MODIS）RS 影像数据服务系统、针对长期景观动态分析的 30 米分辨率 Landsat RS 影像数据。其他基础大数据主要包括现场调研数据、行业规划数据、统计数据三个部分等，数据格式各不相同。

现场调研是采用便携式空间数据采集系统进行实地踏勘调查，数据格式有 shapefile（点、线、面数据）、cad（图形数据）、jpg、tiff、image（卫星影像）等。调研过程中国土部门提供的数据库作用至关重要，主要格式有 mapgis、mapinfo 等，基本图件与资料包括比例尺为 1∶10000 的地形图、第二次土地调查数据库、矿产资源分布图库、地质灾害分布及治理图库、旅游资源分布图库和森林资源分布图库等。

确定野外采集的目的。县（市）域复合生态空间规划工作中需要采集与生态环境、城乡建设相关的空间数据，包括河流廊道、水库、生态环境破坏严重地段、污染排放口、污染企业、新建道路、市政设施等。准备外业数据采集的相关设备、软件与人员。采集设备包括笔记本电脑、备用电源、带蓝牙模块的 GPS 模块，软件采用生态规划支持系统。根据调查区域设计调查路线，设置数据采集参数，建立软件与硬件的无线通信联系，开始数据采集。

数据采集支持点、线、面等空间数据采集和图像采集。数据采集模块提供多种基本矢量元素绘制、地理要素绘制和图元的修改，基本矢量元素包括点、线、面、圆、矩形、椭圆等，而地理要素包括道路、房屋、植被、河流等，图元修改包括图元选择、删除、节点编辑、移动、节点捕捉、数据复制等。空间数据采集的同时，利用图像采集模块（可直接连接相机）进行现场取证，数据采集模块为图像生成唯一的编码，并自动将图像与空间对象建立关联，一个空间对象可以关联一个或者多个图像信息，采集现场可以删除、修改和重新采集图像信息。数据采集模块充分利用便携式计算机方便的键盘输入功能，设有拼音首字母输入、数字代码输入、鼠标选择输入等多种属性的信息输入方式，可以方便快捷地进行属性录入。

有一种几何辅助测量方法，用于解决单点测量，GPS 模块捕获卫星颗数小于三颗时，GPS 信号非常弱或者没有信号。解决方法是通过任意两个有 GPS 信号的测量点和这两点到目标点的距离，运用几何求解的办法求出目标点的坐标。

四 集成平台

现状调查主要采用 3S 技术，有必要开发出一个基于 3S 技术的空间数据管理系统。在此基础上，将收集到的各种比例尺的基础地形图、规划图按统一的坐标系存放在系统中，新近建成的重要设施也要经 GPS 采集器综合到系统中。用一个功能强大的 GIS 桌面系统综合集成现有空间数据，以便进一步展开复合生态空间的现状分析与生态适宜性评价。

GIS 技术在县（市）域复合生态空间发展规划中的应用包括为项目构建了设计和研讨的网络平台，建立了基础地理空间数据库、多种规划空间数据库和定量分析模型和工具库、由空间数据采集系统收集的规划情景数据库，并用 GIS 分析工具进行了土地生态适宜性分析、城镇生态位分析、村庄的空间聚合分析，等等，为县（市）域生态格局的构建与城镇、村庄布局提供了定量化支持。

基础数据格式与坐标并不完全相同，cad、jpg、tiff、image、shapefile 均可以直接导入空间数据管理系统，而 mapgis 格式的数据库中的各个图层，通过 ArcGIS 的 Data Interoperability Tools 转成 shapefile 格式并导入空间数据管理系统。

五 数据集成与管理

调查后对资料进行两种方式集成：一种是传统的资料汇编，用文字、图表、示意图形将调查资料汇编成册；另一种是空间数据集成。我们自主开发的空间数据管理系统平台将 1∶1 万基础地理数据、卫星影像数据、国土二调数据、地矿勘探数据等部门调查数据，交通规划、电力规划、县（市）域总体规划等部门编制的规划图形数据，新修道路、新建企业与基础设施、特色农作物种植基地等现场采集的空间数据，行政边界调整、自然边界线（山脊、水体和水体等）

等公共空间数据，归一化后，集成到一个基于 3S 技术、统一坐标系统的空间数据管理系统当中。

规划支持系统具有强大的空间数据与非空间数据综合集成功能。通过对数据的地域、层次、性质的合理划分和数据库设计，将规划所涉及的各类空间数据、属性数据、文档进行分类的管理，并能将海量空间数据按统一坐标系统存取，以便于规划过程中共享数据、方便快捷地调图和动态查询。针对空间数据多层次、多种类的特点，规划支持系统开发了一个多层次的空间数据管理工具，可自由地对各数据层次进行添加、删除、导入、导出和更新等操作，并能对各数据节点进行数据共享设置，操作权限可控制到各个用户。

通过系统工程方法实现并行工程总体控制，并通过空间数据归一化平台对县（市）域空间、非空间数据进行集成，在对这些大数据进行预处理后，针对空间特征进行分析，对县（市）域复合生态空间相关影响要素进行空间分析，以支撑下一步空间布局优化规划。

六　数据处理

1. 标准化数据处理

数据标准化处理主要包括数据标准制定、数据格式转换和坐标系统统一等方面，它是空间数据处理、建库和分析的核心，是数据质量的重要体现。

在地理信息系统平台上，有必要为各类空间数据图层制定数据标准，包括数据类型、属性字段、风格等。例如，土地利用现状图要求为面数据集，数据表结构包含地块编码（DKBM、Int 类型）、用地类型（YDLX、Text 类型）、地块面积（DKMJ、Double 类型）、所属行政区（SSXZQ、Text 类型）等。

收集的各类图件有多种文件格式，如 shp（ArcGIS 图形文件）、tab（MapInfo 图形数据）、dwg（AutoCAD 图形文件）、mdb（Access 数据库文件），以及基于 MapGIS 软件的土地二调数据库、基于 SQL 数据库的林业资源调查数据库等。为了便于数据管理和使用，需要将这些数据格式进行转换，统一到同一个软件平台上。

为保证数据的通用性，以及便于和其他数据拼接，将所有图形数据坐标系统进行统一，采用通用的投影坐标系统。

2. 数字化处理

数字化处理包括数据的矢量化、属性信息录入和 RS 图像解译三部分工作。

对收集到纸质图件数据必须进行矢量化，以森林资源分布图为例：第一步，用扫描仪扫描纸质图，将成果保存为 jpg 或 tif 格式；第二步，利用图形处理软件 PhotoShop CS 对栅格图形文件进行适当处理，包括图形纠正和调整亮度、对比度、饱和度等；第三步，将栅格图形导入专用的地理信息系统软件，视具体情况选择校准方式，进行坐标校准；第四步，进行矢量化处理；第五步，设置数据表结构，输入属性信息。

RS 图像解译是计算机根据图像的几何特征和物理性质，进行综合分析，从而揭示出物体或现象的质量和数量特征，以及它们之间的相互关系，进而研究其发生及发展过程和分布规律，也就是说根据图像特征来识别它们所代表的物体或现象的性质。

第三节 综 合 评 价

县（市）域复合生态空间并不是一个毫无生机的几何空间面域，也不是狭义理解上仅指生态林地、湿地等的生境地域，而是一个生态空间。它包括城镇空间、农田及农业生产基础设施、自然村落、丘岗山地、森林、水系、湿地、自然与历史文化遗产及交通网络等空间要素。这些空间要素构成一个生态空间，每个要素都是这个复合生态空间的一个组成部分，具有特定的生态功能。为了能够正确认识县（市）域复合生态空间，提升县（市）域复合生态空间的整体生态服务功能，需要对其景观格局进行充分的辨识。景观格局辨识采用定量方法进行客观评价，主要包括地理分析、生态敏感性分析、生态服务功能重要性评价、生态功能分区及景观生态格局构建等工作内容。

一 数据管理与空间分析

数据管理与空间分析主要采用定性与定量相结合的综合集成方法，将 GPS、GIS、RS 及互联网技术集成为一个空间数据集成管理平台，实现县（市）域二维、三维空间数据的关联管理，提供包括现场数字化调查、空间数据采集、空间数据综合集成、空间分析、网上研讨、一张图式规划成果管理的全过程的技术支持。

在基于 3S 技术的空间数据管理平台上，开展地理分析、生态敏感性、生态适宜性、生态力及生态位评价等比较重要评价。在上述单项评价的基础上，再进行综合评价。

二 地理分析

地理分析是城乡规划中常常用到的分析方法，主要是对县（市）域内自然地理情况进行分析，包括地势分析、高程分析、坡度分析、坡向分析、洪水淹没分析和可视分析等内容。

三 生态敏感性分析

生态敏感性分析的目的是了解生态系统对人类活动干扰和自然环境变化的反映程度，确定发生区域生态环境问题的难易程度和可能性大小。生态环境敏感性评价选择水系、高程、坡度、用地和地质灾害作为评价因子，利用层次分析法计算各评价因子的权重值，加权叠加计算生态环境综合敏感性指数，根据分级标准划分为低敏感、中敏感、高敏感和极敏感。

以生态环境现状调查资料为基础，选择对县（市）域生态环境影响较大的生态敏感性因素，运用定量评价模型或定性分析理论，评价出 5 个生态敏感性分区（根据环境保护部发布的《生态功能区划暂行规程》，其分别为极敏感区、高度敏感区、中度敏感区、轻度敏感区、非敏感区）。生态敏感性分析明确了生态环境保护与恢复的重点，为县（市）域复合生态空间优化、产业布局，以及生态建设和保护规划提供了科学依据（图 3-1）。

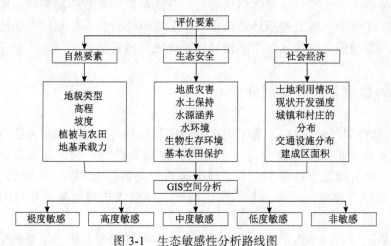

图 3-1　生态敏感性分析路线图

以湖南省安仁县县域为例，安仁县县域生态环境敏感性评价分析主要以水系、高程、坡度、用地和地质灾害为评价因子，利用层次分析法计算各评价因

子的权重值，加权叠加计算生态环境综合敏感性指数，根据分级标准划分为低
敏感、中敏感、高敏感和极敏感（图 3-2，表 3-1）。

　　评价结果表明：安仁县生态环境以低敏感和中敏感为主，面积分别为 404.54
平方千米和 649.51 平方千米，占总面积的 27.66% 和 44.42%，高敏感和极敏感
区域面积为 246.53 平方千米和 161.76 平方千米，占总面积的 16.86% 和 11.06%。
高敏感和极敏感区主要分布在安仁县东北部、西北部和东南部，这些区域海拔
较高，多在 200 米以上，坡度较大，森林资源丰富，地质灾害点和水体也是高
敏感和极敏感区域。低敏感和中敏感区主要分布在低海拔平原和丘陵地区，现
代人类活动较大。

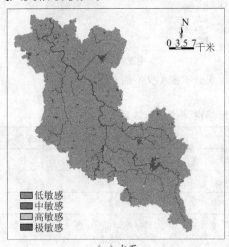

（a）水系

（b）高程

（c）坡度

（d）用地

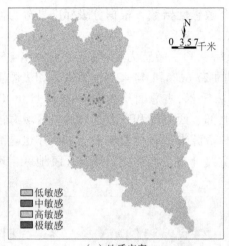

（e）地质灾害　　　　　　　　　　　（f）生态环境综合敏感性

图 3-2　安仁县生态敏感性各因素分析图（文后附彩图）

表 3-1　安仁县域生态敏感性评价指标体系

评价因子	极敏感	高敏感	中敏感	低敏感
水系/米	0～100	100～200	200～300	>300
高程/米	>300	200～300	100～200	<100
坡度	>35°	25°～35°	15°～25°	<15°
用地	林地、风景名胜及特殊用地	河流、水库、河漫滩、草地、采矿用地	公共绿地、耕地、园地、裸地	各种建设用地
地质灾害/米	0～100	100～200	200～300	>300

四　用地适宜性评价

　　针对现代社会仅仅关注适宜城市建设用地、忽视不适宜城市建设用地的传统用地评价技术的现象，我们主张在县（市）域复合生态空间发展规划前期研究过程中，必须创新性地引入生态适宜性评价技术，对县（市）域内所有用地进行全覆盖的综合评价，根据评价结果，对县（市）域复合生态空间进行全域"横到边、纵到底"的统筹规划。基于 GIS 软件平台上，这项评价技术主要包括评价单元划分、评价因子选择、评定等级划分、评价模型构建、用地综合评价（模糊评价和人工判别相结合），以及评价结果（基于 GIS 的用地生态适宜性评价图，主要包括适宜生态保护用地、适宜生态林业用地、适宜生态农业用地、适宜生态农业和生态林业复合用地、适宜生态农业和城镇发展建设复合用地、适宜城镇发展建设用地、水体保护区等基本类型）等基本步骤。影响城市建设用地评价的因素很多，概括起来大体可分为自然因子、社会经济因子和生态安全因子三大类。

传统的县（市）域用地评价主要是针对区域周边用地是否适宜做建设用地这一目标来进行的，对不适宜做建设的用地往往不予关注。县（市）域复合生态空间规划要求对规划范围内的用地进行全覆盖的综合规划，而不仅仅是建设用地，生态保护用地、生态农业用地和生态社区用地具有同等重要性，用地评价需要鉴别每一个用地斑块最适合的用途。

（1）评价模型与方法。综合评价的数学模型为模糊推论公式，即

$$B = A \times R$$

式中，A 为评价因子模糊向量，即评价因子对总目标的权值。R 为模糊关系矩阵，该矩阵中的某个元素 r_{ij} 表示 i 因子属于 j 等级的从属度，R 矩阵非 0～1 矩阵。B 为等级模糊向量，通过模糊乘积运算求得。对某用地斑块而言，它是综合了多个评定因子的权重得到的，各因子权重则采用九级标度法、专家意见和类似案例类比来判定。

（2）评价因子。用地评价因子采用坡度、高程、农业价值、生态区位和森林覆盖率 5 个评价因子，生态区位由经济因素和生态因素组成，包括区位条件、交通条件、建设现状和生态环境情况。评价过程将用地斑块做某类用地的适宜程度分为"好""较好""一般""较差""差" 5 个等级。

（3）综合评价。模糊推论公式将根据评价因子的权向量 A 和用地斑块的模型关系矩阵 R 来推断出用地斑块属于某评价等级的程度。经典的模糊推论是通过"取小"和"取大"两个步骤完成的，本书评价采用求加权和来代替。评价过程中当两种用地类型等级相同时，取评价值相对较高的一级用地类型作为该地块最适宜的用地类型。

近年来，安仁县社会经济发展迅速，城镇不断扩张，城镇建设用地也随之增加，从而造成了大量建设用地浪费和利用不当的状况，而且还破坏了生态环境。因此必须了解区域生态环境状况和城市发展需求，对区域内土地用于建设的适合程度进行评估，指导区域建设用地发展。安仁县用地适宜性评价从而成了安仁县城镇生态空间优化布局的重要参考，为安仁县的城镇发展、农业发展和生态保护指明了方向。

（一）评价指标体系分析

县（市）域是一个复杂的综合体，融合了自然环境和人文景观，因而影响县（市）域空间发展的因素也十分复杂，总体上可分为三类：自然因子、社会

经济因子和生态安全因子。

1. 自然因子

自然环境条件是城镇建设的基础，影响城镇建设成本、风险、可靠性、舒适性等。一般情况下，影响城镇建设的自然因子包括地形、水文、地质、植被等。地形对建设工程量、建设投入等产生重要影响，水文则影响城镇的供水和排水难易程度及遭受洪涝灾害的可能性，地质条件对建筑风貌的影响巨大甚至起到决定性的作用，植被间接影响城市气候、大气环境等。

2. 社会经济因子

社会经济因子对城镇建设的影响主要包括建成区吸引力、交通和土地利用。通常情况下，在建成区周边地区进行城市建设的成本远低于远离建成区的成本，并且建成后的发展速度也呈现较大差异；交通是城镇建设和发展的决定性因素，离交通干线越近，越适宜建设，反之则越不适宜建设；土地利用的影响主要表现为在不同的土地利用类型上进行建设的成本是不一样的。

3. 生态安全因子

生态安全因子主要为区域的水域、自然保护区、水源保护区、基本农田保护区等，在这些区域内不能进行城镇建设。

（二）评价方法

多因子加权叠加分析是当前用地适宜性评价使用最广泛的评价方法，已有多位学者使用该方法对多个区域进行了用地适宜性评价，经过大量实践检验，该方法模型简单，准确性和可靠度较高，适用范围广。

$$S = \sum_{i=1}^{n} W_i X_i \tag{3-1}$$

式中，S 代表用地适宜性等级；W_i 代表价因子权重；X_i 代表因子适宜性等级赋值；i 代表因子个数。

（三）评价指标选取

根据因子对城镇建设影响作用的大小及安仁县的实际情况，本书分别选取自然因子中的高程、坡度、河流、湖泊水库、植被，社会经济因子中的土地利用现状、国道、省道、县道、乡道、建成区，生态安全因子中的基本农田、水域作为安仁县用地适宜性评价的因子。根据评价因子对城镇建设的影响程度划分用地适宜性等级，由低到高划分为五级，取值 1～5（表 3-2）。

表 3-2　安仁县用地适宜性评价因子及等级划分

一级指标	二级指标	分类条件	评价分值
自然因子	高程/米	>300	1
		200～300	2
		150～200	3
		100～150	4
		<100	5
	坡度	>25°	1
		15°～25°	2
		8°～15°	4
		<8°	5
	河流/米	<50	1
		50～100	2
		100～150	3
		150～200	4
		>200	5
	湖泊水库/千米	<0.5	1
		0.5～1	2
		1～1.5	3
		1.5～2	4
		>2	5
	植被	自然密林	1
		经济林	2
		荒山、灌木草丛区	4
		荒地、植被覆盖较差地	5
社会经济因子	土地利用现状	水田、水域	1
		林地	2
		草地	3
		旱地	4
		工矿、居民地	5

续表

一级指标	二级指标	分类条件	评价分值
社会经济因子	国道、省道/千米	>2	2
		1~2	4
		<1	5
	县道、乡道/千米	>1	2
		0.5~1	3
		<0.5	5
	建成区/千米	>2	2
		0~2	4
		建成区	5
生态安全因子	基本农田	基本农田	1
		其他	4
	水域	水域	1
		其他	4

（四）分析与评价过程

1. 单因子评价

利用根据地形地貌分析中的高程和坡度栅格图层，按照因子等级划分标准，利用 ArcGIS 软件中的重分类工具进行栅格重分类，并赋值评分分值 1~5，如图 3-3（a）、图 3-3（b）所示。利用生态敏感性评价中的水体数据，在 ArcGIS 中根据属性值提取河流和湖泊水库数据，选择属性值为河流水面、内陆滩涂和沟渠的数据，导出为河流图层，选择属性值为湖泊水面、水库和坑塘水面的数据，导出为湖泊水库图层。根据指标分类条件，利用 Muliple Ring Buffer（多环缓冲区）工具进行分析，并转换为栅格数据，根据不同缓冲距离设置评价分值，生成河流和湖泊水库因子评价图，如图 3-3（c）、图 3-3（d）所示。植被因子利用航空 RS 影像，根据植被指数解译安仁县的植被情况，包括自然密林、经济林、荒山、灌木草丛区、荒地和植被覆盖较差地，转换为栅格数据后赋值，如图 3-3（e）所示。土地利用现状因子评价是利用国土二调土地利用数据，转换为栅格图层，根据分类条件中确定的不同地类赋值不同的评价分值，如图 3-3（f）所示。国道、省道、县道、乡道和建成区数据，是利用安仁县 1∶1000 航空影像，目视解译获取，利用 ArcGIS 缓冲区工具生成不同的分类条件，转换为栅格图层后分别赋值，如图 3-3（g）、图 3-3（h）、图 3-3（i）所示。基本农田因子利用安仁县各乡镇土地利用总体规划中的基本农田图层，合并转换为栅格图层后赋值，如图 3-3（j）所示。水域因子与河流、湖泊水库因子的区别是河流和湖泊水库因子是指其周边一定范围的区域，不同距离的区域用地适宜程度不同，水域数据格式转换后赋值，如图 3-3（k）所示。

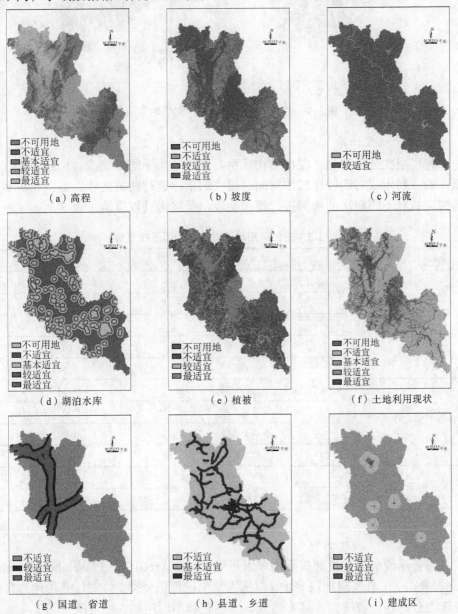

（a）高程　　　　　　　　（b）坡度　　　　　　　　（c）河流

（d）湖泊水库　　　　　　（e）植被　　　　　　　（f）土地利用现状

（g）国道、省道　　　　　（h）县道、乡道　　　　　（i）建成区

　　（j）基本农田　　　　　　　　　　　　　（k）水域

图 3-3　单因子评价结果图（文后附彩图）

2. 因子权重计算

　　利用层次分析法建立层次结构模型，分析各指标间的关系，构建多层次指标体系。利用成对明智比较法对同一层次的指标进行两两比较，得到相对客观的权重。对不同层次的指标进行逐级比较，最终得到权重值（表 3-3）。

表 3-3　安仁县用地适宜性评价因子权重值

一级指标	二级指标	权重
自然因子	高程	0.0527
	坡度	0.1170
	河流	0.0320
	湖泊水库	0.0320
	植被	0.0962
社会经济因子	土地利用现状	0.0511
	国道、省道	0.1022
	县道、乡道	0.0723
	建成区	0.1445
生态安全因子	基本农田	0.1000
	水域	0.2000

3. 评价因子加权叠加

　　综合评价结果通过加权叠加单因子得到，在 ArcGIS 中由 Weighted Overlay（加权叠加）工具实现加权叠加，对所得结果进行重分类，将安仁县用地适宜性分析为最适宜、较适宜、基本适宜、不适宜和不可用地 5 个等级（图 3-4）。

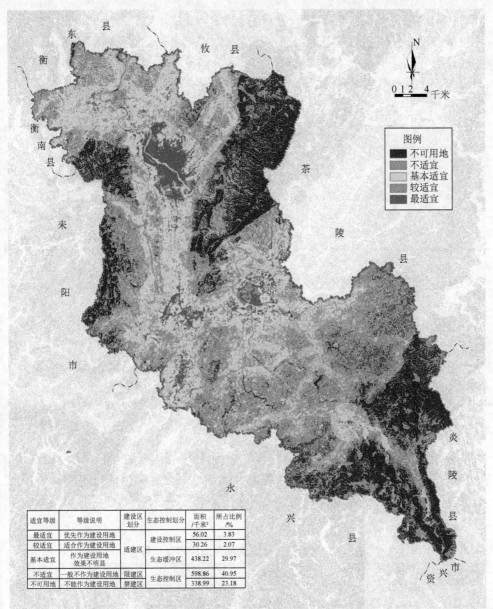

适宜等级	等级说明	建设区划分	生态控制划分	面积/千米²	所占比例/%
最适宜	优先作为建设用地	适建区	建设控制区	56.02	3.83
较适宜	适合作为建设用地			30.26	2.07
基本适宜	作为建设用地效果不明显		生态缓冲区	438.22	29.97
不适宜	一般不作为建设用地	限建区	生态控制区	598.86	40.95
不可用地	不能作为建设用地	禁建区		338.99	23.18

图 3-4　安仁县用地生态适宜性评价结果（文后附彩图）

（五）结果分析

安仁县用地生态适宜性评价中较适宜面积最大，其次为基本适宜和最适宜，不可用地面积最小（表 3-4）。在空间分布上，最适宜和较适宜主要集中在安仁县城、灵官镇、安平镇、龙海镇及安仁县西北部，这些区域已有一定规模的建成区，具有一定的增长极核，有重要交通线通过或位于交通枢纽，地势平坦，海拔低，植被覆盖度小；不适宜和不可用地主要分布在安仁县东北部、西部和东南部，这些区域海拔高，坡度大，有规模较大的林场、河流和水库分布，交通条件差、人口分布少；重要交通线路沿线适宜性相对较高，呈较明显的带状格局。

表 3-4   安仁县用地适宜性评价结果分析

适宜等级	等级说明	面积/千米²	所占比例/%
最适宜	优先作为建设用地	331.42	22.66
较适宜	适合作为建设用地	491.02	33.58
基本适宜	作为建设用地效果不明显	407.43	27.86
不适宜	一般不作为建设用地	178.33	12.20
不可用地	不能作为建设用地	54.14	3.70

五 模糊综合评价

县（市）域复合生态空间规划要求进行县域全覆盖的综合规划，县（市）域复合生态空间的主要用途除了明确城镇建设用地以外，还包括农业发展用地、重大基础设施用地及生态涵养与保护用地。在这个复杂评价系统中，本书针对适宜性边界的不确定性，以嘉禾县为例引入了模糊数学的方法。

（一）隶属函数的建立

参照 FAO《土地评价纲要》和《县级土地利用总体规划编制规程》的规定，本书根据土地对评价用途的适宜性程度、限制性强度，将用地斑块做某类用地的适宜程度分为四个等级，分别为"好""较好""一般""差"。不同类型的用地评价指标等级不同（表 3-5～表 3-9）。

表 3-5   适宜城镇建设发展用地评定指标等级

因素	因子	A（好）	B（较好）	C（一般）	D（差）
自然生态	坡度	0°～8°	8°～15°	15°～25°	>25°
	坡向	平地、南、东南、西南	东、西	西北、东北	北
生态安全	与灾害点距离/米	>1000	500～1000	100～500	<100
	基本农田	非耕地	零星农田	一般农田	基本农田
	生物生境	外围	建设用地	耕地、园地、草地	水域、林地

续表

因素	因子	A（好）	B（较好）	C（一般）	D（差）
社会经济	交通区位/米	0～200	200～500	500～1000	>1000
	水文区位/米	0～200	200～500	500～1000	>1000
	城镇吸引力/米	0～200	200～500	500～1000	>1000

表 3-6 适宜生态农业用地评定指标等级

因素	因子	A（好）	B（较好）	C（一般）	D（差）
自然生态	海拔/米	200～240	240～300	140～200	300～380
	坡度	0°～10°	10°～15°	15°～25°	>25°
	坡向	平地、南、东南、西南	东、西	西北、东北	北
	水源灌溉/米	0～100	100～200	200～500	>500
社会经济	经济地理位置/米	0～200	200～500	500～1000	>1000

表 3-7 适宜生态林业用地评定指标等级

因素	因子	A（好）	B（较好）	C（一般）	D（差）
自然生态	坡度	15°～25°	>25°	5°～15°	0～5°
	土壤生产力	优良	黏土	粗质	土壤层浅
社会经济	交通区位/米	0～200	200～500	500～1000	>1000
生态服务	景观价值	高敏感区	中度敏感区	低敏感区	不敏感区
	森林覆盖率/%	>60	40～60	20～40	0～20

表 3-8 适宜农城复合用地评定指标等级

因素	因子	A（好）	B（较好）	C（一般）	D（差）
自然生态	坡度	0°～10°	10～15°	15°～25°	>25°
	坡向	平地、南、东南、西南	东、西	西北、东北	北
生态安全	与灾害点距离/米	>1000	500～1000	100～500	<100
	基本农田	非耕地	零星农田	一般农田	基本农田
	生物生境	外围	建设用地	耕地、园地、草地	水域、林地
社会经济	交通区位/米	0～200	200～500	500～1000	>1000
	水文区位/米	0～100	100～200	200～500	>500
	城镇吸引力/米	0～200	200～500	500～1000	>1000

表 3-9　适宜农林复合用地评定指标等级

因素	因子	A（好）	B（较好）	C（一般）	D（差）
自然生态	坡度	15°～25°	>25°	5°～15°	0°～5°
	土壤生产力	优良	黏土	粗质	土壤层浅
	水源灌溉/米	0～100	100～200	200～500	>500
社会经济	交通区位/米	0～200	200～500	500～1000	>1000
生态服务	景观价值	高敏感区	中度敏感区	低敏感区	不敏感区
	森林覆盖率/%	>60	40～60	20～40	0～20

评价因子的适宜程度分级包括定量指标和定性指标两种，为了统一衡量标准，本书对定量指标采用归一化处理，而定性指标根据适宜度的 4 个分级程度进行赋值，"好""较好""一般""差"分别赋值为 1、3、5、7。

参考已有的数学方法与相关研究，对于数值愈大适宜度等级愈好的定量评价指标，如森林覆盖率、景观价值等，其隶属函数为

$$\mu_{i1} = \begin{cases} 0, & x < S_{i1} \\ (S_{i2} - x_i)/(S_{i2} - S_{i1}), & S_{i1} \leqslant x < S_{i2} \\ 1, & x \geqslant S_{i2} \end{cases} \qquad (3\text{-}2)$$

对于数值愈大适宜度等级愈差的定量评价指标，如坡度、海拔等，其隶属函数为

$$\mu_{i2} = \begin{cases} 1, & x < S_{i1} \\ (x_i - S_{i2})/(S_{i1} - S_{i2}), & S_{i1} \leqslant x < S_{i2} \\ 0, & x \geqslant S_{i2} \end{cases} \qquad (3\text{-}3)$$

式中，x_i 为第 i 个评价因素的特征值，S_{ij} 为第 i 项评价因素第 j 级土地适宜性程度的标准值，包括上下限值。

隶属函数建立后，将各因子评级指标等级中量化的分界值带入函数中，求出分界值的隶属度，为下一步空间数据分析做准备。以坡度因子为例，按照评价等级，将坡度划分为 4 级，分别以 8°、15°、25° 为分界点，带入隶属函数后，得出其隶属度分别为 0.62、0.37、0.30。

利用 GIS 模糊隶属工具将各评价因子空间数值控制在 0 和 1 之间，根据因子分界值隶属度，利用 GIS 重分类工具对各因子进行重分类，得出各评价因子的隶属等级分布图。

（二）模糊向量计算

1. 优先关系判断矩阵

根据模糊综合评价法模糊向量确定的方法，采用模糊层次法求取评价因素的权重分配向量，各评价目标优先关系判断矩阵及模糊一致矩阵如表 3-10～表 3-19 所示。

表 3-10 城镇建设发展用地优先关系判断矩阵

城镇建设发展用地	坡度	坡向	地质灾害	基本农田	生物生境	交通区位	水文区位	城镇吸引力
坡度	0.5	1	0	0	0	0.5	0	0
坡向	0	0.5	0	0	0	0	0	0
地质灾害	1	1	0.5	0.5	0.5	1	1	1
基本农田	1	1	0.5	0.5	0.5	1	1	1
生物生境	1	1	0.5	0.5	0.5	1	1	1
交通区位	1	1	0	0	0	0.5	0.5	0.5
水文区位	1	1	0	0	0	0.5	0.5	0.5
城镇吸引力	1	1	0	0	0	0.5	0.5	0.5

表 3-11 城镇建设发展用地模糊一致矩阵

城镇建设发展用地	坡度	坡向	地质灾害	基本农田	生物生境	交通区位	水文区位	城镇吸引力
坡度	0.50	0.61	0.25	0.25	0.43	0.43	0.43	0.50
坡向	0.39	0.50	0.14	0.14	0.32	0.32	0.32	0.39
地质灾害	0.75	0.86	0.50	0.50	0.68	0.68	0.68	0.75
基本农田	0.75	0.86	0.50	0.50	0.68	0.68	0.68	0.75
生物生境	0.75	0.86	0.50	0.50	0.68	0.68	0.68	0.75
交通区位	0.57	0.68	0.32	0.32	0.50	0.50	0.50	0.57
水文区位	0.57	0.68	0.32	0.32	0.50	0.50	0.50	0.57
城镇吸引力	0.57	0.68	0.32	0.32	0.50	0.50	0.50	0.57

表 3-12 农业用地优先关系判断矩阵

农业用地	海拔	坡度	坡向	水源灌溉	经济地理位置
海拔	0.5	0	0	1	0.5
坡度	1	0.5	1	0.5	0.5

农业用地	海拔	坡度	坡向	水源灌溉	经济地理位置
坡向	0	0	0.5	0	0
水源灌溉	1	1	1	0.5	1
经济地理位置	1	0	1	0	0.5

表 3-13　农业用地模糊一致矩阵

农业用地	海拔	坡度	坡向	水源灌溉	经济地理位置
海拔	0.50	0.35	0.65	0.25	0.45
坡度	0.65	0.50	0.80	0.40	0.60
坡向	0.35	0.20	0.50	0.10	0.30
水源灌溉	0.75	0.60	0.90	0.50	0.70
经济地理位置	0.55	0.40	0.70	0.30	0.50

表 3-14　林业用地优先关系判断矩阵

林业用地	坡度	土壤生产力	交通区位	景观价值	森林覆盖率
坡度	0.5	1	1	0	0
土壤生产力	0	0.5	1	0	0
交通区位	0	0	0.5	0	0
景观价值	1	1	0.9	0.5	1
森林覆盖率	1	1	1	0.5	0.5

表 3-15　林业用地模糊一致矩阵

林业用地	海拔	坡度	坡向	水源灌溉	经济地理位置
海拔	0.50	0.60	0.70	0.31	0.35
坡度	0.40	0.50	0.60	0.21	0.25
坡向	0.30	0.40	0.50	0.11	0.15
水源灌溉	0.69	0.79	0.89	0.50	0.54
经济地理位置	0.65	0.75	0.85	0.46	0.50

表 3-16　农城复合用地优先关系判断矩阵

农城复合用地	坡度	坡向	地质灾害	基本农田	生物生境	交通区位	水文区位	城镇吸引力
坡度	0.5	1	0	0	0	0.5	0.5	0.5
坡向	0	0.5	0	0	0	0	0	0

农城复合用地	坡度	坡向	地质灾害	基本农田	生物生境	交通区位	水文区位	城镇吸引力
地质灾害	1	1	0.5	0.5	0.5	1	1	1
基本农田	1	1	0.5	0.5	0.5	1	1	1
生物生境	1	1	0.5	0.5	0.5	1	1	1
交通区位	1	1	0	0	0	0.5	0.5	1
水文区位	1	1	0	0	0	0.5	0.5	1
城镇吸引力	1	1	0	0	0	0	0	0.5

表 3-17　农城复合用地模糊一致矩阵

农城复合用地	坡度	坡向	地质灾害	基本农田	生物生境	交通区位	水文区位	城镇吸引力
坡度	0.50	0.64	0.29	0.29	0.29	0.46	0.46	0.50
坡向	0.36	0.50	0.14	0.14	0.14	0.32	0.32	0.36
地质灾害	0.71	0.86	0.50	0.50	0.50	0.68	0.68	0.71
基本农田	0.71	0.86	0.50	0.50	0.50	0.68	0.68	0.71
生物生境	0.71	0.86	0.50	0.50	0.50	0.68	0.68	0.71
交通区位	0.54	0.68	0.32	0.32	0.32	0.50	0.50	0.54
水文区位	0.54	0.68	0.32	0.32	0.32	0.50	0.50	0.54
城镇吸引力	0.46	0.61	0.25	0.25	0.25	0.43	0.43	0.46

表 3-18　农林复合用地优先关系判断矩阵

农林复合用地	坡度	土壤生产力	水源灌溉	交通区位	景观价值	森林覆盖率
坡度	0.5	1	0.5	1	0.5	0.5
土壤生产力	0.5	0.5	0	1	0.5	0.5
水源灌溉	1	1	0.5	1	1	1
交通区位	0	0	0	0.5	0	0
景观价值	0.5	1	0.5	1	0.5	0.5
森林覆盖率	0.5	1	0.5	0	0.5	0.5

表 3-19　农林复合用地模糊一致矩阵

农林复合用地	坡度	土壤生产力	水源灌溉	交通区位	景观价值	森林覆盖率
坡度	0.50	0.58	0.46	0.46	0.50	0.58
土壤生产力	0.42	0.50	0.38	0.38	0.42	0.50

续表

农林复合用地	坡度	土壤生产力	水源灌溉	交通区位	景观价值	森林覆盖率
水源灌溉	0.54	0.63	0.50	0.50	0.54	0.63
交通区位	0.21	0.29	0.17	0.17	0.21	0.29
景观价值	0.50	0.58	0.46	0.46	0.50	0.58
森林覆盖率	0.42	0.50	0.38	0.38	0.42	0.50

2. 求权向量

通过对模糊向量求几何平均值，再采用归一法计算得出五类用地的评价因子的权向量。

从表 3-20 中发现，生态安全因素在城镇建设发展用地评价中权重值最高，这是从构建县域生态安全格局角度出发，满足生态保护的绝对刚性要求；其次是社会经济因素，权重值最小是自然生态因素。

表 3-20 适合城镇建设发展用地因子权重表

因素	因子	权重值
自然生态	坡度	0.0977
	坡向	0.0692
生态安全	与灾害点距离	0.1615
	基本农田	0.1615
	生物生境	0.1615
社会经济	交通区位	0.1162
	水文区位	0.1162
	城镇吸引力	0.1162

在农业用地评价中，如表 3-21 所示，权重值最高是自然生态因素中的水源灌溉因子，说明水源对农业生产至关重要。

表 3-21 适合农业用地因子权重表

因素	因子	权重值
自然生态	海拔	0.1748
	坡度	0.2399
	坡向	0.1060
	水源灌溉	0.2827
社会经济	经济地理位置	0.1967

在林业用地评价中，如表 3-22 所示，权重值较高是生态服务因素中的景观价值和森林覆盖率因子，最小的是交通区位因子，体现了嘉禾县非常重视对现有林地资源的保护。

表 3-22　适合林业用地因子权重表

因素	因子	权重值
自然生态	坡度	0.1977
	土壤生产力	0.1529
社会经济	交通区位	0.1056
生态服务	景观价值	0.2805
	森林覆盖率	0.2632

从表 3-23、表 3-24 中发现，不管是农城复合用地还是农林复合用地，除个别因子外，各指标之间的权重差异性不明显，这与土地的多功能密切相关。

表 3-23　适合农城复合用地因子权重表

因素	因子	权重值
自然生态	坡度	0.1116
	坡向	0.0795
生态安全	与灾害点距离	0.1532
	基本农田	0.1532
	生物生境	0.1532
社会经济	交通区位	0.1190
	水文区位	0.1190
	城镇吸引力	0.1041

表 3-24　适合农林复合用地因子权重表

因素	因子	权重值
自然生态	坡度	0.1932
	土壤生产力	0.1615
	水源灌溉	0.2090
社会经济	交通区位	0.0817

续表

因素	因子	权重值
生态服务	景观价值	0.1932
	森林覆盖率	0.1615

（三）模糊推论公式计算

本书针对五种用地类型分别进行评价，选出评价网格中最适宜的用地类型。当两种用地类型等级相同时，此地块为这两种类型的复合用地。

例如，某地块通过评定作为生态农业用地的评价值为0.87，作为生态林业用地的评价值为0.88，因此，此地块最适宜的用地类型为生态农业和生态林业的复合用地。

（四）模糊叠加

在完成五种用地类型的单因素专题图后，本书利用GIS模糊叠加分析工具，将每个单因素专题图中的同一网络单元的适宜性评价数值进行最大隶属分析，同时，综合考虑现状道路、水系、用地性质等因素，与该地区土地现状图相互叠加，生成复合生态空间生态适宜性综合评价图。

本书采用模糊评价与GIS分析相结合的评价方法最终得到嘉禾县土地生态适宜性综合评价图，并统计了各类用地指标（表3-25）。

表3-25 嘉禾县生态适宜性分区统计表

适宜用地类型	面积/千米^2	比例/%
生态林业用地	244.36	35.09
生态农业用地	193.10	27.73
农林复合用地	101.20	14.53
农城复合用地	98.05	14.08
城镇发展建设用地	39.73	5.71
水体保护区	19.91	2.86
总计	696.35	100.00

第四节 空间类型分析与辨识

为了对县（市）域复合生态空间进行更好的、深入的探究，有必要对其进行进一步划分。根据空间生态位、区位、经济活动、人口、景观结构及社会文化结构等方面的差别，可以用县（市）域复合生态空间来表达县（市）域内"城-镇-设施廊道-乡村-自然"四者之间的复杂关系，进而剖析县（市）域复合生态空间的要素构成和内在规律。结合实际，本书将复合生态空间构成主体划分为四大类、八小类（表3-26）。

表 3-26 县（市）域复合生态空间组成要素一览表

序号	大类	编号	中类	小类
I	自然生态空间	I_1	绿色生态空间	天然草地、林地占用的空间
		I_2	蓝色生态空间	河流、湖泊、水库、坑塘、滩涂、沼泽、湿地（含国际重要湿地）等占用的空间
II	农业生态空间	II_1	农业生产空间	耕地、改良草地、人工草地、园地、其他农用地空间（包括农业设施、农村道路、村镇企业及其附属设施用地）
		II_2	农村生活空间	集镇和农村居民点空间，即以农村住宅为主的用地空间（包括住宅、公共服务设施和公共道路等用地）
III	城镇生态空间	III_1	城市生态空间	城市、县人民政府所在地镇和其他具备条件的镇的中心区空间、居住空间、工业空间、商业空间、服务与办公空间、游憩活动空间，以及城市边缘人工化或半人工化的自然生态空间（绿化隔离带、郊野公园）
		III_2	乡镇生态空间	一般建制镇、乡人民政府驻地的居住空间、工业空间、商业空间、服务与办公空间
IV	设施生态空间	IV_1	交通设施空间	铁路、公路、民用机场、港口码头、管道运输等占用的空间
		IV_2	电力设施空间	架空或地埋电力线线路及两侧防护绿地廊道所构成的空间，还包括发电站、变电站周边的防护空间

要研究一个县（市）域复合生态空间的构成及功能，就必须按约定的原则

和标准对全域空间进行划分，这就是生态空间的辨识。辨识需要运用各种类型的空间数据，还要用到人的知识和经验。这样我们就将极其复杂多样的县（市）域空间简化为有限地理单元的生态空间。每个地理单元具有相应的生态功能，相邻地理单元有明显的差别。

第五节　本　章　小　结

随着计算机等科技的发展，3S 技术将越来越多地应用到县（市）域复合生态空间规划当中。例如，运用 GIS 技术进行县（市）域复合生态空间生态敏感性分析，制作数字化地图，以及层次分析等更为广泛的应用。在近十几年的发展中，GIS 技术的已经由二维发展到三维，从单机发展到网络，从局域网发展到互联网，从桌面发展到移动，GIS 技术发展了一系列供政府和人民使用的应用平台和工具。

最近几年，国内外学者开始聚焦于大数据设计、数字规划和地理设计。学者们认为 GIS 技术与景观安全格局、城市规划、生态基础设施布局等相关规划进行了更高层次的结合。这种发展趋势符合我国生态文明建设和县（市）域复合生态空间发展规划的技术要求。

以 GIS 技术为主的数字规划技术的快速发展，为县（市）域复合生态空间规划编制工作提供了良好的技术支持。这有利于对海量的空间与属性信息进行管理与分析，有利于形象直观地展示规划成果，同时也有利于较好地解决传统规划方法和技术所存在的不足。本章通过 GIS 技术对县（市）域复合生态空间的生态资源作出了评价并进行了空间辨识，这表明 GIS 技术成为县（市）域复合生态空间发展规划工作中科学的、高效和不可缺少的工具。

本章根据生态环境资源现状调查的基本原则，介绍了自然地理环境、自然资源、社会经济情况、区域特殊保护、图形和图像资料调查的具体内容和方法。基于县（市）域复合生态空间的规划技术的特点，突出了 GIS 技术在县（市）域复合生态空间规划中的优势与不足之处。结合实际情况，实地调查与跟踪设计，将 GIS 技术、计算机技术、数学模型等研究贯穿于县（市）域复合生态空间规划调研、空间数据处理与集成、规划辅助分析、方案综合集成研讨，有利于规划工作的科学性、信息化、数字化，为生态空间优化布局、生态安全格局、空间发展格局构建与优化等提供可靠的技术支持。实现复合生态空间内部的合理比例结构和通畅的物质能量流动，实现自然、经济和社会的健康、可持续发展（图 3-5）。

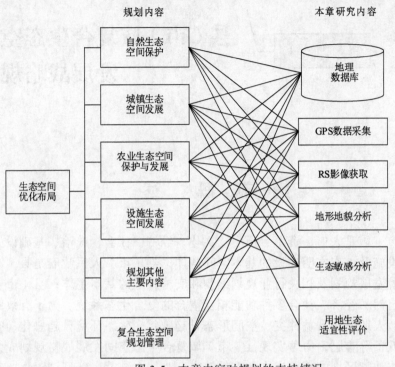

图 3-5 本章内容对规划的支持情况

第四章 县（市）域复合生态空间发展战略规划

第一节 概　述

县（市）域是人口、资源、历史、文化、经济、社会、政治、基础设施、公共服务设施及生态文明建设的基本空间载体；县（市）人民政府是县（市）域城乡统筹发展规划及相关行业规划编制和实施管理的基本主体；县（市）域空间是由自然、经济、社会多种功能相互耦合的复合生态系统。为了有效解决县（市）域人地矛盾日益冲突、空间形态日趋破碎、生态环境日趋恶化、空间管理效能低下等难题，力争实现县（市）域复合生态空间发展战略规划成为国家和省主体功能区划的必要层次和有效补充，为城乡统筹、新型城镇化、新农村建设、生态产业空间布局、生态环境保护、宜居生活空间布局、重大基础设施和重大产业项目落地提供宏观决策参考的宏伟目标，本书创新性地提出了复合生态空间、县（市）域复合生态空间发展战略规划和复合生态空间优化布局的概念。

生态空间优化布局是以空间为对象的格局调整与再造，无论数据、处理过程，还是结果，都是以空间为基础的，因此，优化布局的方法主要是空间分析方法和空间对象概化方法。优化布局需要对大量空间信息进行矢量化、整合、分析、评价、统计等操作，这些操作都基于 GIS 空间分析完成。通过空间分析可以实现定性信息到定量数据的转化，实现从空间数据到有用空间信息的转换。通过计算机软件的自动化处理，得到生态空间调整后的布局，但作为大区域、大范围的战略层面的规划，过于琐碎和零散的边界在规划控制、实施和执行中操作起来十分困难，因此，需要以航空 RS 影像为基础，对生态空间边界进行地图学中的概化处理，形成相对较规整的、统一整体的生态空间。

总体上，优化布局分为前期准备、布局过程和结果分析三个阶段。前期准备为布局过程和结果分析服务，提供数据、软硬件平台及复合生态空间的现状情况；布局过程是核心，最终得到优化后的生态空间；评价结果是基于复合生态空间评价理论对结果进行适度评价，是优化的最后阶段，可作为调整布局的依据。前期准备的内容主要有数据准备、软硬件平台准备及复合生态空间识别，数据和软硬件平台在地理数据库建设阶段已完成，因此重点为对复合生态空间的识别。复合生态空间的识别是根据现有的航空 RS 影像、全国土地调查利用情况、交通等数据划定的现状自然生态空间、城镇生态空间、农业生态空间和设施生态空间范围的过程。布局过程包括对这四类生态空间的优化布局：自然生态空间的优化布局主要是划定绿色生态空间和蓝色生态空间的保护范围红线；城镇生态空间的优化布局是依据现有的城市总体规划、城镇体系等规划及用地生态适宜性评价结果，划定城镇发展空间范围；农业生态空间的优化布局是划定为实现区域粮食安全的农田空间，以及为实现区域农村集聚发展的农村居民点建设空间；设施生态空间的优化布局是根据现有城市规划和道路专项规划，划定为满足区域发展需求的重要设施空间布局。结果分析是对优化后的生态空间进行空间分布、数量等方面的分析，并根据复合生态空间评价理论在空间比例结构、物质能量流动、生态安全等方面进行评价，评价结果指导优化方案的修改。

第二节　战略规划的重要作用

作为一种"他组织"手段，县（市）域复合生态空间发展战略规划能够迅速满足复合生态空间四类空间单元之间有效协调的发展需求，充分发挥指导县（市）域各类规划编制、引导生产要素空间流动与产业空间布局、优化空间结构、确保公共与生态利益优先等作用。

一　指导编制县（市）域各类规划

县（市）域复合生态空间发展战略规划能够在宏观层面上对县（市）域复合生态空间发展的重大问题（如复合生态空间性质与规模、区域定位、产业导向、复合生态空间结构、支撑系统、重要基础设施、空间特色、生态保障及发展时序安排等）作出控制、协调与引导，指导编制下一层次的规划，从而完全可以承担指导编制其他各类规划，以及指导城市、乡镇、村庄、土地利用、基本农田、林业、水利、自然保护区、风景名胜区、区域性交通和基础设施等各类规划的角色。特别是在国家、省、市相关的方针、政策、纲要的指导下，县（市）域复合生态空间发展战略规划对城市化、城乡一体化发展进行指导，依据县（市）域的经济社会发展规划及农业、交通、水利、国土资源、环保等专项规划要求，并协调与上层次的城镇群体空间组织关系，将城市化与城乡一体化具体深化和落实在县（市）域范围内。适当对上层次规划提出一定的修改意见，并作出技术论证与明确表述。

二 引导生产要素空间流动和产业空间布局

在市场经济条件下，生产要素流动虽然受"无形的手"制约，但仍沿循"从投入产出低的位置流向投入产出高的位置"的基本规律。县（市）域发展的空间结构本质上是产业结构在地域空间上的投影，因而在某种程度上也可以被认为是一种市场格局。由于县（市）域复合生态空间发展战略规划的重点是对县（市）域产业结构调整与空间结构重组进行战略性指导，故这一规划也应对生产要素的流动发挥引导作用。例如，规划提出县（市）域内各城镇的空间发展模式与职能定位，并制定一系列有利于空间要素集聚的政策，从而实现生产要素空间流动的引导，能够理性地调整经济结构和产业布局；另外，加快居住区和产业功能区的建设，促进人口和要素资源向主功能镇集聚，提高主功能镇的辐射和带动功能。同时，规划强调县（市）域应做大做强主功能镇的优势特色产业，发展各具特色的产业重镇、旅游名镇、商贸强镇，吸纳农村劳动力向城镇第二、第三产业转移。

三 优化空间结构

县（市）域复合生态空间发展战略规划主要涉及城镇生态空间、农业生态空间、设施生态空间及自然生态空间的合理分布、合理规模和合理组合，同时更加深入地涉及产业发展布局、城镇与乡村发展布局、重大基础设施建设布局、基本农田保护区划定、资源有效开发和利用布局、生态环境保护和建设布局、生态景观格局。在明确县（市）域建设区域的基础上，县（市）域复合生态空间发展战略规划突出自然资源、生态环境、人文历史遗产与土地使用性质的管制和空间落实，避免出现"以城为本"的单一观念；确定区域空间管制的内容、层次、重点和措施，对出现部分跨区域空间管制要素提出具有针对性的管制方式、内容等建议；在合理配置、集约使用复合生态空间资源和优化总体空间布局等方面，通过对各部门和专业规划空间要素的统筹落实，确定和整合各类空间管制范围。

四 确保以公共利益与生态利益优先

县（市）域复合生态空间发展战略规划必然具有公共政策属性，因而在编制实施的全过程中必然能够通过认知复合生态空间发展规律，引导和控制创造良好的复合生态空间环境，使县（市）域复合生态空间发展战略规划最大限度地发挥市场作用，减少交易成本，并且作为政府宏观调控的手段和平衡各种利益集团冲突的杠杆，引导复合生态空间朝着有利于实现政府政策目标的方向发展。通过有效调控复合生态空间性质、规模和建设用地，充分保障县（市）域复合生态空间发展的全局利益、整体利益、长远利益、公众利益和生态利益，统领县（市）域自然、生态、经济、社会、政治、文化可持续地健康协调发展，进而间接地调控整个县（市）域国民经济的正常运行。除此之外，县（市）域复合生态空间战略规划努力推进和督促市政相关基础设施、教育医疗设施、文化体育设施、环保基础设施和商贸综合设施的建设，同时大力提高基础设施的网络信息化水平和综合承载能力。同时，县（市）域复合生态空间战略规划促进行政执法、行政审批服务、公共资源交易、土地储备等平台建设，以达到不断提升县（市）域公共管理和服务水平。

第三节 战略规划理念

我国正处于新型城镇化的加速时期，更加需要强化国土空间规划宏观调控，确保国土均衡发展的职能，需要通过规划清晰合理的城镇化战略格局及相应的农业化战略格局和生态安全战略格局，来达到科学发展、协同提高生态-经济-社会效率的目标。

县（市）域复合生态空间总体规划的根本任务是根据全面落实科学发展观，以及统筹人与自然和谐发展、城乡发展、经济社会发展、区域发展、国内发展和对外开放等要求，对县（市）域整体进行区域定位、综合布局、规划协调与空间管制，指导县（市）域逐步实现经济、社会、生态、人口、空间的全面、协调、可持续发展。

但是，具体到一个县（市），只存在一个复合生态空间，因而这个空间应该进行全域统筹，这正是探索"三规合一"甚至"多规合一"的重要意义所在。但是，在编制这些所谓的"三规"或者"多规"之前，必须深入研究县（市）域的功能定位、功能分区及其基本职能、产业布局、发展方向等前瞻性、全局性和战略性问题，充分发挥它们先导、主导和引导县（市）域内各类规划的龙头作用。

此外，由于县（市）域内各类规划面大量广、内容繁杂，各类基础设施规划的专业性较强，而且各主管部门有其相应的计划、规划和实施机制。但是目前缺少明确的行政主管部门或实施机制来统筹、整合这些规划。在进行常规的县（市）域规划时，规划人员往往难以集中力量研究县（市）域发展的区域宏观背景及其发展面临的主要问题等战略性问题，缺乏一个对县（市）域空间发展宏观问题进行深入研究的方案来指导各类规划的前期工作。因此，县（市）域复合生态空间发展战略规划显得尤为重要。

本书综合区域规划、总体规划和战略规划的基本内容与思想之后，创新性地提出县（市）域复合生态空间发展战略规划，认为它就是在深入研究区域发展宏观背景的基础上，对县（市）域复合生态空间发展进行宏观性、全局性和战略性的指导与决策。其主要任务是紧密结合空间布局与产业结构调整，构建并整合空间形态结构、集成并提升功能结构，为下一层次规划的编制提供指导。

一　基本理念

坚持以人为本，树立全面、协调、可持续的发展观，建设资源节约型和谐社会，促进经济社会和人的全面发展。以国家宏观战略、方针、政策为指导，根据国家级和省级主体功能区划、区域性扶贫开发规划、各级体系规划和总体规划等规划成果对区域的定位，结合区域社会、经济、自然等的发展基础和发展条件，参考区域政府部门的意见与建议，制定复合生态空间发展规划的战略定位。通常情况下，战略定位的内容应包括生态环境、产业发展等内容，形式应简洁明了、通俗易懂、用词响亮。战略目标是以战略定位为指导的生态建设目标和社会经济发展目标，战略目标的内容通常采用定性描述和定量指标相结合的方式。

作为一种新型的战略规划，与常规的城乡规划或战略规划不同的是，县（市）域复合生态空间发展战略规划确立了如下先进理念。

（一）生态文明理念

生态文明的核心是"人与自然和谐共生"，它不仅表达出了人有价值，而且也表达出了大自然也有价值。人类的生存依靠自然，生态文明的核心理念表示人类生存于自然生态系统之中，自然生态系统的破坏将会导致人类的毁灭。因此，人类要尊重自然、顺应自然、保护自然，做到同其他生命共享一个地球。生态文明强调的是人与自然协调发展，强调的是以人为本和以生态为本的统一，强调的是"天人合一"，强调的是人类发展的最终目的是实现人与自然的和谐共生。

树立尊重自然、顺应自然、保护自然的生态文明理念，把生态文明建设放在突出地位，并且融入县（市）域经济建设、政治建设、文化建设、社会建设各方面和全过程。主张复合生态空间是县（市）域自然、经济、社会、政治、文化等各种因子的载体，任何针对某一空间单元的开发建设都要从生态、开放、系统的角度来分析，任何厚此薄彼的行为都有悖于生态之道。

（二）全域统筹理念

党的十八届五中全会提出，要坚持协调发展，必须做到把握中国特色社会主义事业的总体布局，要对发展中的重大关系作出正确处理，其发展重点是促进城乡区域协调，同时促进社会经济协调发展，促进新型工业化、信息化、城镇化、农业现代化同步发展，在增强国家硬实力的同时不忘提升国家软实力，不断增强发展县（市）域复合生态空间的整体性。全面落实全域统筹战略，在协调发展中拓宽县（市）域空间，在加强薄弱环节中增强县（市）域发展后劲，提升县（市）域整体发展水平，实现县（市）域的持续健康发展。

率先全面破除城乡二元观念，在城镇体系、基础设施、产业布局、环境保护、交通网络等方面进行全域规划和全域管理，进行一体化布局，促进县（市）域可持续发展。纠正传统的以城市为核心或以经济增长为导向的发展理念，将乡村的发展、自然生态的保护、设施廊道的预留纳入县（市）域复合生态空间发展的规划中统筹安排，构建城市与乡村之间开放、互动、融通的发展机制，促使形成城乡和谐共荣的新格局和新态势。统筹全域发展规划、基础设施、产业布局、公共服务、社会事业和管理体制。推进县（市）域自然、生态、社会、经济、政治和文化的协同发展。

（三）科学发展理念

发展的目的是为了人民，而科学发展则是为了能让人民拥有更好的生活。科学发展观是一个全面协调可持续的发展观，具有丰富的内涵，是全面协调可持续的基本要求。坚持全面协调可持续发展，需要正确处理县（市）域的经济与社会发展、城市与农村发展。坚持把社会主义物质文明、精神文明、政治文明、和谐社会建设及生态文明建设和人的全面发展，看成彼此相互促进、相互联系、不可分割的过程。县（市）域经济发展各具特色，发展程度也不同。各自不同的地理位置和自然环境，形成了不同的发展模式，各模式具有各自的优势和劣势，因此在大的发展背景下，各县（市）的发展一般要为自己找好准确的定位。在微观层面上，县（市）域的发展应立足于实际，充分利用自身优势，发展特色经济，加快培育和发展支柱产业，整合利用县（市）域内资源，为特色产业发展做好规划。就县（市）域个体而言，应围绕贯彻落实党和国家的宏观方针政策，不断进行产业结构调整，以发展现代农业为基础，以工业化发展为主导，形成从改善居住到改善民生、从资源利用到产业发展等完整的规划体系。深化县（市）域更高层面之间的合作，聚集项目，依靠优势项目带动相关产业优化升级。推进绿色发展、循环发展和低碳发展，形成节约资源和保护环境的空间格局、产业结构、生活方式和生产方式，从源头上扭转生态环境的恶化趋势，创造并维持良好的生态空间结构。

二 发展目标

统筹县（市）域内城镇生态空间、农业生态空间、设施生态空间和自然生态空间等四类生态空间单元协调发展，整体提升自然生态环境、经济、社会、政治、文化等多重效益，推进县（市）域"四化两型"建设进程和构建"两型社会"可持续发展的空间框架，奠定坚实的物质基础。

（一）发展自然生态空间，加强生态保育

合理利用和开发自然资源，植树造林，依法保护与管理林地，提高林地覆盖率和林木质量。在水域保护地方面，应保护水资源，综合治理流域，消除点源污染，控制面源污染，建设河流、湖泊绿化带和缓冲带，种植树木以加强水土保持与水源涵养，保护湿地资源，充分利用湿地天然的生态净化与调蓄水资源功能。在农田方面，需要严格把关，建设基本农田保护区并禁止任何单位和个人改变和占用其基本用地。

（二）协调开发与保护复合生态空间

第一，协调城乡人口与经济。城乡生态空间经济具有一定的集聚性，而人口规模也随着经济的集聚有了相应的转移，经济集聚引导乡村人口到城镇、小城镇人口到大城市的有序转移。第二，协调城乡人口与土地。整体而言，城市人口应该呈现增加的趋势，乡村人口则相反。城市化地区伴随着人口规模的增加而扩大建设用地，且保持较高的人口密度。以农产品种植为主的乡村地区，居住人口多且较为分散，需要合理布置各项基础设施和公共服务设施。第三，协调河流上下游地区的开发。河流上下游存在不同的生态服务功能与生态环境效应，针对上下游城乡空间的发展：在经济上，要寻求缩小流域差距的方法和协调经济发展的路径；在生态补偿上，要更多地帮助上游地区修复生态环境。第四，协调地上地下空间的开发。地下空间关乎地质条件、水文水位、建筑工程等各项工程要素，同时地下也存在极大的资源空间，对地下资源的开发与利用关乎生态空间的整体稳定性，需要在综合考虑地下资源的赋存规律和特点、对生态环境的影响程度等基础上对其加以开发、保护与协调。第五，协调城乡环境综合治理。乡村环境问题，如面源污染、乡镇企业污染等，城市环境问题如"热岛效应"、大气污染、"城市海洋"等。随着城镇化的加速，城乡环境问

题越来越复杂，污染扩散也越来越严重。综合治理城乡环境最重要的措施在于制定《城乡环境保护总体规划》，其涵盖城乡水环境、大气环境、噪声环境、农村生态环境、土壤环境、人居环境等不同介质环境的保护与治理。

（三）加强城乡共享设施生态空间

实现城乡设施的共享旨在按照基础设施城镇化、服务设施社区化的标准与要求，提升乡村地区基础设施的现代化水平，以改善乡村人居环境。可以中心镇、中心村为节点实现给排水、电力电信、环卫环保等生活设施的全部改善。另外，其他如大型设施的建设规模与选址应与区域城乡人口、发展规模与需求等多方面内容相协调，以避免建设不合理造成的浪费。交通运输设施关系到城乡之间的具体中转、到达与衔接，需要考虑多种运输方式，以提高综合运输能力。

（四）农业生态空间现代化发展与环境安全相结合

目前，现代农业的发展模式主要有生态农业、都市农业、观光农业、循环农业、湿地农业等，农业生态化发展需要从多方面落实农业生态安全建设，如加快农业生态安全技术的开发与运用，严格控制面源污染，建立农业生态安全监测预警系统。

三　规划原则

（一）整体与弹性相结合原则

将县（市）域复合生态空间内各空间单元的综合平衡作为可持续发展的基础和核心；将县（市）域复合生态空间作为一个完整的空间整体进行优化，以期达到 1+1>2 的整体效果；将复合生态系统的理念贯穿于复合生态空间的工业生产、居民生活、生态服务、生态安全、基础保障等各个方面，兼顾生态环境、资源、经济、社会的整体利益。适当调整各类空间单元的范围与规模，不断配置自然资源组合，科学调控各种要素的流量、流向及流动方式，及时适应县（市）域环境、经济、社会的变化，确保复合生态空间的可持续发展。

（二）稳定与发展相结合原则

依据县（市）域复合生态空间各空间单元抗外界干扰并趋于稳定复原的能力大小，遵循复合生态空间可持续发展的客观规律，保持县（市）域景观生态的连续性；保护自然生态，节约土地、水资源和其他资源，力争达到能耗最低和效益最大化；实现复合生态空间功能、规模、环境、资源、经济和社会文化的可持续发展。

（三）调控与引导相结合原则

尊重自然规律和社会进化趋势，按照生态适宜性与生态位，对县（市）域社会经济发展进行顶层设计，充分发挥规划对县（市）域复合生态空间形态结构重构与功能提升的规范与引导作用；通过规划来协调不同价值取向的个体行为，加速推进县（市）域空间、经济、社会的可持续发展。

（四）社会和谐与人本相结合原则

实现县（市）域复合生态空间内社会、文化与环境和谐共生，各行业、各部门协调发展，发扬公平、富有活力与人性化的精神，发挥独具特色的地域文化。重视经济发展与生态环境协调，提倡"以人为本"，注重提高生活质量，尤其是大幅度改善公众的生活环境质量。

（五）上层次政策与规划相衔接原则

县（市）域经济社会发展的规划及交通、农业、环保、水利、国土资源等专项规划，应与上层次的城镇群体空间组织相协调，在县（市）域范围内具体深化落实国家、省、市有关城市化、城乡一体化的发展政策、方针、纲要，适当对上层次规划提出修改意见，同时作出技术论证与明确表述。

（六）体现城镇主导作用原则

强化城乡功能与空间的整合，着重保护城乡空间的各项资源，统筹安排城乡的基础设施和社会设施，同时要注意保护和体现地域特色。在发展过程中，做到与城镇化、工业化、农业现代化和城乡一体化进程有机结合，加强培育和发展县（市）域的区域性和特色性功能，加快要素集聚、人口集聚和产业集聚，扶持更多的县（市）域中心城镇发展成为功能健全的中等城镇，按照控制数量、增强功能的要求加快培育中心镇。在一定条件下，可探索县（市）域在更大范围内优化城乡资源配置，走大区域城镇化道路。

（七）相关规划与空间要素整合原则

利用现有的县（市）域城市（镇）总体规划、城镇体系规划、村庄布点规划、近期建设规划及其他社会经济和产业发展规划，以及生态与环境、基础设施、土地利用、交通、防灾减灾、文教卫体、历史文化遗产保护等专项规划，按照生态共保共建、优化产业布局、改善生态环境和人民居住环境、节约和集约利用土地等自然资源、缓解环境承载压力等要求整合空间要素。

第四节　战略规划程序

一　复合生态空间规划总体框架

从总体来看，复合生态空间规划可分为规划前、规划中和规划后三个阶段。规划立项、现状调研和生态环境评价是规划前阶段的主要内容；战略定位、生态安全格局构建、空间发展格局构建、生态空间优化布局、复合生态空间总体格局构建和复合生态空间规划评价是规划中阶段的主要内容；规划管理与实施是规划后阶段的主要内容。其中，规划中的生态空间优化布局是规划的核心和重点（图 4-1）。

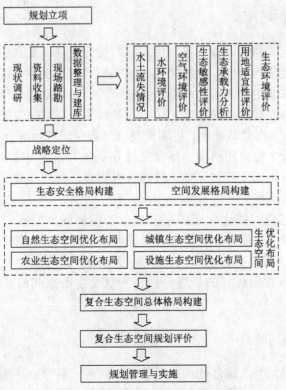

图 4-1　复合生态空间规划总体框架图

二 复合生态空间规划程序

（一）规划前阶段

进行前期准备，辨识与分析区域资源，预测发展趋势，分析战略问题，制定战略目标。了解和掌握规划区人口、地形、水文、植被、自然禀赋、社会经济条件等内容是规划的前提和基础。这些数据一方面可通过部门调研收集获取，另一方面需要现场踏勘实时采集或运用遥感影像解译。因此，规划前的现状调研是十分重要的环节，资料收集和现场踏勘的调研内容也是必要的。对调研的数据进行整理并建立数据库，可提高数据利用效率。利用数据提取有用信息和分析存在的问题，是数据收集的主要目的，通过分析水土流失情况、水环境、空气环境、生态敏感性、生态承载力、生态足迹等，可以全面了解区域生态环境状况、存在的问题及生态环境与社会经济发展的关系、矛盾等内容，为规划提供参考和支持。

（二）规划中阶段

战略定位是规划的灵魂，各类生态空间优化布局、复合生态空间总体格局构建均以战略定位为指导，是战略定位的实施措施和步骤。区域生态安全是自然环境保护、农业生产发展、经济社会进步的前提和基础，空间发展格局则是对区域经济社会发展的空间总体定位，是城镇生态空间和设施生态空间优化布局的上层次指导。在此基础上，将四类复合生态空间进行细分，进行系统评价，识别并重组复合生态空间结构，整合并提升复合生态空间功能，为调控这四类复合生态空间分别制定控制导则，统筹各类因素，合理安排复合生态空间发展时序及近期发展重点。

这四类生态空间的优化布局是复合生态空间规划的核心，它们是紧密联系、相互作用的，只有同步推进才能实现协调发展。以生态安全格局和空间发展格局为指导，以各生态空间优化布局为基础，实现复合生态空间总体格局构建是复合生态空间规划的最终目的，为复合生态空间的评价提供规划科学性的标准。

（三）规划后阶段

规划管理是规划实施落地的最后阶段，规范、科学、高效的管理是保证规划实施的基本手段，应提出规划推进策略与实施保障措施。

第五节　战略规划方法

进入 21 世纪，我国空间发展战略规划面临着范型转换的机遇。认识论的转变，必然导致方法论的转变，从而必然会引起方法上的革新。通过县（市）域复合生态空间发展自组织研究，就能够掌握复合生态空间发展的一般过程和系统演化的基本方式，加深我们对复合生态空间发展的内在机制和规律的认识，因而本书从这个角度出发，整合乃至创新复合生态空间的发展战略。

县（市）域复合生态空间系统是一个人工与自然耦合的复杂系统，其发展规划不能采用人工系统的规划设计方法。我国科学家钱学森为解决复杂系统规划问题倡导的"从定性到定量综合集成研讨厅"方法可以移植应用于复合生态空间发展规划，来处理复合生态空间发展战略这一复杂性、综合性、系统性难题。

就实质而言，综合集成研讨厅方法就是遵循"先定性后定量、定性指导定量、定量量化定性"原则，将专家群体（各方面的专家）、数据和各种信息与计算机、网络等信息技术有机结合起来，结合各种学科的科学理论和人的认识，由这三者构成基于网络的专家系统。作为一个组织开展的研究环境（或者平台研讨），综合集成研讨厅由研讨终端、中心研讨厅、研讨厅骨干网（Internet 或WAN）、研讨厅管理服务系统、研讨厅信息资源库，以及分布各地的感兴趣的和相关的研讨群体与技术支持群体组成，包括传统的会议研讨和基于信息技术的网络研讨（图 4-2）。

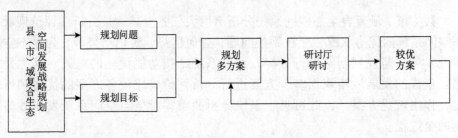

图 4-2　县（市）域复合生态空间发展战略规划综合集成研讨厅方法

一　综合集成

综合集成研讨厅方法主要在同一的研讨平台上，集成相关知识、基础数据、规划方案、方案综合。

在 GIS 数据管理系统上，县（市）域多种比例尺的地形图、卫星影像或

RS 正射图，以统一的坐标系存放于基于 GIS 的空间数据管理系统；将各行各业的专题调查数据和规划数据以与基础地理信息相一致的坐标系存放于空间数据管理系统中；将地方政府、社会公众的发展需求、制约因素、发展机遇进行梳理并关联到空间地域上。这种数据称为非结构化数据，可以说它们只是一些空间情景、描述、场景影像，如果能准确地与地点相关联，那么对空间规划就会更有用。

构思规划方案是规划师的主要技术工作，也是一项艰苦的理论、技术、复合生态系统集成工作。在这个阶段，在现状调查和生态空间格局辨识的基础上，规划师对县（市）域各类子空间在空间上进行归并、重构，形成县（市）域复合生态空间布局图；在对县（市）域城镇化进程与新农村建设深入分析的基础上，根据生态位、生态适宜性构建城镇体系与村庄布局体系，集成城镇与农村居民聚居点；对县（市）域各级公路、城市道路、水利灌溉与饮用水输送、能源输送、污水与垃圾收集处理等设施进行综合集成，对县（市）域教育、医疗卫生、商业设施等进行统筹布局。

上述多个系统的集成要以规划方案的形式呈现，为了开拓思路，应对多种可能性，规划团队应根据前述系统不同的自组织力度构思多种有明显差别的方案。通过内部研讨，以一个方案为基础将多个方案综合集成为一个可行方案，供专家会议研讨，供决策集体决策使用。

二 定性分析与定量分析

县（市）域复合生态空间系统分析有两大任务。其一是分析和评价现状生态空间系统的优劣状况，存在哪些问题，有何优势，演化趋势等，为生态空间系统发展战略规划制定可行目标，找到系统结构功能优化的对策。其二是对综合集成的发展战略规划多个方案进行分析评价，比较各方案的优劣和可行性，作出较优方案。由此可见，系统分析要贯穿于生态空间系统发展战略规划的全过程。

县（市）域复合生态空间系统分析包括定性分析和定量分析两种方法。二者的关系是先定性分析后定量分析，定性指导定量，定量优化定性。定性分析是依据人的经验、知识、现行法规和政策对系统作出评价、判断。辨识复合生态空间系统的宏观格局、构思概念性规划属于定性分析范畴。当然定性分析也需要掌握一定的基础数据，如通过卫星影像直观判断城市的绿化覆盖率及绿地分布是否正常。定量分析需要掌握翔实的数据，运用数据模型和软件工具进行计算或者模拟，以确定系统的结构和功能的精确状况。GIS 技术有许多分析工具（如空间聚类、缓冲、淹没、最佳路径、三维虚拟等）属于定量分析范畴。

三 方案研讨

县（市）域复合生态空间发展战略规划方案研讨有三种形式。①规划设计团队内部研讨，即规划设计团队构思出多个方案之后，由总规划师或项目负责人组织规划设计人员开展方案研讨，找出各方案的特色、可行性，并确定一个可行度高的方案作为基础，将其他方案的优点综合过来，形成一个可行方案供专家会议研讨。②网络研讨，即利用互联网 GIS 公共平台，将规划方案或重点问题向公众发布，征询公众意见。③评审会议研讨，即由政府组织各部门专家、领导和特邀专家，听取规划师的方案汇报，并对规划方案进行具体评价，提出改进优化意见。

必须强调的是，规划方案的综合集成研讨要能有效进行，首先必须做充分的准备，包括人员、设备、场地；其次必须确保充分的信息和数据支持。除了情景性定性信息外，还必须为研讨人员提供相关的定量数据。

四 3S 技术在规划中的应用分析阶段

根据复合生态空间规划理论研究成果，规划过程可分为资料收集、现场踏勘、现状分析、方案编制、规划评价和规划管理六个阶段（图 4-3），不同阶段3S 技术的应用重点具有较大的差异性，最后得出一套完整的战略规划方案。

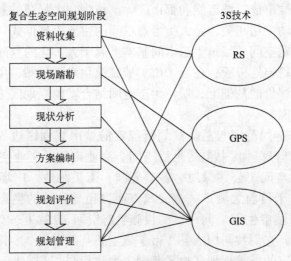

图 4-3　3S 技术在不同规划阶段中的应用

第六节　县（市）域复合生态空间划分

按照县（市）域复合生态空间生态敏感性、生态适宜性、生态力及生态位评价综合评价结果，遵循空间尺度适宜性、有利于形态优化与功能提升的原则，尊重区域生态格局及自然边界与行政边界，参照已有相关规划与借鉴国内外先进经验，采用定性与定量相结合的方法，在所开发出的空间数据管理系统上，依据环境容量、资源优势、主要功能等，辨识出复合生态空间四类空间单元及其子类的类型与空间范围，从而进行整合分异，最终依次厘定出它们的空间边界，初步定位它们的主要生态功能。

一　城镇生态空间识别与细分

城镇生态空间是一种人工化的基本空间单元，是人类生态空间的主要表现形式，是当今社会以及未来发展规划的主题建设空间。就目前来说，生态城市与生态村的发展与建设已逐渐趋于成熟，为县（市）域生态空间布局提供了较好的借鉴。城镇生态空间的具体布局内容涉及在县（市）域城镇化水平的预测、生态适宜性评价和土地利用综合评价的基础上，结合城镇规划区边界范围，确定生态城镇空间范围等方面。

城镇生态空间是现代社会人类居住和活动的主体，具有人口多、居住集中、开发强度较高等特点，产业结构以工业和服务业为主，居民点形态主要是规模较大的城市、城市群、城市圈和都市区等。作为一个复杂的复合生态空间，它与人的行为活动密切相关，是人类生态空间的主要表现形式，是当前及未来规划和建设的主题空间。城镇生态空间基本上属于人工化的空间单元，能够抵抗一定的干扰，稳定性一般；在县（市）域城镇化水平预测、生态适宜性评价和土地利用综合评价的基础上，城镇生态空间结合城镇规划区边界范围，确定生态城镇空间范围。

城市生态空间范围与总体规划所确定的城市规划区边界范围大致相同，这样便于进行管理。其中包括生活空间、商业空间、工业空间、基础设施空间、绿地开放空间（公共绿地、各类公园、街头绿地、广场等）及城市边缘区空间这些对于目前大城市、特大城市而言比较独特的生态空间。其中，绿地开放空间与城市生态空间外围的设施生态空间、自然生态空间之间必须保持着密切的关系，它们共同构成县（市）域生态基础设施。乡镇生态空间范围与总体规划所确定的城镇规划区边界范围也大致相同，这样便于进行管理。不过，乡镇生态空间与农业生态空间（或者自然生态空间）之间的界限一般并不是那么泾渭分明。乡镇生态空间的空间结构比较简单，一般由乡镇中心区与外围区组成，其中，乡镇中心区由乡镇行政中心、商业中心、文化中心、交通枢纽及居住区组成；而外围则主要由学校、居住区、工厂、菜地（甚至还有农田）组成，与其外部的农业生态空间（或者自然生态空间）呈现出一种犬牙交错的状态。一般来说，乡镇景观比较单一，"十"字形或"井"字形的主干街道、中心区的几幢公共建筑、成片的平房、稀疏分布的几座厂房，便构成了乡镇景观的主体。

在城市生态空间识别过程中，航空 RS 影像的比例尺定为 1∶1000，其分辨率已经达到识别城镇建设用地的要求，因此城镇生态空间的识别采用航空遥感影像目视解译的方法。选择目视解译，一是因为目视解译工作量并不大，二是因为目视解译数据质量相对较高，规划师在解译过程中能完成对城镇的总体了解，并经解译得出城镇生态空间图。

二 农业生态空间识别与细分

农业生态空间可当作是在人类上千年的干预下，自然生态逐步趋向于稳定的半自然半人工化的基本空间单元，它受人类干扰严重，一旦遭受破坏性干扰，就很难复原。具体布局农业生态空间主要涉及在生态地理和农业发展条件综合评价的基础上，划定永久性的农业生产用地，指导和布局粮食主产区、经济作物和特色农产品园区，确定新农村、自然村保护，以及城乡统筹服务设施的空间部署。

坚持新农村建设与农业生产、产业发展相结合的原则，兼顾农村生产生活近期需要和长远发展，突出产业支撑，充分体现发展性。紧密结合并利用好自然地形地貌、民风民俗，在建筑布局、形态、环境、材质、色彩等方面塑造特色，务求风貌的多样性；保护并利用好自然资源，实现与田园、山林、水体等自然环境的和谐共融，体现相融性；与城镇共享公共服务和基础设施，落实公共服务和基础设施的配置标准，实现共享性。

农业生态空间分为农业生产空间和农业生活空间。农业生产空间是指水田和旱地，通过导出国土二调土地利用数据中土地利用类型为水田和旱地的图斑，并利用航空 RS 影像进行检验与验证，可得出农业生产空间分布图，之后与村级行政范围和分布人口数据叠加，最终得到县（市）域农业生产空间的分布规律。一般情况下，农业生活空间的识别由于数据量庞大，航空RS影像目视解译困难，因此将国土二调土地利用数据中土地利用类型作为村庄建设用地的地类图斑导出，并利用航空RS影像进行检验，最终得出农业生活空间分布图。

三 设施生态空间识别与细分

一般而言，设施生态空间呈带状或者线状嵌套在农业生态空间（或自然生态空间）当中，并以交通设施、水利设施、管线设施和绿道及其宽窄不一的缓冲带的形式出现。它们一般是区域乃至国家重要的基础设施和公共服务设施，除了服务县（市）域以外，还支撑着区域甚至国家的经济社会发展乃至人民的生命安全。因此，必须从县（市）域复合生态空间中单列出来，加以非常严格地控制和保护。

设施生态空间包括交通干道（高速铁路、高速公路、铁路、国道、省道）、河道（七大河流、南水北调工程、京杭大运河等）、高压输电线路（西电东送工程、100千伏以上线路）、油气管道（石油管道、天然气管道）、光纤电缆、城市绿道、候鸟迁徙通道、动物迁徙廊道等。

四 自然生态空间识别与细分

自然生态空间发展设施主要是涵盖各自然保护区、森林公园、风景区、水功能区、历史文化遗产保护区、生态修复区等。自然生态空间应尽量扩大规模，使其生态功能最大化，结构由简单到复杂。具体布局内容涉及：在一定范围内确定宏观生态安全格局；针对生态失效的空间实施生态修复工程，推进荒漠化、石漠化、水土流失综合治理；结合生态产品生产基础，分别划定保护、修复适宜产业发展的空间区域；保护自然水系，尽量避免割断溪流而破坏生态廊道；恢复流域、山林等生态系统，对溪谷、森林、历史文化遗址等自然与人文景观进行适当开发生态旅游业；推行生态移民与生态补偿。

城市和乡镇的规模和建设用地的功能不断变化，而国土上的河流水系、湿地、绿地廊道、林地组成的生态基础设施基本不变，抗干扰能力强、稳定性良好，而且永远为我们所需要，因而它们需要基本保持不变，尽量减少对它们的人为扰动。自然生态空间是县（市）域乃至区域生态保护、防灾减灾体系、生态安全屏障的重要组成部分。

自然生态空间主要包括自然与人工林地、自然保护区、风景名胜区、牧场、水系、湿地、荒漠、废弃地生态修复区等，应在基于3S技术的管理平台上，对它们进行识别，并作出空间范围划定。其中，水系包括河流、水源地，湿地包括湖泊、沼泽、池塘等。海拔超过一定高度、坡度大于一定角度、植被较为稀少、地质情况较为复杂、地质灾害可能发生的山区，也应该划入自然生态空间，并加以严格控制。自然景观作为跨越多个尺度的具有等级层次的一种斑块镶嵌体，既有较大尺度的森林、草原、湖泊，又有较小尺度的微地形、微地貌等。

自然生态空间包括绿色生态空间和蓝色生态空间，绿色生态空间主要指林地，蓝色生态空间主要指水体。其中，绿色生态空间主要是将林业部门林地管理系统中的林地小斑数据作为绿色生态空间的基础，利用航空RS影像现势性，进行生态空间图斑的增加和删除操作，得到最终的绿色生态空间范围图。蓝色生态空间识别的步骤是：导出国土二调土地利用数据中土地利用类型为河流水面、湖泊水面、水库、坑塘水面、内陆滩涂和沟渠的地类图斑，利用航空RS影像进行检验，增加国土二调中缺失的水体，删除现状干涸、枯竭的水体，最后得出蓝色生态空间。

本书实例研究中安仁县复合生态空间识别是根据现有数据确定四类生态空间范围的过程，主要数据基础是国土二调土地利用数据、林地数据和航空遥感数据。国土数据是基础，主要研究内容是建立土地利用类型与四类生态空间的关系，林地数据主要用于识别绿色生态空间，航空 RS 数据主要用于检验和修正数据。

（一）自然生态空间识别

自然生态空间包括绿色生态空间和蓝色生态空间，绿色生态空间主要指林地，蓝色生态空间主要指水体。将安仁县林业部门林地管理系统中的林地小斑数据作为绿色生态空间的基础，利用航空 RS 影像现势性，进行生态空间图斑的增加和删除操作，得到安仁县最终的绿色生态空间范围图，如图 4-4（a）所示。蓝色生态空间识别的步骤是：导出国土二调土地利用数据中土地利用类型为河流水面、湖泊水面、水库、坑塘水面、内陆滩涂和沟渠的地类图斑，利用航空遥感影像进行检验，增加国土二调中缺失的水体，删除现状干涸、枯竭的水体，如图 4-4（b）所示。

（二）城镇生态空间的识别

航空遥感影像的比例尺为 1：1000，其分辨率已经达到识别城镇建设用地的要求，因此安仁县城镇生态空间的识别采用航空 RS 影像目视解译的方法。选择目视解译是因为安仁县城镇用地相对较少，目视解译工作量并不大，并且目视解译数据质量相对较高，规划师在解译过程中能形成对城镇的总体了解。经解译，安仁县城镇生态空间如图 4-4（c）所示。

（三）农业生态空间识别

农业生态空间分为农业生产空间和农业生活空间。农业生产空间是指水田和旱地，与蓝色生态空间识别类似，导出国土二调土地利用数据中土地利用类型为水田和旱地的图斑，并利用航空遥感影像进行检验与验证，得到安仁县农业生产空间分布图，如图 4-4（d）所示。通过与安仁县村级行政范围和分布人口数据叠加，得到安仁县农业生产空间的分布规律：永乐江镇、安平镇、牌楼乡、灵官镇、龙海镇和渡口乡耕地较多；羊脑乡、坪上乡、龙海镇、关王镇、洋际乡和灵官镇人均耕地较多；按村统计，永乐江镇的山塘村和潭湖村、新洲乡的莲塘村、安平镇的张古村、灵官镇的莽山村和羊脑乡的福星村人均耕地较多。农业生活空间的识别由于数据量庞大，航空 RS 影像目视解译困难，因此将国土二调土地利用数据中土地利用类型为村庄建设用地的地类图斑导出，并利用航空遥感影像进行检验，如图 4-4（e）所示。

（四）设施生态空间识别

设施生态空间主要包括重要的交通、渠道等设施。根据安仁县交通规划、水利规划等专项规划数据，获取安仁县的主要设施信息。将安仁县的主要设施在航空 RS 影像中落实，矢量化后实现设施生态空间识别，如图 4-4（f）所示。

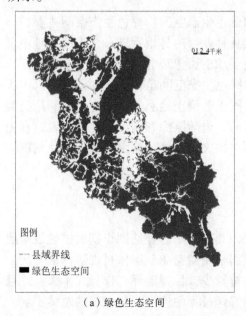

（a）绿色生态空间

（b）蓝色生态空间

（c）城镇生态空间

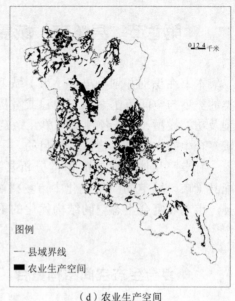

（d）农业生产空间

（e）农村生活空间

（f）设施生态空间

图4-4 安仁县复合生态空间识别图

第七节 县（市）域复合生态空间重构与优化

本书在识别并划分出县（市）域复合生态空间下属的四类空间单元及其子类的类型与空间范围之后，构建或重构县（市）域复合生态空间的空间结构模型及功能模型，提升各种空间单元稳定性及其比例配置，最终达到提高县（市）域复合生态空间整体稳定性的目的。

有专家从体制机制的角度分析县（市）域空间结构的驱动机制，认为中国县（市）域空间结构变化中市场机制是基础动力，政府调控是核心动力，而县（市）域复合生态空间结构优化的重要机理则是市场机制与政府调控的结合作用。

一 复合生态空间结构整合

首先，统计并标绘复合生态空间内不同类型的空间单元（即城镇生态空间、农业生态空间、设施生态空间及自然生态空间）在其中的空间分布、组合状态和相对比重，构建出县（市）域复合生态空间的结构。

在此基础上，根据空间要素的生态适宜性和生态敏感性，按照四类空间单元在整个县（市）域复合生态空间中的空间分布特征，将日渐破碎的空间进行聚类、合并与整合。控制城镇生态空间发展方向与规模，集中工业用地，大力发展第三产业；优化农村居民点布局；结合土地整理，合理安排农业生产类型，扩大生产经营规模，推进农业规模化、产业化和现代化发展；统筹安排区域性重大基础设施的走向与廊道宽度，完善农村地区的公共服务设施体系；按照生态安全格局构建理论与原则，扩大自然生态空间规模。从而达到各类子空间的空间形态完整、空间结构合理、空间利用效率大幅提高的目的。

二 复合生态空间功能集成与提升

以各生态空间单元为基础，通过空间整合、改造、修复，增加新的功能要素，构建县（市）域资源更为节约、环境更为友好、经济更为高效、社会更为和谐的空间利用格局。其中，在空间集成时，必须了解城与乡、人工与自然、斑块与廊道等各空间要素的位置、尺度、连通性、关联性等空间属性问题；遵循生态适宜性、生态多样原则，将各种完全不同的、相近的或相差甚远的生态系统作为一个整体综合考虑，既顾及自然生态系统自身的多样性，又要考虑城镇生态系统的规模和高效性。产业集成即为三次产业寻找适宜的区位，创造发展的条件，同时特别注意创新产业发展的生态化途径。

功能从字面上理解为效能、功效，是指某个对象满足某种需要的属性。《辞海》（2009 年）对"功能"一词的解译是指有特定结构的事物或系统在内部和外部的联系与关系中表现出来的特性和能力。不同的生态空间具有不同的功能，一般来说，生态空间的服务能力越强，其所对应的功能就越强。在生态空间中，空间功能的强弱与其辐射范围有着密切关系，通常情况下，功能越强，其辐射的范围就越大。因此，根据调查研究得出四类主要的生态空间的功能情况，具体如下。

（1）城镇生态空间的主要功能：居住、工作、交通、游憩，生产物质文明、和精神文明，传承与扬弃文化，政治、经济、文化中心。

（2）农业生态空间的主要功能：新农村居住、保护耕地园地、传承农耕文化及生产部分自然生态产品。

（3）设施生态空间的主要功能：支撑基础设施、共享多种设施廊道、交通与安全。

（4）自然生态空间的主要功能：生物着生、保护生物多样性、修复生态、生态安全屏障、生态服务，以及自然产品生产、自然景观保护。

三　复合生态空间格局构建

生态格局构建的主要用途在于根据各类生态分析、评价结果、空间生态位、区位、经济活动、人口、景观结构及社会文化结构等方面的差别和人类活动干预程度的强弱，将县（市）域复合生态空间划分为城镇生态空间、农业生态空间、设施生态空间和自然生态空间四种基本空间单元，对复合生态空间发展进行有效的调控与管制，实施生态工程规划，修复受损生态环境，优化并提升县（市）域复合生态空间功能。

生态安全是维护某一尺度下的生态环境不受威胁，并为整个生态经济系统的安全和持续发展提供生态保障的状态。它包含两个层面的含义：一是生态系统自身的安全；二是生态系统对于人类社会系统的服务功能，即作为社会支持系统满足人类发展的需要。这两层含义一个是城市对生态系统的影响，一个是生态系统对城市安全的支持，它们相辅相成，共同构成城市或区域的生态安全格局。

以安仁县生态安全格局和空间发展格局构建为例，依据对安仁县的现状概况分析、生态敏感性和用地适宜性分析结果，以自然生态空间、农业生态空间为主体来构建安仁县复合生态空间格局。

从生态敏感性分析中可以清楚地判断出安仁县的生态极敏感地带和高敏感地带主要分布在基地林场、清溪林场、公木林场所在的罗霄山山脉、五峰仙山脉和万洋山山脉，以及永乐江流域。安仁县的农业生态空间主体主要分布在醴攸盆地、茶永盆地。该区域农田最为集中，地势平坦，便于机械化耕种，最有条件实现规模化、集约化、标准化的农业生产格局。通过对安仁县维护生态过程的健康、安全及保障人类所需农产品持续供给具有关键意义的景观元素等系统和联系的建立，包括建立连续完整的山水格局、湿地系统、河流水系的自然形态及农田系统、防护林体系等，形成一个多层次的、连续完整的自然生境网络，从而构建形成了以罗霄山山脉、万洋山山脉、五峰仙山脉为自然屏障，以永乐江及其"八大水系"为脉络的"一脉三山"的生态骨架，再结合以农产品持续供给为主要生态功能的两大保障区——醴攸盆地、茶永盆地，共同构成了安仁县的生态安全格局。

生态安全格局的构建明确了安仁县的重点生态因子，将对自然生态空间和农业生态空间的优化起到指导作用（表 4-1）。

表 4-1　安仁县生态安全格局构成要素一览表

生态屏障区域名称	主要构成要素	主要生态功能
武功山—大石林场生态屏障	大石风景区，包括大石林场（规划森林公园）、大源水库及周边地势较高山地地区和森林密集区域	调节气候、雨洪调蓄、水源涵养、地下水补给、减缓自然灾害、产生和维持生物多样性、为动植物提供栖息地等
五峰仙—清溪林场生态屏障	猴县仙风景区、清溪林场（规划森林公园）及周边地势较高山地地区和森林密集区域	
万洋山—公木林场生态屏障	九龙庵风景区（包括公木林场、茶安水库、盘古仙自然保护区及周边森林密集地区）、义海风景区、金紫仙自然保护区，以及周边地势较高山地地区和森林密集区域	
永乐江水系生态屏障	永乐江及其"八大支流"（浦阳河、猴子江、莲花江、太平江、潭里江、排山河、宜阳河、白沙河）	
醴攸盆地农产品供给保障区	醴攸盆地县城周边耕地集中区域	保障人类及其他生物所需食物的持续供给
茶永盆地农产品供给保障区	茶永盆地安平镇、牌楼乡、平背乡、竹山乡、承坪乡耕地集中区域	

从用地适宜性分析中可以清楚地判断出安仁县的最适宜和较适宜建设用地主要分布在县城和安平镇所在的两个盆地，以及灵官镇、龙海镇、关王镇乡镇政府驻地周边区域。这些区域地势平坦，交通便利，基本分布在 S212、S320 省道沿线，有良好的建设条件和交通条件，适宜城镇建设和交通、电力等各类

设施的发展。

通过以上分析，构建了安仁县的空间发展格局：它是以县城为中心、以安平镇为副中心，以联系县城—灵官镇—承坪乡—关王镇的道路（S212 县城—灵官段及灵官—关王的县道升级段）为空间发展纵轴，以联系灵官镇、安平镇的道路（S320）为横轴的空间发展布局形态，构建成"一主一副、二轴三核"的安仁县空间发展格局。其中，"一主"为安仁县县城；"一副"为安平镇；"二轴"为东西向三南高速公路（S320）产业发展轴和南北向安汝高速公路（S212）产业发展轴；"三核"为灵官镇、关王镇、龙海镇三个重点发展镇。

四 复合生态空间优化格局

复合生态空间优化布局是通过对空间对象的扩张、收缩控制、选址等操作，实现四类生态空间的合理结构关系及通畅的物质能量流动，实现对区域生态环境保护和经济社会发展的支持，保障区域自然、经济、社会的平衡和可持续发展。不同的复合生态空间类型，其优化布局的方式方法存在差异：自然生态空间主要是布局需严格保护的自然空间，如自然保护区、水源保护区、重要的林地资源、水体等，布局需要生态修复和治理的区域，如矿产资源采空区、水土流失区等；城镇生态空间是合理发展和严格控制城镇空间，社会经济的平稳和较快发展，需要一定的城镇发展空间做保障。同时，为防止城镇过度扩张造成土地资源浪费和对生态环境的破坏，需要严格控制其发展范围；农业生态空间包括农业生产空间和农业生活空间，农业生产空间包括耕地及用于农业生产的设施，如机耕道、灌溉水渠等，农业生活空间包括农村居民点及用于农村生活的农村道路、供水排水、垃圾处理设施等，农业生态空间的优化布局是对基本农田的严格保护和对农村居民点的合理集中发展，为区域发展提供粮食保障和居住保障；设施生态空间优化布局是对区域重大基础设施在空间上的落实，实现总体走向的意向性选址和布局，如高速公路的布局、火车站的选址等。

复合生态空间的优化布局是复杂的分析、构思、评价的过程，最终空间的布局是参考多种数据、信息、资料、政策等的结果，对复杂信息的筛选、综合及空间的最终落实均是基于 3S 技术平台实现的。总体上，3S 技术在生态空间重构中的应用主要分为两个方面：一是空间信息的综合，该过程是以 GPS、RS 及部门调研收集的数据、资料为基础，是以地理数据库为技术平台，利用 GIS 中的空间坐标系统、图层叠加等方法和技术，实现信息集成；二是生态空间的布局，根据综合的空间信息，在 GIS 平台中，利用草图编辑、空间分析等工具，通过求同或求异的逻辑方法确定生态空间范围，在该过程中，可对形成的生态空间范围进行评价、评估、优化，确保结果达到最优。最终达到自然生态空间保护界线明确，农业生态空间高效集中，城镇发展空间得到适当拓展与控制，设施生态空间安全便利，形成县域空间自然生态保护、耕地保护、城镇建设、设施建设的优化组合形态，以达到各类空间协调发展的目的。

根据四类生态空间优化布局的结果，进行叠加整合，形成总体格局，该总体格局涵盖整个地域空间范围，空间形态主要为斑块和廊道。对于生态空间叠加时的重合情况，可根据生态空间重要性权重大小确定保留的生态空间，即保留重要性权重最大的生态空间。重要性权重大小没有统一的标准，需根据特定区域的实际情况进行确定，通常情况下采用专家评判法。根据四类生态空间的基本情况，对它们的优化布局要求如下。

（一）城镇生态空间优化布局

城镇生态空间优化布局是以社会经济发展和自然环境保护为目的，以现状城镇生态空间为基础，以用地生态适宜性评价结果为参考，以现有城镇总体规划为依据，合理确定城镇发展方向和发展范围。优化布局后的城镇生态空间既能满足发展需要，又不能造成土地浪费、生态破坏和环境污染，优化内容包括城镇生态空间现状分析、问题分析、规模控制、优化布局（表4-2）。其中，规模控制主要参考区域总体规划或各乡镇总体规划确定的人口和建设用地规模，未进行总体规划的乡镇根据行政区内的经济、社会、自然条件进行人口规模预测，根据预测的人口规模进行建设用地控制，根据乡镇用地条件情况、发展意愿等因素确定建设用地范围。

表 4-2　城镇生态空间优化布局内容列表

序号	名称	内容
1	现状分析	根据收集的资料数据和现场踏勘采集数据，提炼区域城镇生态空间的基本情况，包括行政区划情况、人口、建设用地规模、建设用地空间格局、产业情况、道路、管线、给水、排水等
2	问题分析	根据现状分析结果，分析区域城镇现状存在的问题、发展限制因素、产业瓶颈等
3	规模控制	参考总体规划或其他规划确定的人口和建设用地规模进行控制，必要时进行人口和建设用地规模预测
4	优化布局	根据规模控制情况和乡镇用地情况，确定城市和乡镇建设发展方向，确定建设用地范围，整合形成区域城镇生态空间优化布局方案

（二）农业生态空间优化布局

农业生态空间优化布局包括农业生态空间现状分析、问题分析、基本农田保护、农村居民点布局优化、农业基础设施建设等内容（表 4-3）。基本农田保护参考区域土地利用总体规划，农村居民点布局优化根据以人为本、因地制宜、合理定位、有利生产、方便生活、集约高效、城乡统筹、科学布局、适度超前、生态优先等原则，进行村庄布局优化，并建立适应经济社会发展的基础设施和公共服务设施。

表 4-3 农业生态空间优化布局内容列表

序号	名称	内容
1	现状分析	利用收集的土地利用、人口、行政区划、国土面积、地形、交通等数据，分析区域的耕地总量、人均耕地、耕地密度、农村居民点分布及其影响因素、人口密度、人口迁移情况等
2	问题分析	根据农业生态空间分析结果，总结、提炼农业生态空间存在的主要问题
3	基本农田保护	划定基本农田保护范围，制定基本农田保护策略、措施和实施建议
4	农村居民点布局优化	扶持中心村庄，改扩建优势村庄，保留一般村庄，搬迁零星村庄和交通不便村庄，整理空心村庄
5	农业基础设施建设	规划和建设农业生产基础设施及农业生活基础设施，如灌溉水渠、机耕道、农村给水、交通、排涝设施、通信、垃圾收集等；制定农业产业及其他特色产业发展战略

（三）设施生态空间优化布局

设施生态空间优化布局包括现状分析、问题分析、空间发展策略等内容（表4-4）。空间发展策略是根据现状设施基本情况、上位规划及区域社会经济发展需要，布局区域主要设施的空间格局，构建完善的设施布局结构。在 GIS 平台中，导入重要设施规划的规划图纸，进行坐标配准操作，实现与地理数据库中的数据无缝叠加，利用 GIS 编辑工具绘制路线走向。对于文字描述的重要设施，根据文字描述信息，以航空 RS 影像、交通、行政区划、用地、水系、地形地貌等为基础，在 GIS 系统中进行勾绘。最后，整合所有重要设施空间数据，实现设施生态空间的优化布局。

表 4-4 设施生态空间优化布局内容列表

序号	名称	内容
1	现状分析	分析区域交通可达性、完整性、便捷性、电力供需情况等内容，重点是交通状况分析
2	问题分析	根据交通、电力等设施的现状数据和现状分析结果，明确区域设施生态空间存在的主要问题及问题存在的原因
3	空间发展策略	主要为交通设施和电力设施的空间发展策略，如高速公路网络、道路提升系统、变电站、电力设施用地等

（四）自然生态空间优化布局

自然生态空间优化布局包括自然生态空间识别（特别是绿色生态空间和蓝色生态空间的识别）、现状基本情况、保护红线范围、保护策略指引、优化布局等内容（表4-5）。其中，自然生态空间的优化布局是根据绿色生态空间和蓝色生态的保护指引及生态红线的范围，进行叠加、整合处理，优化布局方案要求具有明确的保护等级和保护界线，具有可操作、可实施的保护策略与保护措施。

表 4-5　自然生态空间优化布局内容列表

序号	名称	内容
1	现状基本情况	根据收集的国土、环保、林业、统计、水利等部门数据及现场踏勘采集的数据，进行规划整理，提炼区域自然生态空间的现状基本情况，对数据矛盾、不一致甚至错误的情况，进行甄别与验证，以文字描述、表格、图纸等形式形成现状调研报告
2	问题分析	根据现状基本情况和生态环境评价结果，总结和提炼对区域发展影响重大的环境污染、生态破坏等问题，初步分析问题出现的原因，提出初步解决方案
3	保护红线范围	利用区域生态环境问题分析结果，结合林业、国土、环保、水利等专项规划，以高分辨率 RS 影像为底图，划定区域自然生态空间保护范围，根据自然生态空间对区域生态环境保护、生态安全格局构建等的重要性程度，划定保护范围内的保护等级，通常分为核心保护区和缓冲区
4	保护策略指引	针对保护范围所在区域的经济、社会和自然情况，以保护范围的实际情况为出发点，制定与实际情况相符的保护策略指引，提出保护实施的步骤、难点、重点等
5	优化布局	自然生态空间优化布局的成果，是保护红线范围与保护策略的空间表现

（五）复合生态空间规划评价

根据复合生态空间评价体系，可以评价优化布局后的生态空间的比例结构是否在合理区间，物质能量流动是否通畅，总体生态格局是否安全，生态承载力与生态足迹是否可持续发展等。对于存在缺陷的生态空间布局，进行适度调整，确保复合生态空间总体格局达到最优。根据各种空间要素的保护与建设、生态功能、特定功能属性，按照不同的法定性要求，在县（市）域总体空间布局的基础上，在空间上深化、协调、整合落实，功能区、线、点可视具体情况确定，如需要也可划定禁止建设区域。

第八节　县（市）域复合生态空间发展控制导引

目前，我国县（市）人民政府施政行为的阶段性与规划的渐进性并不匹配，领导管理年限与中长期规划年限难以协调，任届干部轮换制度和定期的职责考核制度缺乏上下届政府施政政策延续机制的保障，县（市）域行政界限与规划管理权限不整合，部门条块分割造成局部利益纷争，重技术规划轻公共政策的不良倾向一直存在。这些都不可避免地导致"一届政府一个规划、一届政府一个样"的弊端；导致难以确保城乡公平、整体生态效益优先；导致乡村空间资源缺乏管理、乡村地区建设秩序混乱、自然资源浪费现象严重。

针对上述现状问题与迫切需求，按照党的十八大关于深入贯彻和落实科学发展观，全面落实经济建设、政治建设、文化建设、社会建设、生态文明建设五位一体总体布局，加快实施主体功能区战略，按照主体功能定位构建科学合理的城市化格局、农业发展格局、生态安全格局的最新精神，力图将县（市）域复合生态空间变成国家、省主体功能区划的必要层次和有效补充。创新基于生态准则的县（市）域空间规划，综合协调和有效指导县（市）域内各类规划，规划与管理县（市）域复合生态空间发展过程，并提出县（市）域复合生态空间发展控制导则，成为县（市）人民政府制定复合生态空间发展决策的科学依据和主要参考。

一　总体控制导则

在国家和省的主体功能区划思想的指导下，针对县（市）域复合生态空间发展与生态环境保护和资源利用之间的关系，鼓励各空间单元依据自身优势，寻求更好地保护具有比较优势的生态资源，因地制宜，按照可持续发展的要求，开发和建设各类空间单元。

促进复合生态空间各空间单元多样化和空间性质丰富化，增加各种空间单元之间的接触面，提高边缘效应，丰富多空间共存机会，提高社会多样性和景观多样性，达到动态平衡。合理、高效地配置各类生态空间和生态资源，多层次、有效地利用物质与能量，促进废弃物循环再生、高效空间集约发展，实现土地功能混合利用，维持生物物种多样性。

根据县（市）域自然生态格局与更大区域的城镇与交通分布，本书主要针对四类生态空间，制定县（市）域复合生态空间发展控制导引。

二 城镇生态空间发展控制导引

在城镇生态空间发展中，应充分体现城镇主导作用原则，做到与城镇化、工业化、城乡一体化和农业现代化进程的有机结合，围绕建设先进制造业基地，加强区域性、特色性功能培育和发展，加快要素集聚、产业集聚和人口集聚，扶持更多的县（市）域中心城市发展成为功能健全的中等城市，按照控制数量、增强功能的要求加快培育中心镇。有条件的县（市）可探索在更大范围内优化城乡资源配置，走大区域城镇化道路。

（1）科学布局县（市）域城镇体系。合理确定县城（市区）、重点镇、一般镇的远景规模和分布，划定城镇化重点发展区。控制和引导资金投入方向，通过工业集中入园、旧城改建、新区分期开发等措施提高土地利用率，适度提高城镇建筑容积率，提高单位土地投资强度。

（2）合理采用紧凑组团布局。县（市）域中心城市多为中小城市，宜采用紧凑的组团布局，包括中心城区、工业园区、住宅区，以及城市与近部生态绿化功能组团。合理确定中心城市远景规模、空间形态、功能组团（城市中心区、次中心区、工业区、住宅区、公共与生态绿地）。提高生态宜居性（包括优良的生态环境、较廉价的住宅、多样化的就业岗位、便捷的通勤、健全的公共服务等）。

（3）充分考虑中心区域结构与功能。中心城镇的中心区是极为重要的复合生态空间，随着小城镇向中等城市发展，中心区的结构与功能会发生较大变化。根据现状和发展条件，中心区发展可能采取旧中心的扩展和另辟新中心两种形式，需要从城镇性质、规模、空间形态、功能布局等方面综合论证。中心区应从服务全县（市）域的角度进行规划布局，完善综合功能，包括公共服务、文化、教育、体育、卫生、信息、金融、休闲、商贸及居住等。可通过保护与建设繁华的商业街道、建设生态休闲广场、开辟滨江休闲绿化带、建设老幼共享的休闲公园、建设文化馆和博物馆等公共文化活动中心等措施提高公共活动空间的生态服务功能，营造城镇特色。

（4）加强城镇生态系统建设。以增强城市生态承载力为目标，按生态功能规划城市建设，控制城市规模无序扩张，禁止推山填池，减少工业化和城镇化对生态环境的影响，防止、控制城镇沿高速公路蔓延。

（5）大力提高城镇的绿化覆盖率。极力推进城镇绿化，引导森林进城，增加景观中的森林斑块，实行乔灌草相结合的方法，构筑复合式、立体式的城镇绿地系统。推动公共绿地建设和单位绿化，倡导庭院绿化、垂直绿化和屋顶绿化，提高养护水平和绿化效果。构建绿色廊道，高标准建设重要道路、河流两岸绿化带，连接城乡绿地系统。

（6）尊重自然生态规律。县（市）域内中小城镇与其农村腹地有紧密的关系，而农村腹地的发展在很大的程度上受气候、水文、地势、土壤等生态因子的制约，因此进行生态空间发展战略规划必须尊重自然生态规律，对县（市）域各城镇进行生态位评价，以确定其规模、性质、特色功能，构成适宜的点轴网络布局结构。对县（市）域农村地带进行生态系统划分和生态力评价，对生态环境保护、生态资源利用和农业产业园作出科学的规划，以提高农村地区以发展生态农业为主的发展能力。

（7）加强矿产资源勘查、保护、合理开发。科学配置工矿用地，加大矿山生态环境修复和地质灾害防治力度，开展国有老矿山地质环境综合整治和地质塌陷区治理。同时，矿业开发要严防水土流失、"三废"污染等问题。

三 农业生态空间发展控制导引

农业生态空间包括农业生产空间和农业生活空间。农业生产空间是为保障城市和农村粮食安全及经济发展所划定的耕地保护范围，农业生活空间是农村居民生活的住房、道路、垃圾处理等设施。农业生态空间优化布局的目的是根据现状情况，划定基本农田和一般耕地保护范围，根据适度集中原则，对农村居民点进行搬迁改造，划定集中居住地的空间范围。农业生态空间优化布局是实现城乡一体化发展的战略层面的指导，是复合生态空间规划平衡发展理念的重要体现之一。农业生产空间和农业生活空间优化布局的方式方法存在一定差异，应各自布局后合并成果，形成最终优化方案。

在稳定粮食生产的发展，加强农业基础设施建设和中低产田改造的基础上，深化农业生态空间生产功能区建设。按照"结构优化、布局合理、产业融合、功能多元"的原则，适当引导农产品加工业发展，大力支持农业产业化经营和标准化生产。同时引导和支持各类主体兴办农民专业合作社，扎实开展农民专业合作社规范化建设，培育农民专业合作社示范社，强化组织化程度和经营能力。农业生态空间发展应做到以下几点。

（1）合理布局各类产业。合理布局农业产业园区、农业种植园、特色农业园，大力发展农民专业合作示范社，培养组织化和经营能力，引导资金流入。同时适当考虑农业、林业、水产养殖、旅游休闲业的生态化。

（2）严格完善耕地保护制度，严守耕地保护红线，严格土地用途管制。整合规范农村建设用地，加强土地集约节约利用，严格保护耕地、林地，控制建设用地总量，健全节约用地标准，明确用地责任。

（3）加强农田生态系统建设与保护。建立健全重金属污染和农业面源污染监测预警体系，推进农田水利基础设施建设，实施土壤肥力监测与改善计划，优化农产品种植结构，推广少耕、免耕等保护性耕作方式。加强农田林网建设与改造，提高平原绿化水平。完善防洪抗旱水利设施，增强水旱灾害防控能力。

（4）充分发挥农田生态功能。农田生态功能主要是提供发展产品（如粮食、油料、麻棉纤维、果蔬等），一些农田景观地段还能提供休闲服务。农田的发展规划要点包括：严格保护基本农田；大面积农田开辟为各类农业开发区；在农业开发区内规划建设道路、管渠等基础设施；对严重污染的耕地实施生态修复；结合村民集中居住整治破碎的农田斑块；结合种植构建大地农业景观和休闲农业地段。

（5）重点布局重要的村民集聚地。根据村庄布点规划、自然资源和主要功能区分布情况，进行村民的集聚布局，建立以功能镇为中心向周围辐射的村民集群。

（6）充分利用区域生态位作用。自然村庄和乡村道路也具有生态位。传统自然村落往往依山、畔水、靠近但不占耕地，村落多有水井、古树、祠堂、牌楼、地名等人文要素。例如，在山区和丘陵地区的自然村庄分布由很长时间以来的自组织过程形成，很符合"小集中、大分散"的生态位格局。

（7）加强和改进村镇规划工作。突出县城村镇布局规划的作用，促进各种要素集聚和资源优化配置，做到村镇建设与生态建设同步实施，保护农村自然风貌。积极开展以"清洁家园、清洁水源、清洁田园、清洁能源"建设为主要内容的农村清洁工程和农村环境保护工作，加强农村饮用水水源地保护和污染源治理、排污口拆迁、污染水净化处理，提升农村饮用水安全保障能力。

（一）农业生产空间发展策略指引

1. 农田保护策略指引

（1）加快中低产田改造。大力推进连片标准良田建设，稳定粮食作物播种面积，适当引入先进的技术和建立奖励政策推动中低产农田进行改造。

（2）健全农田防护林建设，设置沟渠路防护林带。其中，干支渠和机耕道两侧配置 2 行林带，农渠配置 1 行林带，达到一级农田林网（每格 200 亩[①]）建设标准。通过建设高标准农田，实现农田"地平整、土肥沃、旱能灌、涝能排、路相通、林成网"，既能显著增强农田防灾减灾、抗御风险能力，也可方便农机作业，充分发挥农机抢农时、省劳力、增效益的作用，大幅度提高生产效率。

---

① 1 亩 = 1/15 公顷 ≈ 666.7 平方米。

（3）控制区域内农用地。严格控制农用地转为建设用地，禁止违法占用耕地，尤其是基本农田，严禁擅自毁坏和污染耕地。

（4）加强资源节约利用和生态环境保护。合理利用和保护自然资源，减少水土流失，控制农业面源污染，发挥农田在生产、生态、景观方面的综合功能，实现农业生产和生态保护相协调。

2. 农业生产力发展策略指引

在农业生产空间识别阶段，得到现状农业生态空间分布情况。由于不同耕地的土壤质地、产量、区位等条件不同，保护的等级也存在差异。土壤质地好、产量高、运输方便、灌溉方便的耕地需要进行重点保护，其他耕地进行一般性保护，其主要策略指引如下。

（1）合理布局农业产业结构。在农田集中成片或产量较高的农田分布地区，提升农业规模化水平的同时，引导优势和特色农产品适度集中发展，构建区域化、规模化、集约化、标准化的农业生产格局。

（2）大力发展优势产业。在农业发展过程中，形成优势突出和特色鲜明的产业区，发展优势产业，突出特色产业，打造"一乡一品"特色农产品，坚持"传统+特色"的生态农业发展思路。

（3）适当实施退耕还林政策。根据农田分布现状情况，将坡度6°以上、海拔300米以上交通不便的山区或丘陵区、沿山脚呈树枝状分布或不成规模的农田区域等产量低，或者不稳定、不成规模、不便于提高农业综合生产能力的区域加大力度实施退耕还林政策。

（二）农村生活空间保护与发展

1. 农村生活空间现状与问题分析

（1）农村生活空间现状分析。村落分布与农田结构、传统农业生产体制紧密相关，农田分户的基本耕作方式使农户与耕地紧密联系以方便耕作，形成了农户随耕地布置的基本农居格局，水稻是区域主要农作物，因而形成了农户依稻田、靠山脚和沿丘陵进行旱地分布的农田布局。

（2）农村生活空间问题分析。大部分县（市）域正处于城镇化加快发展阶段，农村人口大量进入城市，既增加了扩大城市建设空间要求，也带来了农村居住用地闲置等问题。同时，不具规模的散户多，不利于基础设施的集中建设，不利于农业规模化生产，也不利于产生人口集聚效应。

2. 农村生活空间保护与发展策略指引

按照依法自愿有偿的原则，允许农民采取转包、租赁、互换、转让和入股等形式进行土地流转，引导农业用地向集约化、农业生产规模化发展，形成农业用地集中、集约布局。根据村庄自身特点，将现有村庄按照就地城镇化型、改扩建型、保留型、迁移型四种类型进行村庄居民点调控。

（1）就地城镇化型。就地城镇化指农村人口不向大中城市迁移，而是以中小城镇为依托，通过发展生产和增加收入，发展社会事业，改变生产生活方式，城镇周边产业发展较好的村落通常概率较大。

（2）改扩建型。改扩建型是指规划在农村生活空间发展过程中对一些条件优越且具备发展空间的农村居民点，确定对其进行改造和扩大规模使其成为规划中的村庄。

（3）保留型。保留型是指在农村生活空间发展过程中因客观原因而需维持现状，以及发展潜力一般且在规划期内难以搬迁的农村居民点。

（4）迁移型。迁移型是指农村生活空间发展过程中综合考虑经济、社会与环境等因素后，规划确定需要迁移的农村居民点。

通过对农村生活空间和农业生产空间的规划指引，逐步优化农业生态空间布局：一个农村居民点（农村生活空间）"大分散、小集中"，农田（农业生产空间）相对集中成片的空间布局形态。

四 设施生态空间发展控制导引

县（市）域总体规划应明确基础设施规划，根据实际情况，县（市）域的设施生态空间主要包括交通设施空间和电力设施空间两类。在交通方面，不仅要发展本地的交通，还要与周边城市及外界建立发达的交通网，大力发展铁路、国道、省道、县道和乡道等，并进行道路升级；在电力方面，合理规划变电站及电力设施用地，充分预留高压走廊，协调处理好电力建设与城市发展的矛盾。根据县（市）域电网现状，在规划期内可初步建成 220 千伏高压电网，建成完善可靠的 110 千伏高压配电网、35 千伏中压配电网等。同时依据交通、水利、电力、电讯等专业规划，结合自然条件、现状特点及县（市）域总体布局与城乡居民点配置，并按照城乡覆盖、集约利用要求，促进内外联网、共享共建、区域对接与城乡对接，并协调好与城镇布局的关系。

设施生态空间是指在县域空间中比重较大、对空间划分起重大影响的带状公共设施空间。在设施生态空间发展过程中，应做到以下几点：第一是规划、预留各类交通网络、站场等区域性基础设施的高速公路互通口，按照黄线控制交通设施、管线设施及两侧绿化隔离带；第二是按照蓝线控制水系和人工渠道、水利设施空间，加强水源地保护和用水总量管理，推进水循环利用，建设节水型社会；第三是完善县（市）域绿道空间，适当在设施空间内建设生态保护带；

第四是改善基础设施条件，及时检查设施设备的使用和维护情况，对于陈旧落后的设备可进行改进，适当引入先进设备和技术。

五 自然生态空间发展控制导引

突出城乡一体化原则：按照"五个统筹"的要求，强化城乡功能与空间整合，突出城乡空间资源的保护、综合利用与一体化规划，统筹安排城乡基础设施和社会设施，同时，要注意保护和体现地域特色。编制县（市）域总体规划应明确生态环境保护与建设规划。要按照生态省、县（市）、镇建设目标要求，在有关专项规划基础上，明确城乡环境保护的目标和控制要求，协调建设用地与生态环境保护的关系，结合空间管制规划确定各类生态保护区与建设区及环境功能区划，提出水、气、声、固废等污染物的防治措施与主要设施的布局区位与合适规模。

（1）充分发展生态空间战略。贯通、整合各种自然保护区、森林公园、风景区、水功能区、历史文化遗产保护区、生态修复区等，扩大自然生态空间规模，提升生态功能，促使结构由简入繁、功能由弱转强。加强生态园区保护与建设，确定县（市）域宏观生态安全格局，制定实施宏观生态战略。

（2）加大自然生态系统和环境保护力度。加强森林生态系统建设与保护。保护现有自然植被，大力开展植树造林，推进退耕还林、封山育林、沿江与环湖防护林，修复退化土地，提高县（市）域森林覆盖率，控制林地向耕地、湿地蔓延。尽快恢复石漠化地区地表植被，消除石漠化生态隐患。实施重大生态修复工程，增强生态产品生产能力，推进荒漠化、石漠化、水土流失综合治理，分别划定保护、修复适宜产业发展的空间区域，加强生态脆弱地区草地草甸保护。

（3）对森林进行功能分区。功能分区包括生物多样性和珍稀动植物保护的自然保护区、与休闲结合的森林公园、与饮用水源结合的水源保护区、各种生态保护林带、多种经济林地和园地、一般用材林地等。制定合理的保护、利用规划；抓好自然保护区建设和野生动植物保护，恢复常绿阔叶林群落和珍稀物种栖息地；保护生物多样性；禁止可能导致生态功能退化的资源开发活动，保护亚热带森林植被、濒危珍稀物种及丰富的生物多样性。

（4）保持水土生态功能。发挥各个流域洪水调蓄、水源涵养、气候调节和生物多样性保护等生态功能。禁止围垦湖泊湿地，推进河湖清淤、退田还湖、平垸行洪、移民建镇、季节性休渔和血防等工作，恢复扩大水面和湿地。加快污染治理，控制重要点源和农业面源污染。保护和合理利用水资源，治理污染水体。保护现有水体，包括江河、水库、大小山塘。保护自然水系，尽量避免蓄水蓄能断其溪流而破坏生态廊道；建立水资源合理利用、节约利用制度，协调饮用与灌溉、发电与灌溉等矛盾。恢复流域生态系统，对溪谷的自然与人文景观进行保护性利用，发展生态旅游业。划分水功能区，包括饮用水源、灌溉水源、养殖水体、景观水体、自然保护湿地等。建立以县（市）域入出境水质监控与治理机制，实施流域治理，扩大森林、湖泊、湿地面积。

（5）保护水源。为了全局发展需要，为农业灌溉而修建的水库需转变为城镇饮用水源，连同周围一定范围内的森林一并划为水源保护地，禁止开发建设，政府通过生态补偿来弥补村民的利益损失，使生态环境得以有效保护，生态资源得以更高效利用，区域社会经济从整体上得以提升。

（6）推行生态移民与生态补偿。在自然生态空间发展过程中，该区域内村落规划布局要避免山洪与地质灾害，必要情况下进行生态移民以保护居民的健康与安全，同时对于较脆弱的地区进行生态补偿，以达到保护其生物多样性和生态功能完整的目的。

第九节　县（市）域复合生态空间发展指标体系

改革开放以来，农村已经逐步由自给半自给经济向商品化经济发展，产业结构一直在不断转换，使县（市）域建设发展迅猛。许多小城镇已经开始发展工、农、建、商、运、服务等行业综合发展的新时代。农村集市由封闭型转化为开放型，以乡镇为依托，多门类、多层次地发展商品生产，利用商品的集散功能使人口逐渐集中，使该区域成为经济、文化和政治的中心。因此，未来应避免出现环境破坏、浪费资源等现象，在县（市）域发展初期就应该摆正其发展方向。建立符合县（市）域复合生态空间发展的指标体系，更加深刻地反映出县（市）域的自然、经济和社会要求，最大限度地拓宽其直观性和实用性，促进县（市）域的综合发展。

一　指标体系的作用与功能

县（市）域复合生态空间是由自然、经济和社会三个子系统复合而成的一个巨大的生态空间，在决策和建设发展过程中，稍有不慎就会造成县（市）域复合生态空间的畸形和失调发展。要知道县（市）域是否在可持续发展的轨道上，以及发展的总体水平与协调程度如何，就必须对其进行测度与评价，建立科学的指标体系，在县（市）域复合生态空间建设与管理中发挥重要作用。一般来说，指标体系具有以下功能。

1. 评价功能

评价功能是县（市）域复合生态空间评级指标体系的基本功能，通过指标体系的建立，可以对县（市）域的各项建设和总体运行情况进行定量的推算，根据预先设计的等级划分标准，可以评定县（市）域复合生态空间的发展度、协调度与持续度的级别。根据评价结果，人们可以大概知晓县（市）域建设所取得的成果，同时发现建设过程中的缺陷，为下一步的建设与发展指明方向。

2. 空间导向功能

空间导向功能，即指标体系对县（市）域建设的方向与内容进行指引作用，在指标体系中，县（市）域所具有的基本性质都纳入其中。然而在实际过程中，指标体系只能选取对县（市）域发展起主要作用的单向或综合指标。一旦确定指标，在建设和发展过程中将会发挥导向功能作用。导向功能具有双重作用，即正向效果和负向效果。当实际情况中指标体系运用得当，与人们预期的效果基本一致，则是正向效果；当实际情况中指标体系运用不得当，与人们预期的效果不一致，则是负向效果。

3. 决策功能

在指标体系中，决策功能是一种手段，而不是最终目的，指标体系的存在是为其服务的。县（市）域复合生态空间指标体系的最大优势在于能为人们提供较为科学、准确和定量的评价结果，在一定程度上避免定性评价方法中的模糊性和主观性，从而为下一步决策提供依据和参考。

4. 监测功能

监测功能是县（市）域复合生态空间对某个性质或者侧面的描述。在监测过程中，提供指标反馈的信息，可以了解到不同地域、不同时间的发展动态，更有利于及时地发现和解决问题，充当指示和监测县（市）域复合生态空间发展动态的功能与作用。

总的来说，县（市）域复合生态空间发展指标体系将抽象的建设目标落实到具体数字上，更为深刻地反映出县（市）域复合生态空间发展过程中的社会、经济和环境要求，并具有一定的功能与作用。这些功能与作用相互联系，不可分割，在评价过程中不同阶段具有不同的表现形式。

二 指标体系划分原则

1. 科学性原则

县（市）域复合生态空间发展指标体系需要客观地反映发展过程中各个子

系统和指标之间的相互联系和内涵，并可以客观地度量区域可持续发展目标的实现程度。因此，指标体系需要覆盖范围广，综合反映在发展过程中的各个因素（自然资源利用程度、经济效益、社会系统稳定性、生态环境是否良性循环等），以及政府决策、管理水平等。

2. 层次性原则

县（市）域复合生态空间发展是一个相对复杂的系统，它可以分为若干个子系统，因此指标体系根据不同的子系统具有一定的层次性。同时，指标体系为政府决策提供信息和指导，而解决可持续问题需要政府在各层次上进行调控和管理。然而，度量县（市）域复合生态空间发展的状况，应在不同的层次上采用不同的指标。

3. 相关性原则

在发展过程中，县（市）域复合生态空间发展是一个动态的、开放性的过程。无论在任何时期，自然资源消耗水平、经济发展状况、环境承载力、环境质量和人类的组织形式都应处于一种相对平衡、协调的状态。因此，各个方面和各个时期的指标体系同样也应处于一个相对协调的状态，彼此之间有着密切的关联。换而言之，县（市）域复合生态空间发展指标体系中各指标之间都具有一定的相关性和内在联系。

4. 可操作性原则

指标体系的存在是为了县（市）域复合生态空间的良好发展，因此要具有一定的可测性，易于量化，指标内容应简洁明了，具有较强的可比性和易于获取。在实际运用中，指标体系的数据主要是通过资料统计整理、典型调查、抽样调查，以及从相关部门调查而获得。在具体的科学分析基础上，选取具有代表性的综合指标和主要指标，经过加工和处理之后使其清晰、明了地反映问题。

5. 因地制宜原则

不同地域具有各自不同的特征，在建立指标体系时，应根据实际情况，科学地评价各项建设指标和发展情况。

三 县（市）域指标体系构建

在空间尺度适宜性、有利于形态优化与功能提升的前提下，遵循各项原则，尊重区域生态格局及自然边界与行政边界，采用定性与定量相结合的方法，依据环境容量、资源优势、主要功能等，辨识出复合生态空间四类空间单元及其子类的类型，依据考核内容和主要考核指标对不同类型的空间单元的指标体系进行划分，具体情况如表 4-6 所示。

表 4-6 县（市）域复合生态空间四类空间单元绩效考核指标体系

空间单元	考核内容	主要考核指标
城镇生态空间	经济结构与经济增长 资源消耗与环境保护 收入增长 自主创新与质量效益 公共服务均等化 基础设施一体化 市政公共设施辐射能力 吸纳人口能力	GDP 增长指标 非农产业就业比重 财政收入占 GDP 的比重 单位 GDP 能耗和用水量 单位建设用地面积产出率 主要污染物排放总量控制率 "三废"处理率 大气和水体质量 绿地率 教育质量 服务业增加值比重 高新技术产业比重 研发投入经费比重 吸纳外来人口规模 节能减排 生态建设
农业生态空间	农产品保障能力 生态产品能力 资源消耗 环境保护 公共服务覆盖面 社会保障	基本农田保护情况 农业综合生产能力 农民收入 大气和水体质量 主要污染物排放总量控制率 "三废"处理率 大气和水体质量
设施生态空间	重大基础设施安全保障 缓冲带保护	交通廊道畅通保障 交通廊道安全保障 水系防洪与航运 管线安全保障 生态环境保护
自然生态空间	生态安全 生态服务 生态健康 自然文化资源保护 生态补偿 生态风险预防	水土流失和荒漠化治理率 森林覆盖率与森林蓄积量 草原植被覆盖度与草畜平衡 生物多样性 污染物"零排放" 自然文化资源原真性与完整性 保护对象完好程度 保护目标实现情况 保护区依法管理情况 生态移民与补偿情况 生态风险预警

第十节 县（市）域复合生态空间发展时序

一 空间发展时序

结合县（市）域实际经济社会发展情况及区域发展背景，确定重点发展区域与空间发展边界。合理规划县（市）域复合生态空间发展时序，依次安排近期、中期、远期及远景的发展区位、规模、发展目标。

二 各空间发展重点

统筹城镇生态空间、农业生态空间、设施生态空间与自然生态空间协调发展，构建县（市）域生态安全格局，合理确定四类空间单元的重点发展区域，主要是近期发展重点。

（1）城镇生态空间发展重点：确定县（市）域城镇体系；按照县（市）域城镇化水平发展趋势预测结果，合理规划城镇空间发展规模和发展方向；完善城镇内部空间结构，提升空间功能；科学布局基础设施与公共服务设施；明确住房建设（尤其是经济适用房）和绿地生态系统建设。

（2）农业生态空间发展重点：对照"生产发展、生活宽裕、乡风文明、村容整洁、管理民主"的社会主义新农村建设要求，合理村庄布局，完善农村道路建设、小水利基础设施建设、其他基础设施建设；推进土地平整，建设农业产业园区（或者特色农业园区），注重自然生态环境保护与建设。

（3）设施生态空间发展重点：了解县（市）域交通设施与电力设施的现状，根据人口和未来发展方向预算投入与时间，以及各类设施生态空间的界定、整合与预留。

（4）自然生态空间发展重点：按照基质-斑块-廊道理论要求，贯通、整合自然生态空间各类子空间（即绿色生态空间、蓝色生态空间、特殊生态空间和其他生态空间），构建县（市）域生态安全格局；加强各类重点地段的生态修复。

第十一节 战略规划成果组成

现行的城乡规划法和规划编制办法并没有规定县（市）域生态空间发展战

略规划方面的内容，但明确了城乡规划编制应该进行区域发展战略研究，并且用以指导下层次的规划编制；仍然有必要而且也可以用"图纸+文本"的形式，用简洁的语言和概念性区划图表达县（市）域生态空间发展战略意图。由于复合生态空间发展具有不确定性，战略规划不应局限于传统的静态蓝图的表达形式，而应以导则性的条款和结构性的图纸表达。

● 一 主要图纸

一般情况下，主要图纸的比例尺为 1∶50 000（重点地区可为 1∶10 000），规划年限为 20～30 年。主要由如下几张图组成：

（1）区位分析图。主要包括交通区位和生态区位两种类型。

（2）县（市）域生态资源综合评价图。该图以城镇发展、森林、农田、水域等地块为底色，综合评价。

（3）县（市）域复合生态空间分类图。该图综合城乡规划用地分类与生态系统分类两方面的原则，对县（市）域划分出各类空间单元。标示市（县）域内城镇生态空间、农业生态空间、设施生态空间以及自然生态空间等四类生态空间的空间形态、规模分布等，从而达到统筹城乡发展空间的目的。

（4）县（市）域复合生态空间结构图。该图以城镇发展、森林、农田、水域等地块为底色，选加城镇体系、主要道路、河运等内容，标示出传统的"三结构一网络"，即城镇规模等级结构、城镇职能结构、城镇空间结构、交通市政设施网络点一轴一面空间结构网络。

（5）县（市）域复合生态空间子类分类图。该图对于复合生态空间当中城镇生态空间、农业生态空间、设施生态空间及自然生态空间四类生态空间，依次标示所细分出来的空间单元。

（6）县（市）域复合生态空间发展时序图。该图主要表达在未来的近期、中期和远期当中，县（市）域复合生态空间的空间发展预测及其四个空间单元的规划调控范围。

（7）县（市）域复合生态空间近期重点建设规划图。该图表达近期对于生态保护区、生态修复区、生态产业区、重大生态建设工程、城镇生长区、农村居民点撤并的保护及建设措施。

● 二 文本内容

文本内容就县（市）域现状基本概况、战略思想、战略目标、县（市）域复合生态空间结构（复合生态空间四大空间单元及子类）、复合生态空间优化、控制导则、发展时序与近期建设重点作出简要说明。

1. 县（市）域现状基本概况

介绍规划区的自然地理情况，包括地形地貌、气候、水文、植被、土壤和矿产等，以及规划区域选择的依据、区位分析、人口与经济概况、土地利用现状和生态资源调查等情况。

2. 目标定位与发展战略

树立牢固的科学发展观，确定总体发展目标之后，针对不同时期确立不同阶段的发展目标。确定县（市）域社会发展目标、经济发展目标，对县（市）域进行功能定位和功能体系分类，找出县（市）域复合生态空间的特征与问题。

3. 现状空间数据集成

结合现状调查，主要采用3S技术，开发出一个基于3S技术的空间数据管理系统，这是创新规划与传统规划的不同之处。在此基础上，将收集到的各种比例尺的基础地形图、规划图按统一的坐标系存放在系统中，新近建成的重要设施也要经GPS采集器综合到系统中。用一个功能强大的GIS桌面系统综合集成现有空间数据，以便进一步展开复合生态空间的现状分析与生态适宜性评价。

4. 县（市）域生态资源识别并评价

通过调查或收集资料，对县（市）域生态资源进行识别与评价，包括生物量、区域内自然植被净生产力、单位面积内生物种类数量、土壤理化性质及其生产能力、生物组分空间结构及其迁移状况、生物组分的异质性及对项目拟建区的支撑力等。利用RS技术、地理信息技术等先进方法与手段，应用定性与定量相结合的方法对县（市）域复合生态空间的生态资源现状做评价。

5. 综合评价

为了能够正确认识县（市）域复合生态空间，提升县（市）域复合生态空间的整体生态服务功能，需要对其景观格局进行充分的辨识。景观格局辨识采用定量方法进行客观评价，内容包括地理分析、生态敏感性分析、生态服务功能重要性评价、生态功能分区及景观生态格局构建。

6. 县（市）域复合生态空间划分

根据生态位差别、区位差别、经济活动差别、人口差别、景观空间差别、社会文化结构差别及人类活动干预程度的强弱，对县（市）域复合生态空间进行划分，划分之后至少应为城镇生态空间、农业生态空间、设施生态空间和自然生态空间四种基本类型。

7. 县（市）域复合生态空间优化

在识别并划分出县（市）域复合生态空间下属的四类空间单元及其子类的类型与空间范围之后，构建并优化县（市）域复合生态空间的空间结构模型及功能模型，提升各种空间单元稳定性及其比例配置，最终达到提高县（市）域复合生态空间整体稳定性的目的。

8. 县（市）域复合生态空间发展控制导引

在国家和省的主体功能区划指导下，针对县（市）域复合生态空间发展与生态环境保护和资源利用之间的关系，鼓励各空间单元依据自身优势，因地制宜，开发建设各类空间单元。按照主体功能定位构建科学合理的城市化格局、农业发展格局、生态安全格局的最新精神，力图将县（市）域复合生态空间规划变为国家、省主体功能区划的必要层次和有效补充。

9. 县（市）域复合生态空间发展时序安排

结合县（市）域实际社会经济发展情况及区域发展背景，确定重点发展区域与空间发展边界；合理规划县（市）域复合生态空间发展时序，依次安排近期、中期、远期及远景的发展区位、规模、发展目标。

10. 县（市）域复合生态空间发展管理

在充分理解复合生态空间组成、结构和功能过程的基础上，综合考虑自然（包括环境、资源和生物等）、社会、经济、政治、文化的需要和价值，综合采用多学科的知识和方法，综合运用行政的、市场的和社会的调整机制，对县（市）域复合生态空间及其发展进行调控和管理。

第十二节　本章小结

根据本章所述，县（市）域复合生态空间发展战略规划的主要目的在于在县（市）域层面上落实上层次的主体功能区规划，在战略层面上探索县（市）域"多规合一"。在县（市）域复合生态空间发展中，战略规划具有指导县（市）域各类规划的编制、引导生产要素空间流动和产业空间布局、优化空间结构和确保公共与生态利益等重要作用，可以使复合生态空间的四类空间单元之间协调有效地发展。

通过综合集成、定性与定量分析、方案研讨和3S技术的应用分析等方法进行县（市）域复合生态空间战略规划，按照县（市）域复合生态空间生态敏感性、生态适宜性、生态力及生态位评价综合评价结果，遵循空间尺度适宜性、有利于形态优化与功能提升原则，采用定性与定量相结合的方法，辨识出复合生态空间四类空间单元及其子类的类型与空间范围，从而进行整合分异，最终依次厘定出它们的空间边界，初步确定它们的主要生态功能。在识别并划分出县（市）域复合生态空间下属的四类空间单元及其子类的类型与空间范围之后，构建并重构县（市）域复合生态空间的空间结构模型及功能模型，提升各种空间单元稳定性及其比例配置，最终达到提高县（市）域复合生态空间整体稳定性的目的。随后，依据县（市）域自然生态格局与更大区域的城镇与交通分布，主要针对四类生态空间，制定县（市）域复合生态空间发展控制导引，建立符合县（市）域复合生态空间发展的指标体系，更为深刻地反映出县（市）域的自然、经济和社会要求，最终以主要图纸和文本内容的形式呈现出来，成为县（市）人民政府空间发展决策的科学依据和主要参考。

第五章

县（市）域复合生态空间发展管理

第一节　基本情况介绍

一　基本概念

借鉴综合生态系统管理（integrated ecosystem management，IEM）与城市成长管理（urban growth management）的理论、方法及主要实践，结合县（市）域复合生态空间的物质空间性、复合多样性、时空尺度性、动态开放性等基本属性，以及县（市）域复合生态空间发展的开放性、综合性、非平衡性、混沌性（含非线性、有序性和突变性）等基本特征，创新性地提出县（市）域复合生态空间发展管理的概念。

所谓县（市）域复合生态空间发展管理，就是在充分理解复合生态空间组成、结构和功能过程的基础上，综合考虑自然（包括环境、资源和生物等）、社会、经济、政治、文化的需要和价值，综合采用多学科的知识和方法，综合运用行政、市场和社会的调整机制，对县（市）域复合生态空间及其发展进行调控和管理。它不仅包括管理复合生态空间及其内部所有空间资源和自然环境，恢复或维持县（市）域生态系统整体性和可持续性，提高综合生态力，解决资源利用、生态保护和生态系统退化的问题，创造和实现资源节约、环境友好、经济高效、社会和谐的多重收益，实现人与自然的和谐共处，而且还包括充分发挥规划、政策的规范作用、导向作用和协调作用，在符合生态准则的前提下，统筹考虑县（市）域复合生态空间形态结构重构与功能提升过程，优化调控复合生态空间发展方向、规模和时序，推进县（市）域内自然、生态、经济、社会、政治、文化的协调发展。另外，就是对县（市）域复合生态空间发展战略规划进行一套全过程、全方位的综合管理战略和方法，因而也可以将县（市）域复合生态空间发展管理称为县（市）域复合生态空间发展战略规划管理。

在此基础上，明确发展管理主体、管理对象、利益主体及其博弈关系等主要管理内容，以及县（市）域复合生态空间管理的一系列管理策略和管理工具。

二 管理主体

成立一个新型的宏观决策咨询机构，可暂命名为县（市）域空间发展（规划与）管理委员会，比较适合挂靠在县（市）发展和改革委员会（或局），成员可以发展和改革委员会（或局）为主，城乡规划、城乡建设、国土、环保、农业、林业、水利、交通、电力通信、自然保护区、能源等部门为其中的核心成员。其理由如下。

（1）就规划性质而言，县（市）域复合生态空间的进一步细分，可以理解为国家和省级主体功能区在县（市）域内的进一步明确。同时，县（市）域复合生态空间及其发展战略规划具有极强的宏观性、全面性和公共政策属性。这种战略性、全局性的统筹布局，只有在县（市）领导的直接领导下，由发展和改革委员会（或局）牵头来管理，才能够达到预期的效果。

（2）就规划编制内容而言，县（市）域复合生态空间及其发展战略规划涉及县（市）域建设与保护的各个方面。虽然空间建设中主要的管理职能来源于城市建设部门，但是往往需要拥有复合生态空间及其生态资源调控职能的各部门的通力参与和协作，才能完成这种规划的编制工作。

（3）就规划实施管理而言，根据中国目前的体制现状及改革发展趋势，在政府各部门中，只有发展和改革委员会（或局）才具有类似的规划管理、规划实施、规划协调的权限。同时，只有发展和改革委员会（或局）才有可能充分协调政府各部门，并组织力量。

另外，建议县（市）域复合生态空间发展战略规划逐步过渡为一种法定规划，或者准法定规划，取代县（市）域城镇体系规划或者村镇体系规划，作为城乡规划体系中的一个重要组成部分。

同时，建议县（市）域复合生态空间发展战略规划编制主体和审批主体为县（市）人民政府，具体负责实施部门为县（市）发展和改革委员会（或局）。

三 管理对象

县（市）域复合生态空间发展管理主要是基于 GIS 的平台将县（市）域复合生态空间作为一个整体，实施标准化管理系列标准，推广 3S 技术，开发县（市）域复合生态空间发展管理平台，以县（市）域复合生态空间发展战略规划为总架构，一张图统领全局，各乡镇、各部门分工合作，共同推进统筹城乡发展的进程。对县（市）域复合生态空间（尤其是战略规划成果）实行"一张图"

管理，科学规范人类活动行为。

管理内容主要为县（市）域复合生态空间单元管理（功能分区纯化与复合）、空间发展边界管理、优先发展区管理（土地投放的规模、时序与区位）、成长模式管理（内涵式发展与外延式发展）、主要空间单元集成管理、重大设施管理、重要生态资源管理等。只有这样才能有效调控人类对生物生产力的合理、可持续利用和使用，有效调控县（市）域复合生态空间发展方向与发展过程。

四　利益博弈

县（市）域复合生态空间发展管理是一个多维主体的多重动态博弈。虽然县（市）域复合生态空间管理是一种政府行为，但是必然牵涉众多的利益相关者，如国家利益与区域利益、县（市）人民政府及其下属各级政府与各部门、其他利益集团及公众利益。如果不能把握空间发展过程中各方参与主体的利益取向和行为准则，就不能达成协调的空间发展管理进程，也就很难取得空间发展管理的生态-经济-社会综合目标。因此，最主要的管理任务就是协调、引导与综合各种不同、优势甚至对立的利益。

县（市）人民政府作为县（市）域复合生态空间发展管理行为最为直接的主体，作为空间政策制定者，必须实现县（市）域的生态保护、经济增长、社会和谐、公共利益及核心竞争力提升；必须确保政府自身的利益取向在一定层面上得到满足；必须综合考量对上级部门的政策执行能力（即行政绩效）、对所辖公民的多样性偏好和不同的利益取向等方面。政府正是在这三个层面的博弈中进行空间决策的。

县（市）域处于国家和区域的宏观管制当中，因而国家利益与区域利益也对县（市）域复合生态空间发展产生了一定的影响。国家和省（自治区、直辖市）以更加宏观和长远的眼光看待县（市）域的发展，目的在于要实现国民经济整体的协调稳定发展。相比之下，比较看重主体功能、生态环境、耕地数量、城乡统筹、重大基础设施布局、社会公平等问题，一般在区域之间、县（市）域之间做出有利于大局的政策引导。其中，全国和省域城镇体系规划、主体功能区、区域规划等上层次规划充分体现了它们的空间意义。而县（市）人民政府下属乡、镇人民政府，县（市）各部门、中央与省（自治区、直辖市）位于该县（市）的相关机构，从自身角度出发，也存在着不同的价值取向与空间利益诉求。

在县（市）域内，不同所有制基础和不同规模、效益的企业和非政府组织等利益集团也存在着自身发展的空间利益取向。开发建设与投资资本对于县（市）域复合生态空间发展有着引领作用，这些资本的落脚之处无疑成为空间发展新的生长点。在县（市）域复合生态空间范围保持稳定不变的前提下，城镇生态空间趋向外拓、设施生态空间趋向管制、自然生态空间趋向贯通与保护，这些必然导致农业生态空间的不断压缩，因而必然对农民的根本利益产生不可逆转、不可估量的影响。

县（市）域内所有公民因其所处的空间区位、从事的职业、受教育程度、收入水平不同，在价值取向、利益诉求等方面存在着相当大的差异。尤其在城镇化水平比较低、城镇建成区规模相对不太大的中西部地区的县（市）域内，散布着大量不同规模的农村居民点，散居着大量不同教育背景、文化素质和收入水平的农民，因此利益博弈不可避免地成为县（市）域复合生态空间发展过程中必不可少的主要参与者。

第二节　县（市）域复合生态空间管制

一　城镇生态空间管制

对区域的管制以总体规划为参考，预测城市发展规模，明确并控制城市发展边界，防止城市无节制扩张，具体内容如下。

（1）调整、完善城市内部建设空间结构，改善城市生态环境和交通条件。

（2）集约用地，对出现"批而未征、征而未供、供而未用"的现象，严格执行依法收回闲置土地或征收土地闲置费的规定，加快闲置土地的认定、公示和处置。

（3）处理好新区拓展和旧城更新的关系，重视旧城更新，城市新区建设要严格依据规划，居住区、商业区与产业区布局要注重融合发展。

（4）充分挖掘现有建设用地潜力，提高建成区人口密度，增加城市容积率，重视城市立体空间建设。

城镇生态空间管制措施如下。

（1）乡镇发展空间的土地使用应坚持统一规划、统一征用、统一出让、统一开发、统一管理的原则，乡镇土地利用总体规划应与小城镇建设规划相衔接，适当拓展建设空间，为今后小城镇建设留足发展空间。

（2）加大力度整改乡镇发展内部空间结构，加快基础设施建设，对道路建设、污水处理、给排水和电力、亮化、绿地、广场和环卫设施统筹考虑，增加乡镇发展空间对农村人口的集聚能力和吸引力，减小城市压力。

二 农业生态空间管制

农业生态空间管制措施主要包含农业生产空间管制措施和农业生活空间管制措施两部分，具体如下。

（一）农业生产空间管制措施

农业生产空间主要是指耕地分布的地域范围，因此农业生产空间管制措施主要是针对基本农田进行制定的。

（1）确保现有基本农田数量。依据土地利用总体规划划定的基本农田保护区，任何单位和个人不得违法改变或占用。涉及占用基本农田的土地利用总体规划修改或调整，均须依照有关规定报国务院或省级人民政府批准。

（2）严禁违法占用基本农田。除国家能源、交通、水利和军事设施等重点建设项目以外，其他非农业建设一律不得占用基本农田；符合法律规定确需占用基本农田的非农建设项目，必须按法定程序报国务院批准农用地转用和土地征收。

（3）不得擅自改变基本农田用途。基本农田上的农业结构调整应在种植业范围进行。不准在基本农田内挖塘养鱼或进行畜禽养殖，以及进行其他破坏耕作层的生产经营活动。国家将进一步加大对违法违规骗取批准、占用和破坏基本农田行为的执法力度。

（4）加大基本农田建设力度。各级政府投资的土地整理项目要向基本农田保护区，特别是国家粮食主产区（县）和商品粮基地的基本农田保护区倾斜，落实基本农田土地整理任务。

（5）定期通报基本农田变化情况。建立基本农田保护监管网络，开展动态巡查活动。开展基本农田动态监测和信息管理系统建设，利用卫星遥感手段，定期对基本农田保护区进行监测，及时发现、纠正和查处非法占用基本农田的行为。

（6）落实基本农田保护责任。将耕地和基本农田保护工作纳入政府领导任期目标考核的内容，签订责任书，明确由地方各级政府对土地利用总体规划确定的耕地保有量、基本农田保护面积和质量负责，定期进行目标考核并兑现奖惩措施。

（二）农业生活空间管制措施

农业生活空间主要是指集镇和农村居民点分布的地域范围，即以农村住宅为主的用地空间。根据对农业生活空间问题的分析，其问题主要体现为农村居民点布局散乱，用地不集约，空置、闲置情况较多。因此，农业生活空间管制措施如下。

（1）农村建房应统一规划，打破村民小组界线，对交通不便、自然条件差的零散居民点进行合理拆并，集中布局，同时对拆迁村庄旧址进行复垦还耕。

（2）对分散、闲置、未充分利用的农村居民点用地，通过统一规划和市场进行重新配置。

（3）集中治理村庄建房秩序，杜绝居民私自乱搭乱建、未批先建、乱圈乱占现象。

（4）整治村庄环境，增加环卫设施，加大"美丽乡村"宣传力度，提高村民的环保意识。

（三）设施发展空间管制

县（市）域设施发展空间主要分为道路设施空间和电力设施空间。对该类空间的管制主要是保证其防护距离的宽度。

1. 道路设施空间管制措施

道路设施空间是影响县（市）域发展全局的最重要的基础设施（本书只考虑省道以上级别的主要道路）。对它进行严格控制，有利于保障城市安全，有利于提升交通效率，也有利于形成县（市）域生态廊道。道路设施两侧防护宽度建议值如下。

（1）铁路：沿线两侧隔离绿化带为80～100米。

（2）高速公路：两侧隔离绿化带为50～100米。

（3）国道、省道：规划需改造升级的国道、省道两侧非城区部分须设隔离绿化带20～50米，经过城镇和村庄居民点集聚区域的控制绿化带两侧各10～20米。

2. 电力设施空间管制措施

电力设施空间主要是指35～500千伏的高压架空电力线路规划走廊。根据国家电网"十一五"规划，县（市）域规划电网电压范围在220千伏以下。针对35～220千伏高压架空电力线路两侧防护宽度建议值为：220千伏高压走廊宽度不少于40米；110千伏高压走廊宽度不少于25米；35千伏高压走廊宽度不少于20米。

（四）自然生态空间管制

1. 主体内容

主体内容是指县（市）域范围内水体（包括湿地）和林地的地域分布空间，

县（市）域的自然生态主要包括水体和林地。其中，水体包括以江河流域及其支流，湖泊和各大小水库等；林地主要包括各个大小型林场和森林公园，山脉、山地林区空间，以及其他集中成片的丘陵地区林地空间。

安仁县自然生态空间主体内容是指县域范围内水体（包括湿地）和林地的地域分布空间。其中，水体包括以永乐江及其支流、大源水库、茶安水库等大小水库；林地主要包括清溪林场、大石林场、公木林场、雄风山森林公园等大型林场和森林公园，以五峰仙山脉、武功山山脉和万洋山脉为依托的山地林区空间，以及其他集中成片的丘陵地区林地空间。

2. 管制原则

自然生态空间内只允许符合景观保护、观光休闲和文化展示的用途，不得进行大规模建设，禁止风景区建设转为房地产开发等城市建设。严格遵守国家、省、市有关法律、法规和规章。历史文物保护区、生态湿地保护区内的违法建设行为应限时拆除。按照国家规定需要有关部门批准或者核准的、以划拨方式提供国有土地使用权的建设项目，确实无法避开禁止建设区的，必须经法定程序批准，必须服从国家相关律法。重点元素控制措施如下。

1）重要水源涵养区

保护分区：重要水源涵养区内生态系统良好、生物多样性丰富、有直接汇水作用的林草地和重要水体为一级管制区，其余区域为二级管制区。

管制措施：一级管制区内严禁一切与保护主导生态功能无关的开发建设活动。二级管制区内禁止新建有损涵养水源功能和污染水体的项目；未经许可，不得进行露天采矿、筑坟、建墓地、开垦、采石、挖砂和取土活动；已有的企业和建设项目，必须符合有关规定，不得对生态环境造成破坏。

2）饮用水水源保护区

保护分区：饮用水水源保护区划分为一级保护区、二级保护区和三级保护区。

管制措施：禁止一切破坏水环境生态平衡的活动，以及破坏水源林、护岸林、与水源保护相关植被的活动；禁止向水域倾倒工业废渣、城市垃圾、粪便及其他废弃物；运输有毒有害物质、油类、粪便的船舶和车辆一般不准进入保护区，必须进入者应事先申请并经有关部门批准、登记并设置防渗、防溢、防漏设施；禁止使用剧毒和高残留农药，不得滥用化肥，不得使用炸药、毒品捕杀鱼类。

饮用水地表水源各级保护区及准保护区内必须分别遵守下列规定。

一级保护区：禁止新建、扩建与供水设施和保护水源无关的建设项目；禁止向水域排放污水，已设置的排污口必须拆除；不得设置与供水需要无关的码头，禁止停靠船舶；禁止堆置和存放工业废渣、城市垃圾、粪便和其他废弃物；禁止设置油库；禁止从事种植、放养禽畜，严格控制网箱养殖活动；禁止可能污染水源的旅游活动和其他活动。

二级保护区：不准新建、扩建向水体排放污染物的建设项目；改建项目必须削减污染物排放量；原有排污口必须削减污水排放量，保证保护区内水质满足规定的水质标准；禁止设立装卸垃圾、粪便、油类和有毒物品的码头。

三级保护区：直接或间接向水域排放废水，必须符合国家及地方规定的废水排放标准。当排放总量不能保证保护区内水质满足规定的标准时，必须削减排污负荷。

3）森林公园

保护分区：森林公园的核心保护区为一级管制区，其余周边区域为二级管制区。

管制措施：一级管制区内严禁一切与保护主导生态功能无关的开发建设活动。二级管制区内禁止毁林开垦和毁林采石、采砂、采土及其他毁林行为；采伐森林公园的林木，必须遵守有关林业法规、经营方案和技术规程的规定；森林公园的设施和景点建设，必须按照总体规划设计进行；在珍贵景物、重要景点和核心景区，除必要的保护和附属设施外，不得建设宾馆、招待所、疗养院和其他工程设施。

（五）复合生态空间管制政策化途径

为了把空间管制措施转化为政策和规章，便于政策的制定，便于规划的落实，本书以村为单位进行县（市）域分村主体功能区划分。以村为单位对县（市）域内每个村庄的空间比例进行对照分析，对每个村庄的主体功能进行判断，把空间比重最大的一类空间功能作为村庄的主体功能，得出以村为单位的县（市）域主体功能区划。

根据空间类型把村庄主体功能分为三类：自然生态主体功能区、城镇发展主体功能区和农业生态主体功能区。

县域分村主体功能区规划根据村庄空间特征把县（市）域的村庄进行了分类，这样就为针对每类行政村制定空间管制政策提供了前提。

第三节　县（市）域管理与经济发展

一　县（市）域"四线"管理

通过对县（市）域复合生态空间现状进行各类分析，归纳形成县（市）域空间的两大格局——空间发展格局、生态安全格局，从而不仅有效指导县（市）域四大类空间发展战略规划，更加重要的是，能够科学地划定其对应的"四条红线"，即：①自然生态空间→生态保护红线；②农业生态空间→耕地保护红线；③城镇生态空间→城镇开发边界控制线；④设施生态空间→设施建设边界防护线。从而形成县（市）域空间自然生态保护、耕地（尤其是基本农田）保护、城镇建设、设施建设的优化组合形态。在此基础上，制定空间格局优化导向的空间管制措施和政策，以"四条红线"来管制县（市）域的空间发展，从而更好地促进各类空间协调发展，最终达到县（市）域复合生态空间可持续发展的目的。

二 生态经济发展

生态经济是指在生态系统承载能力范围内，运用生态经济学原理和系统工程方法改变生产和消费方式，挖掘一切可以利用的资源潜力，发展一些经济发达、生态高效的产业，建设体制合理、社会和谐的文化，以及生态健康、景观适宜的环境。生态经济是实现经济腾飞与环境保护、物质文明与精神文明、自然生态与人类生态的高度统一和可持续发展的经济。生态经济具有以下三个方面的特性。

1. 时间性

时间性指资源利用在时间维上的持续性。在人类社会再生产的漫长过程中，后代人对自然资源应该拥有同等或更美好的享用权和生存权，当代人不应该牺牲后代人的利益换取自己的舒适，应该主动采取"财富转移"的政策，为后代人留下充足的生存空间，让他们同我们一样拥有均等的发展机会。

2. 空间性

空间性指资源利用在空间维上的持续性。区域的资源开发利用和区域发展不应损害其他区域的利益而满足自身的需求，应共享和共建各区域间的农业资源。

3. 效率性

效率性指资源利用在效率维上的高效性，即"低耗、高效"的资源利用方式。它以技术进步为支撑，通过优化资源配置，最大限度地降低单位产出的资源消耗量和环境代价，来不断提高资源的产出效率和社会经济的支撑能力，确保经济持续增长的资源基础和环境条件。

以长株潭绿心生态规划为例，以改善农村生态环境，改良土壤，减少化肥与农药使用，提高农产品产出及品质为主要目标，同时保护水源和森林植被，主要内容如下。

1）能源和废弃物综合利用建设工程

加强农业废物减量化、资源化、无害化工作，鼓励其进行综合利用的产业化发展。大力推广机械化保护性耕作技术，实现农作物秸秆和果树残枝综合利用。鼓励秸秆还田、能源利用和有机肥料等利用方式，推广生物质成型燃料、发酵和饲料转化技术，提高秸秆残枝综合利用率。推广"村收集、镇转运、区（县）处理"的垃圾集中处理方法，逐步实现城乡垃圾集中处理。建设生态文明的村庄，提高农民生活质量。

2）生态农业示范工程

（1）特色花木产业。结合生态绿心地区现状和传统，规划重点培育以花卉苗木为核心的特色农业，建设跳马镇双溪观光苗木园和柏加园艺博览园（表5-1）。规划和拓展上下游产业链，积极引进花木林业科研院所，建设生物育种、工厂化育苗等先进种植方法，并与种养业结合，以落叶沼气、雨水收集灌溉、沼液沼渣叶面追肥和无土栽培等方式构建循环经济。

表 5-1　生态绿心地区花木产业园一览表

名称	位置	发展定位
双溪观光苗木园	长沙市跳马镇双溪村、三仙岭村	观赏苗木基地、休闲养生农业示范区
柏加园艺博览园	柏加镇柏岭社区、楠洲村	特色花卉盆景、乡土植物园艺博览、旅游观光

（2）生态种养产业。对跳马、暮云、柏加、龙头铺等社区粮食、蔬菜、油料等作物种植进行技术提升，与鸡、猪等家禽家畜养殖相结合，发展以大型集中供气的沼气工程为核心的生态种养业，并与花木产业结合，形成资源多次循环利用的生态产业链体系（表5-2）。

表 5-2　生态绿心地区生态农业园一览表

名称	位置	发展定位
许兴百蔬园	长沙市暮云镇许兴村、暮云新村	有机蔬菜观光农业示范区
跳马南生态农业科技园	长沙市跳马镇关刀村、复兴村、跳马村	设施农业、观光农业园区
跳马北都市农庄园	长沙市跳马镇曙光垸村、冬斯港村	都市农庄、旅游休闲
马鞍生态农业科技园	株洲市龙头铺镇马鞍、嵩山、交通、鸡嘴山	设施农业、观光农业园区

（3）都市农庄。规划在生态绿心地区的曙光垸、冬斯港、渡头、双源、双溪、关刀、湘潭马鞍、金星、株洲马鞍、团山、三兴、长石等社区建设农旅结合型的都市农庄。

3）生态廊道建设

（1）河流滨水生态带。沿湘江、浏阳河控制防洪堤外各50米或自然地形第一层山脊以内的林地，作为湘江、浏阳河的河流缓冲区。根据滨岸带相对于水体高程的不同，种植柳树、水杉、池杉、节节草、灯芯草、水莎草等修复植物。在高于水面 4～6 米区域带内，恢复耐湿灌木或草本植物，由灌木和草本结合组成灌草防护带；在高于水面 2～4 米区域带内引种挺水植物（如香蒲、茭草、芦苇等），并将其分片种植；在高于水面 1～2 米范围内，恢复和优化配置浮叶植物与沉水植物（如菱角、两栖蓼、莕菜等）。

（2）溪流生态廊道。建设柏加撇洪渠、新桥河、奎塘河、暮云Ⅰ撇洪渠、昭山Ⅰ撇洪渠、昭山Ⅱ撇洪渠等六条溪流生态廊道（表 5-3），沿水系控制防洪堤外各 10～30 米或自然地形第一层山脊以内的林地作为生态廊道。针对部分水系污染现状，在定时清理水面藻类、生活垃圾，禁止生活污水直接排入水体的同时，恢复水底生态系统，在浅水区逐步引进优势沉水藻类（如轮生黑藻、金鱼藻、菹草、微齿眼子菜等）。

表 5-3 生态绿心地区溪流生态廊道生态建设一览表

溪流名称	防护林宽度	防护林长度/千米
新桥河	防洪堤外各 30 米或自然地形第一层山脊以内的林地	15.1
奎塘河	防洪堤外各 30 米或自然地形第一层山脊以内的林地	7.5
柏加撇洪渠	防洪堤外各 10 米或自然地形第一层山脊以内的林地	7.4
暮云Ⅰ撇洪渠	防洪堤外各 10 米或自然地形第一层山脊以内的林地	10.1
昭山Ⅰ撇洪渠	防洪堤外各 10 米或自然地形第一层山脊以内的林地	11.1
昭山Ⅱ撇洪渠	防洪堤外各 10 米或自然地形第一层山脊以内的林地	9.9

4）交通干道生态廊道

沿京港澳、沪昆、长株高速公路建设防护林带，每侧控制范围 200 米；沿京广、武广、湘黔、沪昆铁路建设防护林带，每侧控制范围 100 米；其他一、二级公路每侧控制范围 30～50 米建设防护林带。采用隧洞、涵洞等多种生态方式，保障生物自由迁徙及自然景观美化。交通干道两侧修建防护林带，防护林带以猴樟、杜英、银杏、紫薇、大叶女贞、栾树、杜仲等高碳汇树种为主，同时辅以种植红叶李、栾树、无患子、榉树、朴树等季相林树种。

5）生态节点修复建设

规划进一步完善坪塘—昭山—石燕湖—五一仙人水库生态公益林带和梅林桥—法华山—石燕湖—跳马生态公益林带建设，加强 12 处生态节点的修复。在交通干线破坏生态带的连续性，割断动物迁徙廊道的地段修建 30～60 米宽以上的道路生态连接器（供动物通行的桥梁或涵洞）。

6）林业调控规划

生态绿心地区植物景观以石栎群落、苦槠+青冈栎群落、樟树群落、杜英群落、青冈栎+苦槠群落等亚热带常绿阔叶林景观为基本景观风貌，在此基础上对风景游憩绿地内林相进行调整，增加枫香+石栎+冬青群落、栲树+枫香群落、枫香群落、紫弹朴群落、长毛八角枫+枫香群落等常绿落叶阔叶混交林、落叶阔叶林群落，形成多种季相林景观，增加植物景观的观赏性。同时，在交通干道种植银杏、紫薇、大叶女贞、栾树、杜仲等高碳汇树种时，增加红叶李、栾树、无患子、榉树、朴树等季相林树种，增加沿线景观的色相变化。

7）生态建设措施

（1）制定生态绿心地区基本生态控制线规划，划定基本生态控制线，并制定生态绿心地区基本生态控制线管理规定。

（2）生态绿心地区重点生态公益林实行国家征地保护，一般生态公益林实行国家生态补偿保护。

（3）明确生态补偿的对象，优化生态补偿的主体，创新生态补偿的运行机制，加速生态补偿的法律法规建设。

（4）合理规划生态绿心地区碳汇林，建立公益林碳汇交易市场，制定碳汇交易机制，制定碳汇交易方面的法律法规和政策。

（5）加大执法力度，将资源利用、生态环境保护和建设工作纳入法制化轨道，依法建立重大决策责任追究制度；依法行政、规范执法，落实执法责任制，实行环境稽查制度。

三 管理方法

（一）生态适宜性评价报告

生态适宜性评价报告是县（市）域内复合生态空间四类空间单元规划布局、开发总量控制、发展管制区、开发建设的前置性管理条件。根据用地生态适宜性评价图中的适宜生态保护用地、适宜生态林业用地、适宜生态农业用地、适宜生态农业和生态林业复合用地、适宜生态农业和城镇发展建设复合用地、适宜城镇发展建设用地、水体保护区等基本类型及其空间范围，基本上可以初步划定城镇生态空间、农业生态空间、设施生态空间和自然生态空间四类空间单元的控制界限。

（二）开发总量控制

这是管制县（市）域复合生态空间发展速度的有效工具与得力措施。通过规划期内开发总量及逐年开发分量的有效配置，能够有效限制建设用地的开发，遏制耕地的减少，保护自然生态。从而能够有效地保护土地、森林、矿产和水等生态资源，确保复合生态空间可持续发展。

（三）分期分区发展

分期分区发展措施的实施，是为了适当而又有效地提供公共设施，以便防止不成熟的土地开发行为和大量地占用耕地破坏城市景观。通过土地利用规划、城乡规划、自然保护规划的结合，控制开发地区的公共设施，并控制县（市）域复合生态空间发展的区位和时序。

（四）设置发展管制区

空间发展边界主要管理县（市）域复合生态空间内四类空间单元之间的边界，确保所有的增长都控制在一定的时限和界限之内。县（市）人民政府必须定期或不定期地对发展界限的现状容量、土地供应情况（包括供应总量、比例构成）进行监督，并定期评估与考查有无必要对现有界线进行合理的调整。对一些空间单元内的开发权（如自然保护区中的开发、基本农田中的村庄搬迁）允许转移到更加适宜的地区，并根据实际情况进行合理补偿，如生态补偿、移民搬迁补偿、退耕还林还湖补偿等。

（五）环境影响评价报告

环境影响评价是在批准开发项目提案前获取其环境影响信息的一种手段。提案获批的三个基本要求为：不至于对环境造成明显破坏；有对县（市）域生态环境保护及资源开发和保护的构想与设计；不会对可用于该项目及将来任何项目的整个资源提出不相称或者过度需求。同时，生态风险评估与预警机制也可以对县（市）域复合生态空间开发、利用起到很大的约束作用。

第四节　本章小结

本章通过拓展和融合城乡发展理论与城乡生长管理理论，以县（市）域为主要研究对象，力图创新性地构建县（市）域复合生态空间发展管理理论体系。本章明确了发展管理主体、管理对象、利益主体及其博弈关系等主要管理内容，以及一系列县（市）域复合生态空间管理策略和管理工具。

本章构建了基于3S技术的县（市）域复合生态空间发展战略规划与管理的技术体系。管理复合生态空间及其内部所有空间资源和自然环境，恢复或维持县

（市）域生态系统整体性和可持续性，提高综合生态力，充分发挥规划、政策的规范作用、导向作用和协调作用，在符合生态准则的前提下，统筹考虑县（市）域复合生态空间形态结构重构与功能提升过程，优化调控复合生态空间发展方向、规模和时序。并以 3S 技术为基础，对复合生态空间规划的管理进行探讨，提出了基于 ArcGIS Geodatabase 的规划 GIS 数据库建设、基于 GIS 的信息管理系统和基于 RS 和 GPS 的规划监测。在管理方面，主要内容为复合生态空间单元管理、空间发展边界管理、优先发展区管理、成长模式管理、主要空间单元集成管理、重大设施管理、重要生态资源管理等。管理工具主要有生态适宜性评价报告、开发总量控制、分期分区发展、设置发展管制区、环境影响评价报告等。

对县（市）域复合生态空间发展进行研究的最终目的不仅包括复合生态空间及其内部所有空间资源和自然环境恢复或维持县（市）域生态系统整体性和可持续性，提高综合生态力，解决资源利用、生态保护和生态系统退化的问题；而且还包括充分发挥规划、政策的规范、作用、导向作用和协调作用，在符合生态准则的前提下，统筹考虑县（市）域复合生态空间形态结构重构与功能提升过程，优化调控复合生态空间发展方向、规模和时序，推进县（市）域内自然、生态、经济、社会、政治、文化的协调发展。

县（市）域复合生态空间发展数字平台建设

第一节 软件（设备）平台构建

复合生态空间规划可使用的 3S 软件（设备）平台主要如下。

（1）RS 软件：ENVI（美国 Research System INC 公司）、ERDAS Imagine（美国 ERDAS LLC 公司）、PCI Geomatica（加拿大 PCI 公司）、IRSA（国家遥感应用技术研究中心）、SAR INFORS（中国林业科学院与北京大学遥感与地理信息系统研究所）、CASM ImageInfo（中国测绘科学研究院与四维公司）等；

（2）GPS 设备：GPS 卫星接收机类型繁多，根据型号分为全站型、集成型、定时型、测地型和手持型；

（3）GIS 软件：ArcGIS（美国 ESRI 公司）、MapInfo（美国 MapInfo 公司）、SuperMap（北京超图股份有限公司）、MapGIS（武汉中地数码集团）等。

本书综合考虑了软件的易用性、稳定性、通用性、功能丰富性等因素，在复合生态空间规划中推荐使用 ERDAS Imagine+手持 GPS+ArcGIS 的软件组合。

利用现有成熟的地理信息系统平台，通过集成县（市）域基础地理空间数据和生态空间战略规划成果，形成数据存储、加工、维护与规划成果应用的信息系统。数字化平台由空间数据库、通信设备、客户端软件和管理人员四部分组成，主要进行基础数据管理、规划成果管理、建设项目审查和辅助规划决策。

第二节 基础数据归一化管理

县（市）域在发展过程中，由于自身的发展需求，积累了大量的数据，即不同用途、不同尺度、不同比例尺的数据，其中包括基础地理信息数据、专业地理信息数据及各种人文历史数据等。

根据数据的逻辑关系，数字化平台采用树状结构方式进行数据组织和维护。利用数字化平台中的空间数据库存储与规划相关的行政区划、地形、RS影像、道路交通、土地利用、林业、矿产、现有规划等空间数据，利用客户端软件查询、统计、修改、更新和维护数据。空间数据库存储在服务器中，具有唯一性和高保密性，客户端软件通过局域网访问，实现数据资源的高度共享及应用。

第三节　共平台研讨与规划

在内部讨论和评审时，规划方案一般是将图纸挂在墙上，再播放幻灯片进行讲解，这种表达方式的优点是方便、直观，一些修改意见可以直接在图纸上表达出来，缺点是不能和其他图纸进行关联、叠加，无法判断与其他规划对象之间的空间关系。数字规划系统能在同一个坐标系统下快速调用已经收集的基础地理信息数据、建设现状数据和相关规划数据，既起到了数据综合集成管理的作用，又能使各类数据很好地被参照和利用，另外，该系统还具有强大、便捷的绘图编辑功能。基于这些特点，规划支持系统可以直接用于规划方案汇报和方案研讨中，它类似于一种"草图"软件，在方案研讨时可快速进行勾画，表达规划师的意图。

其中，规划方案同平台主要是将不同方案成果导入空间数据管理系统中统一管理；方案意见同平台是在方案内部评审过程中，将方案评价意见统一存储在管理系统中，项目负责人汇总方案意见；规划成果同平台则是在城乡规划空间数据管理系统中制作图纸成果。

第四节　规划成果管理

传统的规划设计成果仅以装订精美的图纸、文本提供给甲方，许多宝贵的空间数据被"固化"在纸张上，规划管理部门如果要建立基于 GIS 的管理系统，还必须花大量的人力、物力重新进行数字化工作，这也许就是规划行业信息化落后的关键所在。生态规划支持系统既是空间数据管理系统，又是辅助设计软件，也是规划项目成果。

一　生态资源环境管理

资源环境管理的内容包括资源环境状况、动态监测、环境保护与利用的合理性评估、环境管理监督、环境治理和环境跟踪等多个方面。环境保护离不开环境数据的采集、处理和管理。由于资源环境的时间和空间的不均匀性和大部分环境信息与空间地理位置有关，所以利用地理信息系统对资源环境进行管理是十分有效的办法。国内 GIS 应用于资源环境管理有着许多非常成功的经验，例如，林业部门已经建立了林业资源地理信息系统、湿地资源地理信息系统，农业部门建立了草原生态监测地理信息系统、土壤污染防治地理信息系统等。这些信息化管理手段在资源环境管理方面发挥了重要作用。

在县（市）域复合生态空间的生态环境管理方面，我们可以利用地理信息系统方便地获取、存储、管理和显示各种环境信息，还可以对县（市）域的生态环境进行有效的监测、模拟、分析和评价，地理信息系统为生态环境保护提供全面、及时、准确的信息服务和技术支持。

二 空间数据管理

1. 基础地理空间数据管理

县（市）域复合生态空间基础地理数据包括如 1∶50 000、1∶10 000、1∶1000 多种不同比例的数字线划图、栅格地形图和高精度的 RS 影像图片等，规划管理过程中常常对这些基础数据进行查找、显示、拼接等操作，十分不便。并且这些数据涉密程度高，稍不注意就有可能造成数据外泄，危害国家安全。生态规划支持系统通过统一格式、统一坐标、权限分配，对县（市）域基础地理信息进行了统一管理，能根据图幅编号、地名、指定的地段查找到相应的地形图，使数据调用变得方便，参照利用程度大大提高。并且通过设置服务器、数据库、应用系统三级权限控制，保障了基础地理数据的安全。

2. 基础资料汇编成果管理

县（市）域复合生态空间规划项目从现状调查开始，需要花费大量的人力和财力调查、收集相关行业现状数据、各部门的勘测、城乡建设现状数据等，这些数据是规划管理过程中必要的参照，需要进行统一管理。如果仅仅是编辑成基础资料汇编的图册和文本，大量宝贵的空间数据最终被编辑成基础资料汇编而被"固化"，这些数据很可能在规划结束后被丢失或者弃用。

3. 规划成果管理

县（市）域复合生态空间地域广阔，规划层次性多，专项类别多，相应的规划成果也越来越多。各种类各层次的规划基于地域的整体性应该有内在联系，在规划实施过程中应该相互参照。然而，不仅各行业、各部门的规划没有相互参照，就是城乡规划部门的各层次、各地域的规划也没有进行统一管理，许多成果分散在多台计算机里甚至散在档案柜里，参照、利用率极低。生态规划支持系统提供的空间数据管理功能，有效地将规划、国土、环保、交通、水利、旅游、地矿、民政等部门编制的规划成果进行综合集成，所有规划图形成果按统一的地理坐标系存取，可分地段、分层次、分种类地查询规划图及相应的属性值，同一地段的各种规划内容能相互叠加、参照显示等，为规划管理过程中作为其他成果的参考提供了途径。

三 生态空间管制分区界线定位

生态空间管制分区是县（市）域复合生态空间保护和利用的重要依据，其分区界线是县（市）域复合生态空间专业规划、下层次建设规划、用地选择与产业布局的重要控制线。但生态空间管制分区依然只是一张图，由政府官员掌握着，对于处在县（市）域中生态保护意识不强的老百姓和企业来讲，生态空间管制界线实际上是模糊的，人们并不清楚哪些地段是严格保护的，哪些地段是控制保护的。为了增加生态空间管制的强制性，明确其清晰的地理界线，应该对县（市）域复合生态空间展开全面踏勘、放线，将生态空间管理界线划定在具体的地理位置上，并在一些特征点和拐点位置设置桩柱，做出明显的标识。

面对广阔的县（市）域，范围界定是一项浩大的工程，如果采用专业的测绘队进行测量、放线，将会大大增加工作的难度和工作量。考虑到生态空间管制界线的精度要求不高，可采用生态规划支持系统到现场辅助测量、定位和放线，具体步骤如下。

1. 资料与设备的准备

涉及的空间数据主要是县（市）域复合生态空间管制分区图和 1∶10 000 数字线划图，要求数据为矢量化格式，空间管制分区是放线的蓝本，数字线划图可以在现场辅助定位。定位设备则可以采用掌上电脑（PDA）或普通笔记本电脑。

2. 实地踏勘

采用普通笔记本电脑，操作方便，不需要额外开支。笔记本电脑安装生态规划支持系统，装备好相关数据，并可以驾车进入规划区域，进行踏勘和界线定位。生态规划支持系统的 GPS 模块可以提供导航定位功能，能实时显示当前所在位置，根据提示信息可以找到空间管制分区边界。对于界线穿越河流、山脊等便于驾车或步行的地段，可以通过调用 1∶10 000 数字线划图进行核对，根据地形地貌和地理标识来进行定位。定位点都要设置桩柱进行标识，所有桩柱经过统一编号，进入系统。

四　建设项目管理

县（市）域复合生态空间内有大量已批用地、已批项目、已办用地手续项目及已开工建设项目，这些项目由政府审批、管理。如果执行违法、违规、不符合功能定位和产业门槛的项目，将会对生态保护构成严重威胁。通过利用生态规划支持系统可以对所有项目进行一次清查，并将项目落实在空间管制分区图上，分门别类地进行管理。

1. 已批用地管理

对原已审批但未按规定办理土地出让手续的项目，注销其用地批文，重新安排用地，并且对取得土地后满 2 年未动工建设的已批用地，依照闲置土地处置政策依法进行处置。

2. 已批项目管理

依据功能定位，经生态环境评估合格后才能容许建设，否则强制要求项目升级。

3. 已办用地手续项目管理

对已按规定完善用地手续但未按合同约定缴纳土地出让金的项目，依法解除土地使用权出让合同，收回土地使用权；对已取得土地使用权，经认定属于闲置土地且闲置已超过 2 年的项目，一律收回土地使用权。

4. 已开工建设项目管理

依据国家产业政策、土地供应政策、总体规划、市场准入标准、投资强度、功能定位和产业准入门槛，全面评价已开工的建设项目，对不符合要求的项目进行整改，并鼓励其转型。

5. 新引进项目管理

在引进新项目的同时，提高项目准入的生态门槛、环境门槛、节能门槛、产业门槛和投资强度。

五　跟踪建设现状

县（市）域复合生态空间规划是对建设的一种引导、一种有限的约束，建设项目最终选址定位可能会偏离规划，建设项目在时空上也是随机、离散的。规划行业缺少及时更新建设现状的机制与技术手段，往往造成决策失误或建设数据丢失，仅凭一堆 CAD 图纸和文本无法实现城乡建设的数字化、精细化、规范化管理。生态规划支持系统中设置有项目用地红线、道路红线、市政设施和建筑物等图层，提供数据的实时更新功能，各管理子机构、部门，可以在统一的平台上对建设现状数据进行更新。规划管理工作中的用地征用、道路红线划定、市政设施建设、住宅小区、公共建筑及村民建房等业务审批都可以落实到相应的图层，动态地保持城乡建设图库的现势性，使决策层能实时地掌握建设现状。

建设现状跟踪过程基于"以图管地""以图管项目"的思想，在系统中能够方便地调用 GIS 功能进行相关处理。在规划管理工作中，不仅要处理大量的建设项目用地属性数据，还要调用建设项目用地的图形信息（如土地利用现状图、土地利用规划图、道路红线图、宗地红线图等）。生态规划支持系统基于 GIS 平台，很好地解决了图形与属性的联系，并且通过将空间图形对象与管理业务挂钩，可实现图形、项目交互查询统计。

六 共平台管理与决策

1. 规划成果管理

规划成果以电子文档和图片形式存储在服务器文件系统中，通过局域网共享。在客户端软件中，通过对规划成果图片赋值坐标信息，实现规划成果与基础地理空间数据的集成与空间叠合。

2. 建设项目审查

在数字化平台中输入建设项目红线范围或红线拐点坐标信息，将红线范围与规划用地范围进行空间叠加，根据建设项目性质判断项目是否符合规划。

3. 辅助规划决策

基于信息化平台的海量空间数据和强大空间分析功能，通过计算规划方案的工程量、环境影响程度、预期成效、是否符合法律法规等指标，进行规划方案比选和规划方案评估，选择最优方案实现规划决策。

第五节 本 章 小 结

复合生态空间规划的目的是建立健康、合理、均衡发展的复合生态空间，在复合生态空间规划理论研究方面，对其核心总体框架、内容和方法技术体系进行了研究，复合生态空间规划理论是付诸实践的基础理论。在复合生态空间规划的技术体系中，3S 技术无疑是最重要的支撑技术，本章在生态学、城乡规划、数字城市等理论的指导下，采用问题与目标双重导向的系统工程方法对县（市）域的生态规划方法与技术展开研究，得到了可复制、可推广的技术理论体系。

县（市）域复合生态空间是一个自然与社会耦合的复杂系统，其规划需要协调人与自然的关系、社会各利益集团的关系、近期与长远的发展关系、局部与整体的关系。以规划设计人员为主体的工程设计方法完全不能胜任解决如此复杂规划问题的重任，本章通过应用研究得知，钱学森所倡导的"从定性到定量综合集成研讨厅"方法非常适合用来解决复杂的规划问题。该方法有效地综合集成规划专家、行业专家、决策集体、开发商的意愿与知识，集成各相关方面的数据与规划方案，集成适用的计算机信息技术，通过各种形式的研讨从而达成较好的规划成果。采用国内先进的地理信息系统 SuperMap GIS 为二次开发平台，集成 GPS、RS 等技术开发了生态规划支持系统，并基于该系统建立县（市）域复合生态系统空间数据库，以辅助规划管理与城乡规划信息化建设。生态规划支持系统在规划过程中发挥了重要作用，对规划现状调研、数据管理、综合分析、辅助方案设计、规划成果管理等方面都进行了强大的支持，提高了规划项目的科学性、创新性和规划工作的效率。总而言之，现代计算机信息技术特别是网络、3S 技术，以及移动终端和平板电脑设备都非常适合装备规划设计机构。

第七章　县（市）域复合生态空间发展保障

从本质上而言，县（市）域复合生态空间发展是对县（市）域空间各种资源要素进行优化配置的过程，在此过程中，必然会触及不同层面、多个主体的根本利益。县（市）域复合生态空间发展的推进需要一套符合中国国情的政策保障体系。

第一节　法律保障

土地要素和人口要素是县（市）域复合生态空间发展的关键要素，国家层面上的土地管理、户籍管理和社会保障等相关政策对这两个要素的空间流动有着重要影响。

在土地管理方面，现行的土地政策在一定程度上制约了城乡土地要素的自由流动和优化配置，阻碍了县（市）域复合生态空间发展的进程。因此，需要对现行土地政策进行调整，树立以"市场""确权""有序"和"集约"为改革的基本方向。根据国家的相关法律法规，解决农村土地所属权不清问题、科学引导农用地流转、改革土地征收制度、构建城乡统一的建设用地市场、完善城乡建设用地增减挂钩政策、加强节约集约用地制度建设等问题。

在户籍管理方面，根据《国家新型城镇化规划（2014—2020年）》的颁布，以及国务院印发《关于进一步推进户籍制度改革的意见》，明确提出全面放开建制镇和小城市落户限制，逐步有序地放开中等城市落户限制，科学合理地确定大城市落户条件，严格控制特大城市人口规模，实行区别化的户籍管理制度。这次具有重要意义的改革将对推进乡村人口城镇化产生积极影响。在此基础上，县（市）域未来户籍制度优化的大方向是：一是彻底取消农业人口和非农业人口性质区分，全面实行城乡统一的户口登记制度；二是实行动态的户籍管理，坚持户随人转、就地登记的基本原则，只要有稳定职业、稳住住所、居住时间在半年以上的都应该实行就地户口登记；三是回归户籍管理的根本功能，避免和消除在户籍关系上的不合理权益功能，使全体公民具有平等的身份地位，享受平等的公共服务；四是保障公民享有居住和迁移自由的权利，最终全面取消户籍对城乡人口自由流动的限制。

在社会保障方面，中国社会保障体系是基于城乡社会经济分割的城乡二元社会保障体系，而城乡二元社会保障体系严重影响到城乡人口的流动，如农民工难以完全成为城镇人口、依附在农民工身上的十分重要的土地保障难以实现公平合理的价值转化、城乡教育等公共服务水平差异大等问题。因此，需要构建城乡统一的社会保障制度，把人人享有的基本生活保障作为优先目标，在城乡基本公共服务均等条件下，通过制度上的"并轨"和"整合"措施，全面将城乡居民纳入社会保障范围，最终实现城乡统一的社会保障制度。

同时，科学的空间管理必须依靠政策、法律与制度作为可靠保障。必须加强法制建设，建议各省级人民政府出台关于实施《某某省县（市）域复合生态空间规划的意见》，或者各省人大制定《某某省县市域复合生态空间规划条例》。加快建立生态文明制度，健全县（市）域空间合理开发、资源节约、生态环境保护的体制机制，推动形成人与自然和谐发展的现代化建设新格局。

因此，我国应研究制定具有县（市）域复合生态空间发展战略规划和管理特色的法规和规章，构建系统完备、科学规范、运行有效的制度体系，指导和规范县（市）域复合生态空间发展，充分发挥现有政策的调控和引导作用，有效整合各类政策，消除政策壁垒。

第二节 机 制 保 障

体制与机制创新是县（市）域复合生态空间发展及其战略规划推进的有效保障，必须立足县（市）域复合生态空间发展的现实特征与主要问题，构建推进各省县（市）域复合生态空间发展及其战略规划和管理的体制与机制。

一 协同推进综合配套改革

以县（市）域复合生态空间发展战略规划为统领，整合县（市）域各类规划，使其协同规划、共同发展。协调县（市）域内国家利益与区域利益、县（市）人民政府及其下属各级政府与各部门、其他利益集团及公众等相关人员的利益博弈关系。大力推进县（市）人民政府各部门之间、各级政府之间，以及政府与公众、其他利益集团和公众之间的联动，形成多层共进的推进机制。

坚持综合研究和战略谋划。相关各部门在县（市）人民政府的统一领导下广泛合作，协同研究县（市）域复合生态空间发展中的重大战略问题，全面整合县（市）域社会经济发展各领域的规划过程，建立协调的规划工作机制。

建议制定县（市）域复合生态空间战略规划编制管理办法，明确规定其法律地位、规划性质、体系、内容、功能、时间、编制程序、编制主体、审批、颁布、实施、评估、调整，以及与上位规划、下位规划之间的关系等。

避免传统体制下关注局部、做亮点、出政绩工程的表面行为，始终坚持整体推进，在宏观层面上对县（市）域生态、经济、社会、文化、管理等多个领域进行空间统一谋划、资源统一配置、政策统一制定、管理统一架构、标准统一设立、生态统一保育，将乡镇规划、部门专业专项规划、技术规划、空间规划有效转变为相互协调的全局性公共政策，确保县（市）域内城镇生态空间、农业生态空间、设施生态空间和自然生态空间等区域，以及经济、社会、政治、文化等领域整体协调推进。

从经济、社会、政治、文化与生态五个方面集成创新，统一协调包括土地利用、产业准入、项目投资、人口流动、环境保护与管制、财政保障、金融支持、税收减免、价格杠杆等方面的相关政策，着力解决深层次问题，全面推进经济社会与自然生态和谐包容发展。

统筹协调好政府与市场的关系。充分发挥政府在重点发展区域、主要协调区域、公共服务等方面的政策指引作用，加大财政投入，拓宽融资渠道，促进企业与社会投资；充分发挥市场在生产资源、要素合理配置等方面更为积极的主导作用。

协同推进县（市）域内城乡基础设施、公共服务设施、生态格局的建设和完善，形成网络化城乡基础设施体系、均等化公共服务设施布局、高安全的生态格局。

争取各类积极的、创新的鼓励支持政策，结合各类空间单元的控制范围和类型，创新或者完善相应的发展调控机制和手段（如人口迁移补偿机制、生态补偿机制、产业发展机制、生态基础设施建设机制、财税调控机制、价格调控机制），建立完善的法律、行政、经济等各方面的保障机制，确保战略规划及其管理顺利实施。

二　重建政绩考核体系

长期以来，地方发展政绩评估指标主要围绕着 GDP 增速、投资规模和财政税收等指标，这种评估体系偏重经济数量和增长速度，忽视生态效益的单一考核体系，造成地方发展唯 GDP 主导的发展模式。相比之下，节能减排、环境保护、生态建设、基本公共服务均等化、收入增长等更能反映民生问题的指标长期被忽视。国家发展和改革委员会正在计划按照对不同区域的主体功能定位，修改目前地方政府绩效考核的具体指标，实施差别化的评价考核。

受到上述启发并认真学习党的十八大关于生态文明建设的精神之后，笔者提供一种创新性思路，将资源消耗、环境损害、生态效益等纳入社会经济发展评价体系，构建明确生态文明目标、体现生态文明要求的县（市）人民政府政绩考核目标体系、考核办法、奖惩机制。

依据县（市）域复合生态空间内不同的空间单元（即城镇生态空间、农业生态空间、设施生态空间及自然生态空间）及其主体功能、生态承载能力、发展基础和发展潜力，实施差别化考核；对于不同的空间单元所属的不同子空间亦如此。沿循县（市）域复合生态空间—生态空间单元—生态空间子单元，构建操作性较强的三级考核体系。

城镇生态空间侧重评价 GDP 增长指标、产业结构、教育质量、城镇化率、吸纳人口就业等方面。

农业生态空间的农产品主产区将实施农业发展优先和生态保护第一的政绩考核方式，生产总值和工业等指标则放在非常次要的位置上；重点加强对农业产业结构调整、科技创新、生态资源复合利用和生态环境保护的评价。农村居民点对照新农村建设考核标准，重点考核基础设施达标与公共服务设施均等化布局等方面。

设施生态空间重点考核生态环境保护、交通廊道畅通及保障充分、水系防洪与航运等方面，弱化 GDP、工业化、城镇化等相关指标。

自然生态空间坚持生态保护优先原则，进行全面的生态评价，内容涉及自然文化资源、生态原真性和完整性的保护方面，对于这一方面，可以不考核GDP、人均收入增长等指标，应配套考核生态补偿、移民搬迁补偿、生态风险预防与预警等。

三　建立健全公众参与程序

积极引导政府各部门、社会各类机构及公众个体参与县（市）域复合生态空间发展战略规划的制定与实施，参与县（市）域复合生态空间发展过程。依照政企分开、政事分开、政资分开及政府与中介组织分开的原则，合理界定政府职责范围，适当发挥市场在资源配置中的基础性作用，鼓励公民和社会组织参与公共事务管理，让政府、市场、企业和中介组织各司其职、各负其责。推进开放型政府建设,通过政府部门和开发行动负责单位与公众之间的双向交流，使公众们能参加决策过程并且防止和化解公众及政府机构与开发单位之间、公众与公众之间的冲突。

在立法、政府决策、公共管理及基层治理等方面，界定公众参与范围，公布信息公开的范围及其具体内容，采取调查公众意见、咨询专家意见、座谈会、论证会、听证会等形式，不仅公开征求公众意见，而且及时汲取合理意见、解释并说服难以实现的观点。通过政府、市场与公众自愿协商，实现合理的生态补偿、移民搬迁补偿、土地征收补偿，从而为县（市）域复合生态空间的可持续发展创造良好的发展氛围。

第三节　技术保障

建议在现有数字化管理成果的基础上，整合、数字化并归一化县（市）域内所有空间信息及其相关的属性信息，开发基于 GIS 技术的县（市）域复合生态空间发展管理平台。在这个平台上，可将县（市）域复合生态空间作为一个整体，实行"一张图"规划、"一张图"管理、"一张图"决策，科学规范人类活动行为。规划部门深度参与，联合编制各专业领域发展规划，做到"横到边""纵到底"，实现县（市）域的一体化规划、精细化规划、精细化管理。强化功能片区规划理念，统筹城镇、产业、居住、生态布局，构建"一张图"的县（市）域复合生态空间，建立梯次衔接、功能配套、以大带小、节约土地的网络化、组团式空间结构体系，形成以各类现代农业园区、产业集聚区、城市综合体等为支撑的产业布局体系，促进空间拓展、产业集聚、人口集中、资源节约、生态优化。

全面推进电子政务建设。推进权力阳光运行机制，打造"网下中心"与"网上中心"相结合的新型政府综合服务平台，促进政府管理的公开、便民、廉洁、高效。深化行政审批制度改革。继续推动行政机关内部行政许可职能整合与集中改革，完善并联审批、网上审批、三级服务体系建设，进一步拓展网上预审事项，并加快与市级网络对接，形成"一网式"的审批服务系统，实现"行政管理"向"公共管理"转变。加快非行政许可审批事项规范清理，进一步简化审批环节，提高审批效率。

第四节　管理保障

一　加强组织领导，明确管理主体

建议县（市）人民政府成立一个新型的宏观决策咨询机构，可暂命名为县

（市）域空间发展（规划）与管理委员会，较适合挂靠在县（市）发展和改革委员会（或局），实现以发展和改革委员会为主，城乡规划与建设、国土、交通、环保、水利、电力通信、农业、林业、自然保护区、风景园林、地质地震、能源、财政等部门为核心成员，形成统一协调、分级有序、保障有力的规划管理组织机构体系。完善管理职能配置，强化其统筹、组织、协调、服务等职能。县（市）域空间发展（规划）与管理委员会负责规划实施的组织、领导和协调工作，明确工作分工，落实工作责任，完善工作机制，全面推进规划实施，并协调解决实施中遇到的各种难题，着重解决县（市）域复合生态空间发展及其战略规划中的具体的重大问题。

二 明确职责分工，厘定管理对象

打破部门之间、乡镇之间的分隔与壁垒，按照复合生态空间四类空间单元的控制导引，合理确定县（市）域一体化发展蓝图，构建起各级政府、各部门开展统筹全域发展工作的基础合作框架。以县（市）域复合生态空间发展战略规划为总架构，"一张图"统领全局，县市各部门、下辖各乡镇再展开各自工作，共同推进县（市）域复合生态空间统筹发展的进程。

三 促进空间发展管理一体化

以有利于促进县（市）域城乡一体化、经济建设一体化、生态保护与建设一体化，以及提高空间发展整体管理效率、调动各方积极性为目标，打破县（市）域内行政区划限制，积极探索以复合生态空间单元为对象的空间发展管理新体制，率先在县（市）域范围内实现空间管理一体化。

第五节　政　策　保　障

一 空间政策

通过基础设施建设诱导空间结构重组，主要针对县（市）域复合生态空间内不同的空间单元（即城镇生态空间、农业生态空间、设施生态空间及自然生态空间）。政府通过基础设施（主要是交通设施）的建设、开发、引导实现土地的增值，引导空间发展方向。

二 产业政策

该政策主要通过政府的投资、经济补贴、诱导资金、基金、减免税收等方式，来保障县（市）域复合生态空间结构重组的实现。在计划经济体制下，产业政策主要是通过对国家资金的区域分配来直接控制县（市）域体系的空间结构。随着我国经济体制转型的进一步深入，政府不再直接干预企业的生产活动，因此，相应的产业政策也变成了政府间接调控的手段之一。例如，开发区建设，政府可以在前期对开发区进行基本建设，制定优惠政策，引导产业向开发区集聚，从而调整县（市）域复合生态空间结构。

三 生态政策

生态政策则主要是针对复合生态空间开发规划和建设而设立的一道"生态门槛"。在该政策中，对区域内具有重要生态效益的地域应制定重点保护和严禁开发的管理政策，以利于区域的可持续发展。简而言之，就是要划定生态保育区、生态重建区和生态过渡区等区域，并根据不同的区域类型分别制定各生态区的开发控制政策。

四 行政政策

行政政策主要分为两个方面，第一个方面是成立专门的管理机构，该机构主要对空间结构调整及相关政策的制定进行管理；第二个方面则是通过行政区划的调整，以保证具有同一发展方向的地域由同一个行政主管部门调控。

第六节 优化措施

在城乡统筹发展的视角下，为提升乡镇能级和产业发展水平，以更好支撑县（市）域农村居民点的发展，本书提出扩权强制、农业示范园建设、农村社区化实施等三大优化措施，从体制机制方面保证县（市）域农村居民点布局优化。

一 扩权强制措施

（1）推进改革城乡管理条块分割的城乡二元结构，管理体制条块结合，以块为主。建设和发展中心功能镇，推行"扩权强镇"建设，周边其他乡镇如"确需、合理、条件具备"，也可积极跟进。

（2）管理体制机制改革。突出中心功能镇公共服务和社会管理职能，实施县级管理重心下移，对县级经济社会管理权限"依法下放、能放则放"。按照"统一管理、乡镇运作、部门指导"原则，在中心镇优化内设机构，同时设立便民服务中心、城镇综合执法中心、社会保障服务中心等具有县级管理权限的分支机构和基层站所。

（3）生产要素倾斜。创新建设用地制度，根据县（市）域现状，积极推进乡镇以"农地入市""宅基地置换"，开展城镇建设用地增加与农村建设用地减少相挂钩，并给予中心镇指标扶持；中心镇建设用地指标重点满足基础设施、公共服务设施项目需要；每年安排一定数量的经营性土地指标，用于土地出让，保障城镇建设资金需要。

二　农业示范园建设措施

（1）适当下放县（市）域农业经济管理权限，通过设置农办派驻机构进行管理，包括乡镇级土地流转服务法人机构、农业科技服务站、社会保障服务中心。

（2）集体土地流转二级市场，通过乡镇农业管理部门实行统一管理，对集体土地实现统一集中、统一租赁，并由土地流转服务法人机构进行信托担保，便于城镇化、社区化和土地流转的顺利实施。

（3）由农业科技服务站对农民进行定期培训。参加土地流转的农民社保与劳动保障由企业负责，由社会保障服务中心负责监督和协调。在现有的专业合作组织的基础上，以土地流转吸引龙头企业。

（4）乡镇政府负责监督农业派驻机构，其主要领导干部的任免必须征求镇党委的书面意见。派驻机构必须有农民代表参与，并有一票否决权。

三　农村社区化实施措施

1. 一村一社和多村一社建设导引

按农村现状条件，实施一村一社或多村一社调控手段，处于禁止建设区范围内地质灾害发区的居民点采取多村一社手段进行迁并集中；对现状条件较好、人口较多的村庄，采取一村一社手段。具体工作由县（市）城乡统筹工作办公室协调，由县（市）房产局和各乡镇负责实施。

2. 农村社区化与就地城镇化措施

由县（市）城乡统筹工作办公室协调，乡镇牵头，由乡镇建设与管理相关部门负责实施农村社区化与就地城镇化工程。乡镇负责土地平整、水电气配套、院落及建筑风貌导引，农民负责自建房屋，县（市）房产局负责颁发产权证。引导农民自发建设社区，就近城镇化和就地市民化。

在农村社区建设过程中，应严格执行审批程序，建房选址、朝向、建筑风格、色调等必须符合村镇规划要求；落实一户一宅，已有宅基地的，在申请新宅基地时必须将原宅基地退还给集体；引导适度集中，按照"有利生产生活、相对适度集中、办点示范推广"原则，根据规划要求，统一选址，统一风格，统一建房，统一基础设施，统一绿化标准。

3. 项目制与一事一议

在社区建设过程中，涉农资金以项目制形式，严格执行一事一议，争取国家、省资金支持，县国土局、水利局、林业局、建设局、农业局等各相关部门做好配套服务。

第七节　本章小结

在改革开放后的 30 多年里，我国的城镇体系规划研究之所以取得如此丰硕的成果，并在实际运用中获得较大的成功，是与我国的社会经济体制和县（市）域空间发展保障制度密切相关的。随着世界经济全球化的发展，我国城乡规划指标体系进一步深入，现有城镇体系规划的指导理论、框架内容和发展方向都面临着革新。

县（市）域复合生态空间内建设和发展离不开政府和公共政策的引导和支持。在国家层面上，土地管理、户籍管理、社会保障等公共政策的实施也影响土地要素、人口要素的流动和配置，因此在法律保障、机制保障、技术保障、管理保障和政策保障的基础上，本章提出了优化措施。本章分析这些政策对县（市）域复合生态空间发展产生的影响，并有针对性地提出了从国家层面优化这些公共政策的基本思路。县（市）人民政府是统筹镇村协调发展的主体，应着眼于县级行政管理体系的特点，提出构建县（市）域乡镇土地开发利用协同管理机制，共同推进县（市）域复合生态空间发展方案的落实。

第八章　实例研究：安仁县复合生态空间战略规划

第一节　规划背景

一　生态文明与新型城镇化

（一）生态文明建设

党的十八大作出"大力推进生态文明建设"的战略决策，其中提出"建设生态文明，是关系人民福祉、关乎民族未来的长远大计。面对资源约束趋紧、环境污染严重、生态系统退化的严峻形势，必须树立尊重自然、顺应自然、保护自然的生态文明理念，把生态文明建设放在突出地位，融入经济建设、政治建设、文化建设、社会建设各方面和全过程，努力建设美丽中国，实现中华民族永续发展"，"坚持节约资源和保护环境的基本国策，坚持节约优先、保护优先、自然恢复为主的方针，着力推进绿色发展、循环发展、低碳发展，形成节约资源和保护环境的空间格局、产业结构、生产方式及生活方式，从源头上扭转生态环境恶化趋势，为人民创造良好生产生活环境，为全球生态安全做出贡献"，达成了"经济建设是根本，政治建设是保障，文化建设是灵魂，社会建设是条件，生态文明建设是基础"的共识。"生态文明"建设的提出对城镇建设理念产生了积极影响，扭转了贪大求快的城镇化势头，明确了以生态为导向的城镇化建设的新思路。

（二）国家新型城镇化规划

新型城镇化是以城乡统筹、城乡一体、产城互动、节约集约、生态宜居、和谐发展为基本特征的城镇化，是大中小城市、小城镇、新型农村社区协调发展、互促共进的城镇化。新型城镇化的"新"，是指观念更新、体制革新、技术创新和文化复新，是新型工业化、区域城镇化、社会信息化和农业现代化的生态发育过程。"型"指转型，包括产业经济、城市交通、建设用地等方面的转型，环境保护也要从末端治理向"污染防治-清洁生产-生态产业-生态基础设施-生态政区"五同步的生态文明建设转型。其核心在于不以牺牲农业和粮食、生态和环境为代价，着眼农民，涵盖农村，实现城乡基础设施一体化和公共服务均等化发展，促进经济社会发展，实现共同富裕，让城镇建设体现尊重自然、顺应自然、天人合一的理念，依托现有山水脉络等独特风光，让城市融入大自然，让居民"望得见山、看得见水、记得住乡愁"。

2014 年，中共中央、国务院印发了《国家新型城镇化规划（2014—2020年）》，按照建设中国特色社会主义"五位一体"的总体布局，顺应发展规律，因势利导，趋利避害，积极、稳妥、扎实、有序地推进城镇化发展，努力走出一条以人为本、四化同步、优化布局、生态文明、文化传承的中国特色新型城镇化道路，对建设健康的、可持续发展的中国特色现代化城镇体系具有重大意义。

二 "全域城乡规划"与主体功能区规划的兴起

（一）"全域城乡规划"的兴起

"全域城乡规划"是以行政边界为规划区界限并着重解决区域内城乡发展问题的规划统称。《城市规划法》向《城乡规划法》的演变标志着城市规划界正式步入了"城乡规划"时代，"城乡统筹"正式成为城市与乡村发展的纲领性思想。各种以"城乡统筹"为名或以城乡统筹为首要目标的县域、市域甚至省域的"全域城乡规划"实践在全国许多地区陆续出现。

（二）主体功能区规划的兴起

2010 年年底，国家印发了《全国主体功能区规划》；2012 年年底，《湖南省主体功能区规划》获批。《湖南省主体功能区规划》是全国首批发布的省级主体功能区规划之一。该规划确立了湖南省未来国土空间开发的三大战略格局，并在对湖南省国土空间进行综合评价的基础上，以县级行政区为基本单元，将全省县市区划分为重点开发区、农产品主产区、重点生态功能区三类主体功能区，从而确立了城市建设、农业生产与生态保护并举的国土空间开发战略。

三 建设"四化两型""四个湖南"主旋律

为了深入贯彻党中央关于建设生态文明和关于加快转变经济发展方式的重大战略部署，大力推进"两型社会"建设，全面开创湖南省科学发展与富民强省新局面，湖南省委省政府于 2010 年 8 月下发了《关于加快经济发展方式转变推进"两型社会"建设的决定》，就湖南省加快经济发展方式转变，推进"两型社会"建设做出了全面部署。这是在新的起点上进一步开创湖南省科学发展、富民强省新局面的纲领性文件，它要求坚持以人为本、又好又快、"两型"（即资源节约型、环境友好型）引领、"四化"（即新型工业化、新型城镇化、农业现代化、信息化）带动、改革创新、分类指导，在省域和县（市）域内实现节能、节地、节水、节材，走出一条符合湖南省发展实际的科学发展之路。

因此，要求以县（市）域空间利用为出发点，从确保生态安全的角度出发，科学评价县（市）域的生态适宜性、生态安全、生态健康和生态服务价值；着重体现县（市）域空间的合理、高效、可持续利用；确保区域生态安全与可持续发展，探索一条县（市）域生产发展、生活富裕、生态良好的文明发展之路。

四 安仁县经济建设与生态保护协调发展需求

2012 年年底，《湖南省主体功能区规划》获批。国家和省级层面的主体功能区都是从较大空间尺度出发，一般包括几个或十几个县级行政单位，并不是一个完全可以直接操作的规划。所以，县域层面迫切需求对县域空间进行更具体的功能区划分，以落实上层面对县一级的主体功能定位。本次规划中的四大类空间就是对县域主体功能的一种划分形式。

把县（市）域空间称为复合生态空间，并将其划分为四大类，是湖南城市学院 2011 年湖南省软科学研究计划的重点课题"湖南省县（市）域复合生态空间发展战略规划创新研究报告"中提出的，划分的目的是为了在县（市）域层面落实上层次的主体功能区规划。

安仁县是传统的农业大县，经济较为落后。2011 年，国家发展和改革委员会正式批复湖南省设立湘南承接产业转移示范区，安仁县抓住发展机遇，创建了安仁县工业集中区，产业结构不断优化。2014 年，安仁县获评"全国经济转型发展示范县"荣誉称号，经济逐渐步入了快速的发展轨道。

2013 年，安仁县城镇化率为 38.44%，进入诺瑟姆曲线认为的城镇快速发展时期。在这个关键时期，安仁县的生态问题已初露端倪：没有明确划定生态保护红线范围和保护等级，没有针对性的制定保护策略，永乐江沿岸石漠化问题严重，河水源头遭受重金属污染，永乐江镇人地矛盾突出等生态问题都亟待解决。

近几年，安仁县工业的快速发展取得了骄人的成绩，但发展要有长远眼光，既要抓住当前经济大发展的机遇，同时也要保障生态安全，经济建设与生态保护协调发展才能为安仁县的持续发展保驾护航。

第二节 安仁县复合生态空间现状

一 交通分析

安仁县位于湖南省东南部，是郴州市的"北大门"，地处湘江一级支流洣水的中下游，位于113°05′E～113°36′E，26°17′N～26°50′N，与周边八县市毗邻，有"八县通衢"之称。从安仁县的地理位置来看，其区位优势并不明显，它位于郴州市最北端，在郴州市一小时经济圈之外，南与郴州市联系不紧密，交通不便利，向北难以接受长株潭经济圈的辐射作用。

安仁县属湘南承接产业转移示范区和罗霄山片区区域发展与扶贫攻坚区，是长株潭城市群与珠三角地区联系的通道，这为安仁县经济社会的快速发展提供了良好的政策、资金、技术、人才、管理、市场、物流等方面的支持。安仁县的交通条件相对落后，目前还没有国道和高速公路，吉衡铁路于 2014 年 7 月正式运营，该铁路连接京广线与京九线，在安仁县县城北部横穿而过。安仁县应大力进行基础设施建设，加强与周边县市的联系，积极融入"长株潭经济圈"，化边缘为中心（图8-1）。

（a）安仁县在湘南承接产业转移示范区的区位

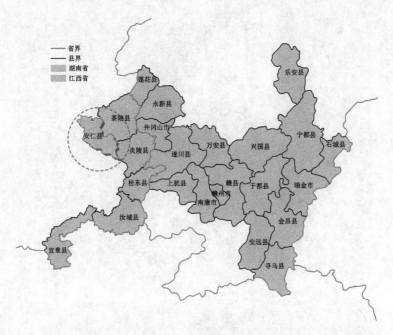

（b）安仁县在罗霄山区域发展与扶贫攻坚区区位

（c）安仁县在长株潭城市群与珠三角地区的区位

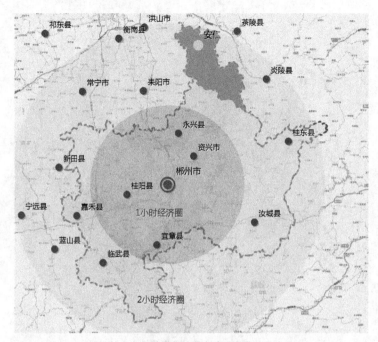

（d）安仁县在郴州市的区位

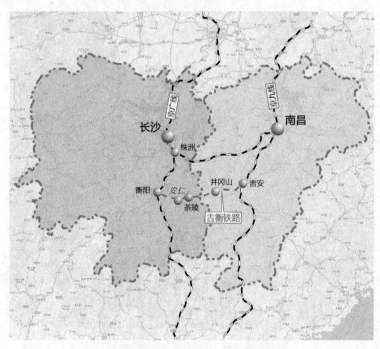

（e）吉衡铁路与京广线、京九线的联系

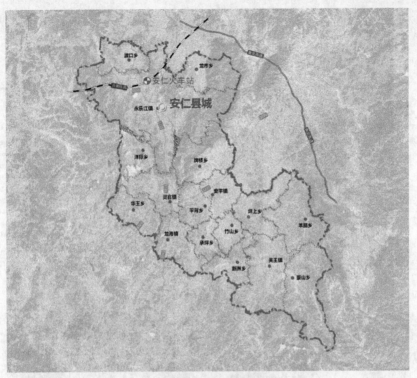

（f）安仁县的主要交通道路

图 8-1　安仁县交通分析图

二 自然地理概况

（一）地形地貌

安仁县处于罗霄山山脉中段，其整体地势自东南向西北倾斜，属半山半丘陵区，万洋山脉蜿蜒于东南部，五峰仙屹立于西部边境，罗霄山脉的茶安岭从东北斜贯县境中部，醴攸盆地从北向南纵跨、茶永盆地从东向西南横跨其间，形成"三山夹两盆"的地貌格局。地貌形态表现出山地、丘陵、平原和岗地比例大体相近的格局（图 8-2）。

（二）气候

安仁县属中亚热带季风湿润气候区，日照强，热量丰富，湿度大，雨量充沛，降水集中，雨热同期，且冬夏长而春秋短，四季气候分明。气候的基本特征是：春暖多变日照少，夏热多涝雨频繁，秋多干旱夜凉爽，冬有霜雪短严寒。

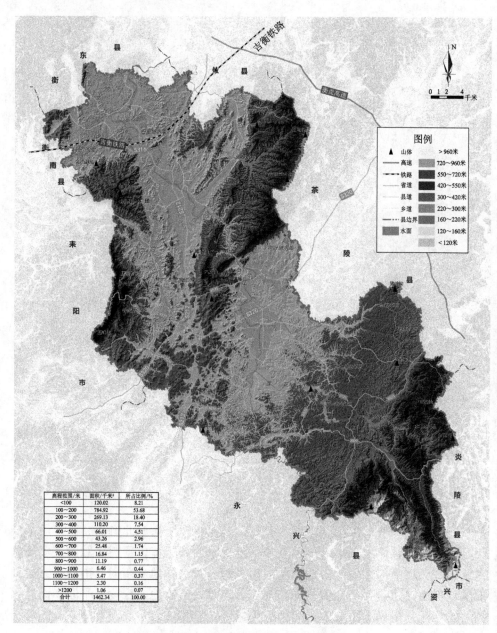

高程范围/米	面积/千米²	所占比例/%
<100	120.02	8.21
100～200	784.92	53.68
200～300	269.13	18.40
300～400	110.20	7.54
400～500	66.01	4.51
500～600	43.26	2.96
600～700	25.48	1.74
700～800	16.84	1.15
800～900	11.19	0.77
900～1000	6.46	0.44
1000～1100	5.47	0.37
1100～1200	2.30	0.16
>1200	1.06	0.07
合计	1462.34	100.00

图 8-2　安仁县地形地貌图（文后附彩图）

（三）水文

　　安仁县河流属湘江流域洣水水系，水系发达，大小支流共 99 条。永乐江由南向北穿越县城全境，沿江两岸有浦阳河、猴子江、莲花江、太平江、潭里江、排山河、宜阳河和白沙河"八大水系"，拥有大源水库、茶安水库等中小型水库100 多座，且水质良好，地表水各项指标均达到 GB3838—2002Ⅲ类标准，地下水达到了 GB/T14848—93Ⅲ类标准。

（四）植被

安仁县属中亚热带常绿阔叶林区，主要植被由壳斗科、木兰科、樟科、杜英科等树种组成。经历常年人为活动，自然条件的变迁，逐步演替为零落的常绿阔叶混交林和马尾松、油茶、杉木、槠栲类为主的针、阔叶林和灌木、草本等天然植被和人工植被。

（五）土壤

安仁县土壤母质分布：从东到西是板页岩、紫色砂砾岩、紫色砂页岩、河流冲积物、紫色砂页岩，板页岩、灰岩相间出现，板岩、花岗岩相伴出现，四纪红土零星分布在沿河较低的岗地上。从地形地貌上看，花岗岩、板页岩分布在低山，紫色砂砾岩分布在高丘，紫色砂页岩分布在低丘，页岩、石灰岩分布在中丘，红色黏土分布在岗地，山间溪谷河流平地是河积物母质。

（六）矿产

安仁县矿产资源品种较多，但蕴藏量有限，目前已发现矿种 34 种。县域金属矿产资源非常贫乏，国民经济所需的大宗矿产只有铁矿形成了工业矿床，但品位低，选矿难度较大。县域非金属矿产相对具有一定的资源优势。例如，红柱石、水泥用灰岩资源储量较大，是安仁县优势矿产，其中红柱石储量占全国总储量的 1/4。

三　经济与人口概况

（一）经济发展概况

安仁县近年来经济增长较快，2013 年全县地区生产总值 60.22 亿元，比上年增长 11.3%（按可比价格计算），其中第一产业增加值 14.95 亿元，比上年增长 3.0%；第二产业增加值 24.05 亿元，比上年增长 12.7%；第三产业增加值 21.22 亿元，比上年增长 13.5%。产业结构得到不断优化，第一、第二、第三产业结构为 24.82：39.93：35.25，与上年相比，第一产业比重下降 3.82 个百分点，第二产业增加 5.16 个百分点，第三产业下降 1.34 个百分点。人均收入以县城最高，安平镇、龙海镇次之（图 8-3）。

（二）人口发展概况

截止到 2013 年，安仁县总人口 43.35 万人，城镇化率为 38.44%，人口密度和人均收入以县城最大，安平镇、龙海镇次之，两个地区分别位于两个盆地的中心地带（图 8-3）。

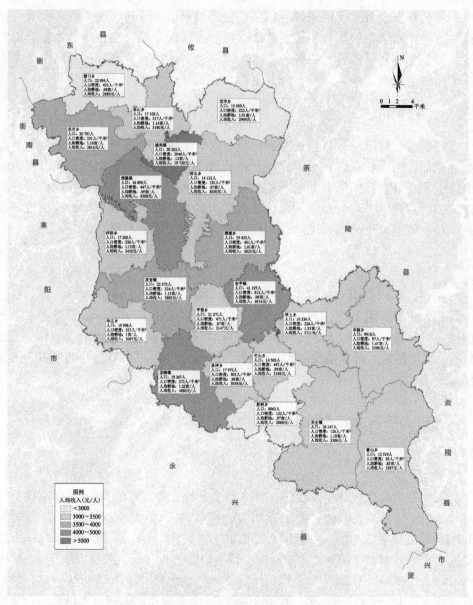

图 8-3　安仁县人口经济分布图（文后附彩图）

四 土地利用现状

安仁县总面积 1462 平方千米，现状主要以林地、耕地和城乡居民点建设用地三类用地为主（表 8-1、图 8-4）。

表 8-1　安仁县县域用地平衡表

	用地名称	用地面积/公顷	占城乡用地比例/%
建设用地	城乡居民点建设用地（H_1）	8 874.09	6.07
	镇建设用地（H_{12}）	772.59	0.53
	乡建设用地（H_{13}）	351.96	0.24
	村庄建设用地（H_{14}）	7 749.54	5.30
	区域交通设施用地（H_2）	153.01	0.10
	铁路用地（H_{21}）	72.55	0.05
	公路用地（H_{22}）	80.46	0.06
	区域公用设施用地（H_3）	52.10	0.04
	特殊用地（H_4）	72.77	0.05
	采矿用地（H_5）	263.88	0.18
	其他建设用地（H_9）	8.83	0.01
	小计	9 424.68	6.44
非建设用地	水域（E_1）	5 985.65	4.09
	自然水域（E_{11}）	2 087.39	1.43
	水库（E_{12}）	1 269.97	0.87
	坑塘沟渠（E_{13}）	2 628.29	1.80
	农林用地（E_2）	122 910.08	84.05
	耕地	31 418.25	21.48
	园地	1 960.24	1.34
	林地	89 531.59	61.22
	小计	136 809.81	93.56
耕地	其他非建设用地（E_9）	7 914.08	5.41
	合计	146 234.49	100.00

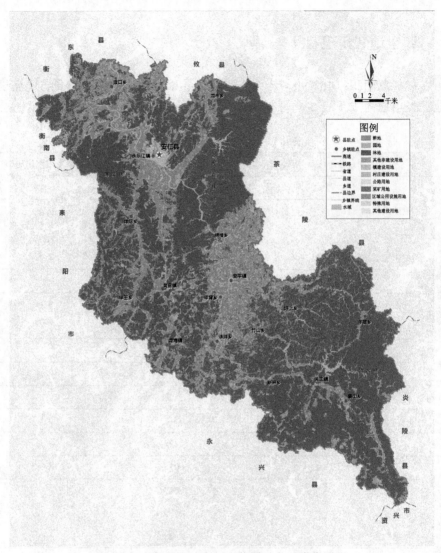

图 8-4 安仁县土地利用现状图（文后附彩图）

林地是安仁县面积最大的用地类型，总面积为 89 531.59 公顷，占安仁县总面积的 61.22%，主要分布在安仁县东北、西北和东南部，分别有大石林场、清溪林场和公木林场，林地多分布在海拔较高的地区。

安仁县耕地资源相对丰富，耕地总面积为 31 418.25 公顷，占安仁县总面积的 21.48%，主要分布在安仁县城南部、西北部的渡口乡、中部的安平镇和承坪乡，耕地多分布在海拔 120 米以下的区域。

2012 年 4 月，安仁县撤销清溪镇、禾市乡、排山乡、军山乡、城关镇，新设立永乐江镇，形成了以 17 个乡镇的城镇发展空间为主体的城乡居民点建设用地格局。城乡居民点建设用地总面积为 8874.09 公顷，占安仁县总面积的 6.07%，其中镇建设用地 772.59 公顷，占安仁县总面积的 0.53%，村庄建设用地 7749.54 公顷，占安仁县总面积的 5.30%。

五　生态敏感性分析

生态环境敏感性评价的目的是了解生态系统对人类活动干扰和自然环境变化的反映程度，确定发生区域生态环境问题的难易程度和可能性大小（图 8-5）。安仁县生态敏感性具体分析见第三章第三节。

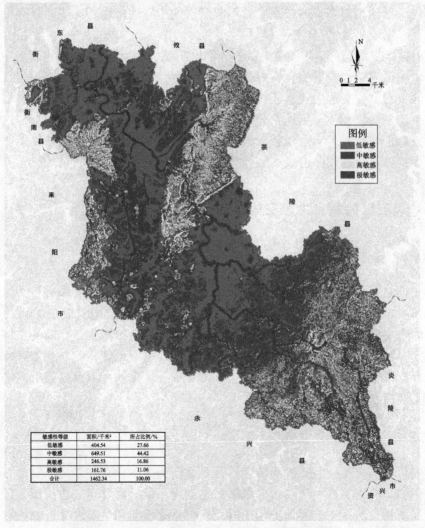

图 8-5　安仁县生态敏感性分析图（文后附彩图）

六 用地适宜性评价

影响城市建设用地评价的因素有很多，但总体可分为三大类：自然因子、社会经济因子和生态安全因子。根据因子对城市建设影响作用的大小及安仁县的实际情况，分别选取自然因子中的高程、坡度、河流、湖泊水库、植被，社会经济因子中的土地利用现状、道路，生态安全因子中的农田、水域作为安仁县用地适宜性评价的因子。利用层次分析法建立层次结构模型，分析各指标间的关系，构建多层次指标体系。利用成对明智比较法对同一层次的指标进行两两比较，得到相对客观的权重。对不同层次的指标逐级进行比较，得到最终权重值。

根据第三章第三节（图 3-4）分析得出结果：最适宜和较适宜主要集中在安仁县城、灵官镇、安平镇、龙海镇及安仁县西北部，这些区域已有一定规模的建成区，有重要交通线通过或位于交通枢纽地段，地势平坦，海拔低，植被覆盖度小；不适宜和不可用地主要分布在安仁县东北部、西部和东南部，这些区域海拔高，坡度大，有规模较大的林场、河流和水库分布，交通条件差、人口分布少；重要交通线路沿线适宜性相对较高，呈较明显的带状格局。

七 安仁县复合生态空间基本特征与问题

（一）安仁县复合生态空间特征

安仁县复合生态空间最突出的特征是各类空间分布较为明晰：自然生态空间主体主要分布在五峰仙、武功山、万洋山三大山脉及周边地区；农业生态空间主体主要分布在醴攸盆地、茶永盆地及周边地区；城镇生态空间的主体（县城与安平镇）主要分布在醴攸盆地、茶永盆地的中心地带，与农业生态空间紧密结合；设施生态空间（道路交通、电力走廊等）穿插于以上三类空间之间，拉近了居民在各类空间中通行的距离。

（二）安仁县复合生态空间问题

安仁县复合生态空间的问题主要是各类空间之间存在的矛盾。安仁县县城及安平镇、灵官镇等主要乡镇的城镇用地空间不足，需要向周边扩展，势必与农田保护和自然生态空间保护相矛盾；安仁县是农业和生态大县，农田和自然生态用地比重大，但部分农田散布于坡度较陡的山地，产量低且破坏了自然生态空间的连续性；安仁县近年来经济发展较快，对交通、电力等基础设施建设的需求加大，设施的建设不可避免地对各类空间造成了不同程度的割裂，破坏了各类空间的完整性。因此，如何优化各类空间的布局并处理好各类空间之间的关系是本书的重点。

第三节 安仁县复合生态空间类型识别

一 安仁县复合生态空间类型划分依据

为了对县域复合生态空间更好地进行深入探究，就有必要对它进行进一步划分。一般而言，空间生态位、区位、经济活动、人口、景观结构及社会文化结构等方面的差别，是对它进行划分并进一步细分的客观依据，具体介绍见第二章第二节。

二 安仁县复合生态空间类别划分

根据第二章第二节的差别依据，可以用县域复合生态空间来描述县域内"城-镇-设施廊道-乡村-自然"之间的复杂关系，以剖析县域复合生态空间的要素构成和内在规律。结合安仁县的实际，本书把安仁县的复合生态空间构成主体划分为四大类、八小类空间（表8-2）。

表8-2 安仁县域复合生态空间组成要素一览表

序号	大类	编号	中类	小类	重点研究元素
I	自然生态空间	I₁	绿色生态空间	天然草地、林地占用的空间	主要包括以五峰仙山脉、罗霄山山脉和万洋山脉为依托的山地林区空间，清溪林场、基地林场、公木林场等大型林场，以及其他集中成片的丘陵地区林地空间
		I₂	蓝色生态空间	河流、湖泊、水库、坑塘、滩涂、沼泽、湿地（含国际重要湿地）等占用的空间	永乐江及其支流，大源水库、茶安水库等水源地，以及其他大小水库

续表

序号	大类	编号	中类	小类	重点研究元素
II	农业生态空间	II₁	农业生产空间	耕地、改良草地、人工草地、园地、其他农用地空间（包括农业设施、农村道路、村镇企业及其附属设施用地）	主要指农田和园地
		II₂	农村生活空间	集镇和农村居民点空间，即以农村住宅为主的用地空间（包括住宅、公共服务设施和公共道路等用地）	农村居民点
III	城镇生态空间	III₁	城市生态空间	城市、县人民政府所在地镇和其他具备条件的镇的中心区空间、居住空间、工业空间、商业空间、服务与办公空间、游憩活动空间，以及城市边缘人工化或半人工化的自然生态空间（绿化隔离带、郊野公园）	主要指县城及其周边的规划城市建设用地空间
		III₂	乡镇生态空间	一般建制镇、乡人民政府驻地的居住空间、工业空间、商业空间、服务与办公空间	除永乐江镇以外的其他16个乡镇的乡镇驻地所在地的城镇集中建设用地范围
IV	设施生态空间	IV₁	交通设施空间	铁路、公路、民用机场、港口码头、管道运输等占用的空间	对安仁县交通区位起重大影响的对外交通设施：吉衡铁路及S212、S316、S320等
		IV₂	电力设施空间	架空或地埋电力线线路及两侧防护绿地廊道所构成的空间，还包括发电站、变电站周边的防护空间	35千伏以上电力线架空或地埋线路及两侧防护绿地廊道所构成的空间，还包括发电站、变电站周边的防护空间

第四节 安仁县复合生态空间格局构建

一 生态安全格局构建

生态安全格局的构建明确了安仁县的重点生态因子，对自然生态空间和农业生态空间的优化起到了指导作用，具体内容见第四章第七节（图8-6）。

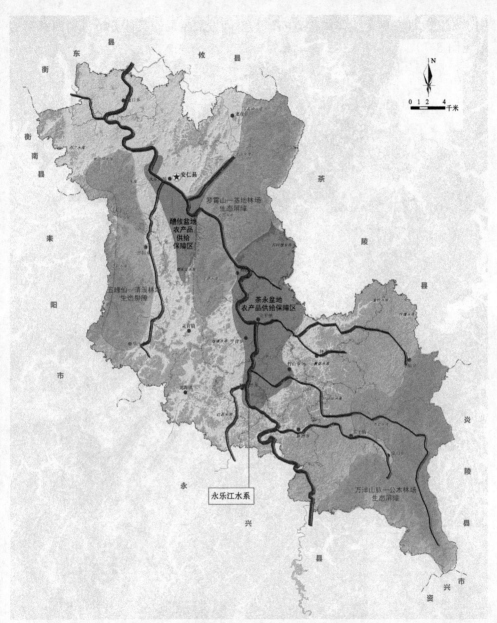

图 8-6 安仁县生态安全格局图（文后附彩图）

二 空间发展格局构建

依据安仁县现状分析和用地适宜性分析结果，本书以安仁县城镇发展空间、设施发展空间为主体来构建安仁县空间发展格局，具体分析见第四章第七节（图 8-7）。

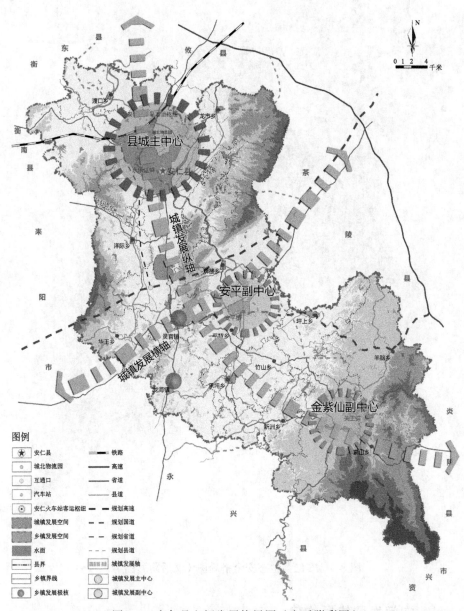

图 8-7　安仁县空间发展格局图（文后附彩图）

第五节　安仁县复合生态空间保护与发展战略

一 战略定位

根据《湖南省主体功能区规划》，安仁县定位为省级重点生态功能区、国家级农产品主产区，同时也是湖南省东部生态屏障（罗霄—幕阜山脉自然屏障）、全省 76 个重点林区县（市、区）之一，全县森林覆盖率为 64% 左右，是国家木材战略储备生产基地，生态和农业地位突出（图 8-8）。

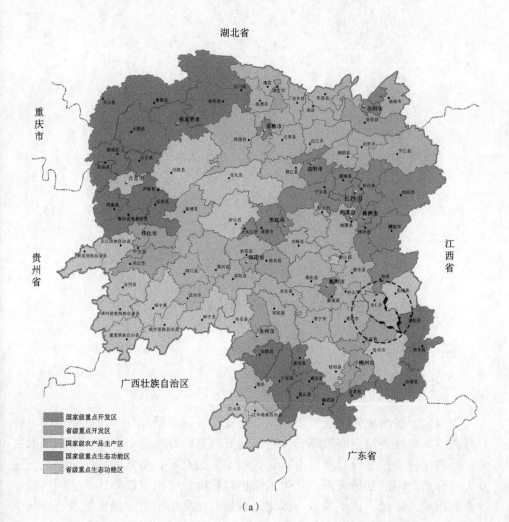

（a）

（b）

图8-8　安仁县在湖南省主体功能区定位图（文后附彩图）

二　战略目标

（一）总体战略目标

为落实上层次主体功能区划，本书把安仁县域空间划分为四大类空间，针对每类空间特性制定空间战略，合理控制安仁县的城镇发展空间、设施发展空间，严格保护安仁县的自然生态空间、农业生态空间，维系区域生态平衡，建立人与自然之间的和谐关系，从生态保护与建设角度出发统筹区域空间发展、综合利用生态资源，推动城乡一体化，增强农村发展活力，确保城乡建设与生态和谐同步发展、城乡差距逐步缩小、城乡共同繁荣、生态功能大幅提升，引导安仁县的发展向生态保护与城镇建设协调发展的方向迈进。

（二）生态建设战略目标

合理划定自然生态、农业保护红线，分级分区制定管控保护措施，以达到生态环境质量整体提升、生态格局更加安全、生态功能更加完善、生态服务更加高效的目标。

（三）社会与经济发展战略目标

对传统工业、农业等产业的生态化进行改造和整合，逐步形成高效、持续、有序、健康的生态产业结构和循环经济体系。充分考虑区域社会、经济与资源、环境的协调发展，统筹城乡发展，促进人与自然和谐，实现"社会-经济-自然"复合生态空间共赢的局面。

三　自然生态空间保护与发展策略

（一）蓝色生态空间保护策略

1. 蓝色生态空间现状与问题分析

蓝色空间是指河流、湖泊、水库、坑塘、湿地等占用的空间。安仁县的蓝色空间现状主体包括：①河流：由南向北穿越全境的永乐江及其东西两侧的浦阳河、猴子江、莲花江、太平江、潭里江、排山河、宜阳河、白沙河"八大水系"；②水库：大源水库、茶安水库、大石水库、仙下水库、西江水库等大小水库100多座（图8-9）。

县城主要饮水水源：大源水库、茶安水库及流经县城的永乐江地段。

乡镇主要饮水水源：多以地下水和山泉水为主。

经调查研究，安仁县主要的蓝色生态空间问题如下：①没有明确划定饮用水源分级保护范围，没有制定分级保护措施；②水源涵养林面积过小，不利于调节和改善水体质量。

2. 蓝色生态空间保护策略指引

（1）据对安仁县水源周边的地形分析，确定水源集水区域，将安仁县饮用水源保护区范围划定如下：①划定大源水库、茶安水库集水区域为生活饮用水水源地一级保护区；②划定大石电站至城关段原取水口下游300米为饮用水源二级保护区；③承坪乡河西村（莲花江与永乐江交汇处）至大石电站段，以及大源水库取水点至永乐江汇入口为饮用水源三级保护区（图8-10、表8-3）。

（2）加大对饮用水源及其他水域周边的水源涵养林的建设力度，增加水源涵养林面积。

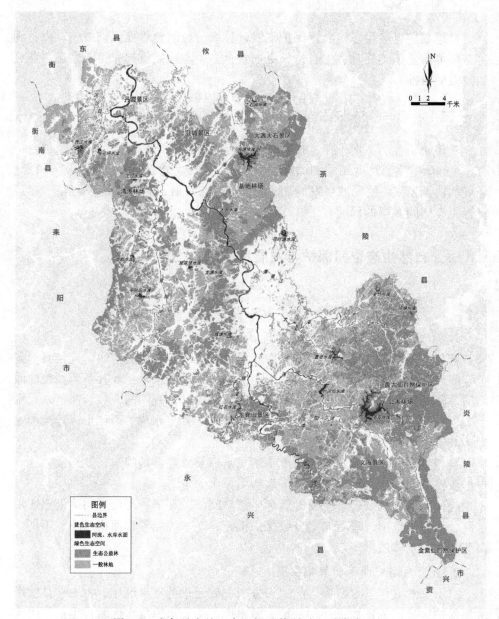

图8-9 安仁县自然生态空间现状图（文后附彩图）

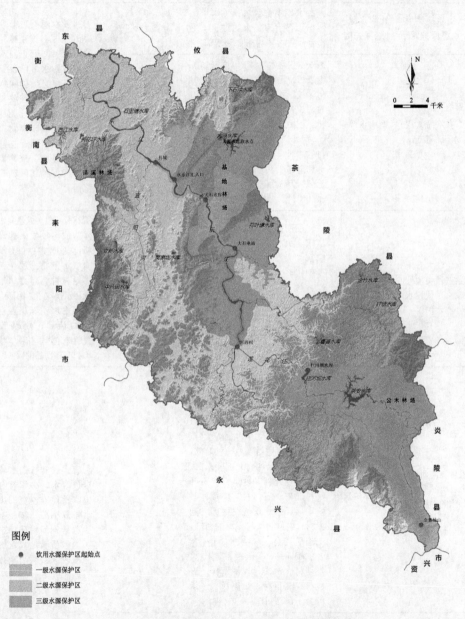

图例
- 饮用水源保护区起始点
- 一级水源保护区
- 二级水源保护区
- 三级水源保护区

图 8-10 安仁县水源保护规划图（文后附彩图）

表 8-3   安仁县饮用水源保护策略

保护区域	保护等级	保护范围界定	保护面积/公顷	保护策略
大源水库饮用水源保护区	饮用水源一级保护区	大源水库集水区域：（永乐江镇）大源水库、大源村、（龙市乡）柱古团村东部和南部	5 279.1	①加强水库周边第一层山脊内水源涵养林的建设；②禁止向水域排放污水，已设置的排污口必须拆除；③禁止堆置和存放工业废渣、城市垃圾、粪便和其他废弃物；禁止设置油库；④禁止从事种植、放养禽畜，严格控制网箱养殖活动
茶安水库饮用水源保护区	饮用水源一级保护区	茶安水库集水区域：（关王镇）专康村、杞林村、红岩村、燎源村、茶安水库、（羊脑乡）源田村、（豪山乡）公木林场、潭湾村、（关王镇）关王居委会和高坊村、坦下村、（豪山村）罗州村的北部、（羊脑乡）广义村西部和南部、（豪山乡）豪山村东北部、万洋山脉第一层山脊区域（湘湾村、廖家村、金花村）	17 827.7	
永乐江大石电站至城关段原取水口饮用水源保护区	饮用水源二级保护区	该河段两侧集水区域：（永乐江镇）大石水库、大石林场东南部、大石一村、大石二村、（牌楼乡）船头村、甘塘村和谢古村，井下村，彭源村的西北部、（永乐江镇）永乐村东部、东郊村、城关镇、北郊村东部、种畜场南部、东周村西部和东部、亭子坪村东南部	6 183.1	①不准新建、扩建向水体排放污染物的建设项目；②改建项目必须削减污染物排放量；③原有排污口必须削减污水排放量，保证保护区内水质满足规定的水质标准；④禁止设置装卸垃圾、粪便、油类和有毒物品的码头
永乐江河西村至大石电站段饮用水源保护区	饮用水源三级保护区	该河段两侧集水区域：（牌楼乡）井下村和谢古村、甘塘村的南部、彭源村、枞林村、柏叶村、曾塘村、何古村、山口村、莲花村、联扩村、新塘村、龙源村、月池村、神州村西部、（安平镇）沿滩村北部和东部、樟桥村西北部和西南部、石基头村北部、石门村、枧坪村、安平居委会、坊岭村西部、药湖村、夹口村和河东村的西部、三南居委会、旱半村、（平背乡）桐冲村、石陂村、向阳村、朴塘村、台岗村、平背村、五渡村、岩下村、长岗村、（承坪乡）河西村	11 534.0	①直接或间接向水域排放废水，必须符合国家及地方规定的废水排放标准；②当排放总量不能保证保护区内水质满足规定的标准时，必须削减排污负荷
大源水库取水点至永乐江汇入口段饮用水源保护区	饮用水源三级保护区	该河段两侧集水区域：（龙市乡）山峰村南部、（永乐江镇）山塘村、高陂村、司山村、排山村、新丰村、大石林场西北部	3 432.7	

（二）绿色生态空间保护策略

1. 绿色生态空间现状与问题分析

安仁县是湖南省 76 个重点林区县（市、区）之一，森林覆盖率达 63%。森林资源主要分布在三大林场（大石林场、公木林场、清溪林场）和关王、坪上、龙海等海拔较高的林区乡镇（表 8-4）。

表 8-4　林地类型比列

林地类型	面积/千米^2	所占比例/%
水源涵养林	41.15	4.64
水土保持林	372.81	42.01
护路林	0.98	0.11
环境保护林	16.24	1.83
风景林	10.65	1.20
用材林	361.19	40.70
薪炭林	1.55	0.17
果品林	4.60	0.52
原料林	78.16	8.81
药用林	0.05	0.01
合计	887.38	100.00

2. 绿色生态空间问题分析

（1）没有划定保护范围。

（2）水源涵养林比例低，不利于调节水源流量和改善水源水质。

（3）活立木蓄积量低。全县平均每亩林地的活立木蓄积量（指一定范围内土地上全部树木蓄积的总量）仅为 2.22 立方米，远低于全国平均水平 5.6 立方米，有相当一部分山林是疏残林、灌木林等；林种结构不合理，林种单一，针叶林多，混交林、阔叶林少，经济林多、生态公益林少，中、幼林多，成熟林少，稀疏残次林多，优质林少。

（4）石漠化现象严重。永乐江流域两岸地区土层浅薄，母岩为石灰岩和紫色岩，易淋溶，成土慢，加之乱砍滥伐和不合理耕种，造成该区水土流失，从而造成石漠化现象，林业生产条件变差。

3. 绿色生态空间保护策略指引

（1）划定明确的保护界线。规划以水源涵养林和水土保持林、大中型水库周边绿化、森林公园、自然保护区、风景名胜区，以及森林旅游区的保护为重点，形成"点、面、带、网"相结合的总体保护布局。并将原大石林场、公木林场、清溪林场及县城北面军山村境内的大片集中森林规划为大石森林公园、公木森林公园、清溪森林公园和军山森林公园，以提高保护等级和力度。

点：一定规模（40公顷）以上水库周围的水源涵养林和水土保持林，增加公益林比重，突出森林的水源涵养和水土保持功能，形成相对集中连片的生态公益林区。

面：主要包括森林公园、大型林场、森林旅游区、自然保护区、风景名胜区，重点是加大对荒山、荒地及迹地的更新造林力度，提升活立木蓄积量与林木质量，突出保护森林生态与景观功能。

带：重点是铁路、高速公路、国道、省道等交通干线、江河两侧的防护林带，突出森林的防护功能和景观功能，形成多条带状的绿色走廊。

网：重点是农田林网、城镇绿地系统。培育农田林网，突出农田林网整体的防护功能，形成完整的农田防护林体系；通过建设各类公园和保留自然山体景观提高县城及乡镇政府驻地城镇建设区的绿地率，通过道路两侧及永乐江沿岸生态廊道建设联系各个城镇的生态斑块，形成相互联系的城镇绿地系统。

（2）在大源水库、茶安水库等水库，以及永乐江及其支流两岸进行水源涵养林建设，提高水源涵养林的比重。

（3）通过培育马尾松、柏树、乌桕、枫乡等乡土树种，积极营造水源涵养林与水土保持林，以达到优材更替、中幼林抚育、公益林结构改造的目的，以提升林地的活立木蓄积量，防止石漠化。

通过对县域实施呈"点、面、带、网"布局的水源涵养林等公益林的建设，有效改善县域内生态公益林的林分并提高林分质量，不断增加森林资源，大幅提升森林涵养水源、保持水土、调节气候、净化空气、美化环境等功能，对减少水土流失、降低自然灾害损失、保障县域生产生活安全具有重要意义（表8-5）。

（4）在大源水库、茶安水库等水库，以及永乐江及其支流两岸进行水源涵养林建设，提高水源涵养林的比重。

（5）通过培育马尾松、柏树、乌桕、枫乡等乡土树种，积极营造水源涵养林与水土保持林，以达到优材更替、中幼林抚育、公益林结构改造的目的，以提升林地的活立木蓄积量，防止石漠化。

表 8-5 绿色生态空间保护策略指引

保护区域	保护范围界定	面积/千米²	保护策略
大源大石景区及周边森林密集地区	石冲村、柱古团村、大源村、大源水库、大石林场、大石一村、船头村、彭源村西部、甘塘和谢古、井下三村北部、船头村西部、颜家村、龙源村、莲花村、月池村、桐冲村、朴塘村西部、杨柳村、峰南村、青路村、荷树村、算背村、官桥村、月塘村东部	186.0	
清溪林场	泗江村东南部、石玉村、红星村、红溪村、禾市村南部、新渡村南部，高程 160 米以上区域	39.0	针对大型林场、森林旅游区、自然保护区、风景名胜区，重点是加大对荒山、荒地及迹地的更新造林力度，通过培育马尾松、柏树、乌桕、枫乡等乡土树种，积极营造水源涵养林与水土保持林，以达到优材更替、中幼林抚育、公益林结构改造的目的，以提升林地的活立木蓄积量，防止石漠化，提升活立木蓄积量与林木质量
"面" 以豪山乡、义海景区为主体，包括关王镇和羊脑乡相邻的部分区域，包括公木林场、茶安水库、盘古仙自然保护区、金紫仙自然保护区及周边森林密集地区、义海塔林，以及周边地势较高或森林密集的区域	（1）中涧村东部、福星村、广义村、源田村、燎源村、关王居委会、赵源村、大朋村南部、红岩村东部、高坊村北部和南部、罗州村北部南部、公木林场、茶安水库、福星村、潭湾村、豪山村、湘湾村、豪山乡林场、廖家村、高源村、西康村、豪山乡茶场，高程 300 米以上区域； （2）中涧村、福星村、梅湾村、泮塘村、哨上村、里山村、广义村、东冲村、源田村、莲塘村南部、燎源村、垣下村南部、源田村北部、赵源村、栗山村、兴安村、大朋村西南部、赤滩村、红岩村东部、高坊村、罗州村北部南部、公木林场、茶安水库、福星村、潭湾村、豪山村、湘湾村、豪山乡林场、廖家村、高源村、西康村，高程 160 米以上区域	317.0	
五峰仙山脉-安仁段	（1）枫木垄工区，猴昙村西部、猴昙工区，灵关镇林场，莽山村，长江村、泮龙、碰田村西部、五峰村，高程 300 米以上区域； （2）界背、源山、白泥村南部、青山村、新坳村、碰田村、石鼻村以西、泮坳村、合江村、消湾村、华王村、大塘、东桥村北部，高程 160 米以上区域	64.0	

续表

保护区域		保护范围界定	面积/千米²	保护策略
"面"	龙脊山景区	（1）新坪村，樊古村西部，石岭村北部，官陂村东部，榴霞村东部，芙蓉村，唐古村中部，高程160米以上区域； （2）堪上村、五渡村、岩下村、长岗村、河西村、岩岭村、新坪村北部、芙蓉村、唐古村、龙海镇林场、龙海村、樊古村东部、石岭村西部、水垅村北部，高程120米以上区域	47.0	针对大型林场、森林旅游区、自然保护区、风景名胜区，重点是加大对荒山、荒地及林地的更新造林力度，通过培育马尾松、柏树、乌桕、枫乡等乡土树种，积极营造水源涵养林与水土保持林，以达到优材更替、中幼林抚育、公益林结构改造的目的，以提升林地的活立木蓄积量，防止石漠化，提升活立木蓄积量与林木质量
	丹霞景区	（1）泮塘村东部、石脚村中部、石冲村以西、郁水村以北，高程低于120米区域； （2）泮塘村、石脚村、石冲村、浪石村以西、石云村、郁水村、过家村、长滩村、渡口村东部、渡口乡果木场，高程低于120米区域	21.0	
"带"	永乐江	（1）经城镇建设用地或农村居民点密集区域部分控制两厢30米范围以内； （2）流经山体区域部分控制第一层山脊范围以内； （3）其他区域控制在两侧80～100米范围之内	—	建设铁路、高速公路、国道、省道等交通干线、江河两侧区域情况制定防护林带宽度，突出森林的防护功能和景观功能，形成多条带状的绿色走廊
	永乐江"八大支流"	（1）经城镇建设用地或农村居民点密集区域部分控制两厢15米范围以内； （2）流经山体区域部分控制第一层山脊范围以内； （3）其他区域控制在两侧30～50米范围之内	—	
	铁路（吉衡铁路）	沿线80～100米范围之内	—	
	高速公路	两侧不少于50米绿化控制带	—	
"带"	国道	（1）穿越城镇建设用地或农村居民点密集区域部分控制两厢15～20米范围以内； （2）其他区域控制在两侧20～50米范围之内	—	建设铁路、高速公路、国道、省道等交通干线、江河两侧区域情况制定防护林带宽度，突出森林的防护功能和景观功能，形成多条带状的绿色走廊
	省道（S320、S316、S212）			

续表

保护区域		保护范围界定	面积/千米²	保护策略
"点"	大源水库	饮水水源周边水源涵养林和水土保持林建设区域	—	加大力度对饮水水源水库（大源水库、茶安水库）及一定规模（40公顷）以上水库周围的水源涵养林和水土保持林建设，增加公益林比重，突出森林的水源涵养和水土保持功能，形成相对集中连片的生态公益林区
	茶安水库			
	其他规模（40公顷）以上水库	一般水源周边水源涵养林和水土保持林建设区域	—	
"网"	城镇建成区绿地系统	县城及其他16个乡镇政府驻地城镇建成区	—	培育农田林网，突出农田林网整体的防护功能，形成完整的农田防护林体系
	农田防护绿化	永乐江镇、安平镇、牌楼乡等农田较为集中地区	—	通过建设各类公园和保留自然山体景观提高县城及乡镇驻地城镇建设区绿地率，通过道路两侧及永乐江沿岸生态廊道建设联系各个城镇的生态斑块，形成相互联系的城镇绿地系统

通过实施对县域呈"点、面、带、网"布局的水源涵养林等公益林的建设，有效改善县域内生态公益林的林分并提高林分质量，不断增加森林资源，大幅提升森林涵养水源、保持水土、调节气候、净化空气、美化环境等功能，对减少水土流失、降低自然灾害损失、保障县域生产生活安全具有重要意义（图8-11）。

（三）自然生态红线保护规划

根据地形、水源保护、水土保持、自然保护区和森林公园等因素划定两级管控区红线：一级管控区主要包括森林公园、水源涵养林、饮用水水源保护区、重要水源涵养区、风景区和自然保护区的核心区；二级管控区主要是除以上内容之外的生态屏障区域（表8-6、图8-12）。

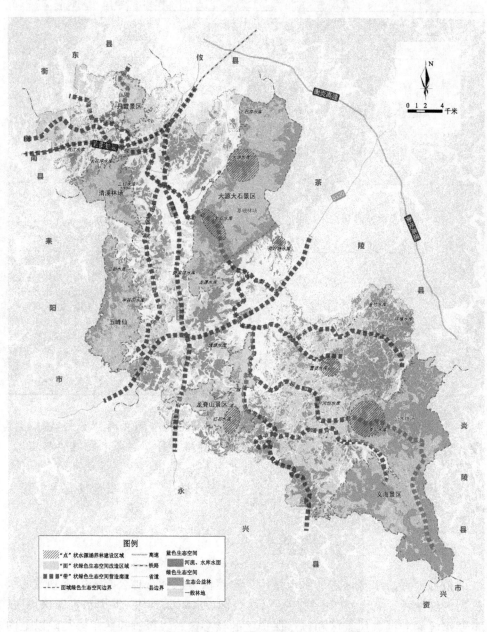

图 8-11　安仁县绿色生态空间规划图（文后附彩图）

表 8-6 安仁县自然生态红线管控范围一览表

自然生态红线区域名称	主导生态功能	红线区域范围界定		保护面积/千米²		
		一级管控区	二级管控区	总面积	一级管控区面积	二级管控区面积
大源大石景区（包括基地林场、大源水库及周边森林密集地区）	自然与人文景观保护	石冲村、柱古团村、大源村、大源水库、大石林场东部，大石一村、船头村、彭源村西部、甘塘和谢古、井下三村北部，高程300米以上区域	大石林场西部，彭源村东部，船头村西部，颜家村，龙源村、莲花村、月池村、桐冲村、朴塘村以西、杨柳村、峰南村、青路村、荷树村、算背村、官桥村、月塘村东部，高程160米以上区域	186.0	126.0	60.0
清溪林场	自然与人文景观保护	泗水村东南部，石玉村、红星村、红溪村西部，清溪大石林场，高程300米以上区域	泗水村南部，石玉村、禾市村南部，新渡村、红星村、红溪村西部，清溪大石林场，高程160米以上区域	39.0	14.0	25.0
包括义海景区、公木林场、茶安水库、盘古仙自然保护区、金紫仙自然保护区及周边地势较高或森林密集区域	自然与人文景观保护、水源水质保护	中涧村东部、福星村，广义村、源田村、燎源村、关王居委会、赵源村、大朋村南部、红岩村东部，高坊村北部和南部，罗州村北部南部，公木林场，茶安水库，福星村、潭湾村、豪山村、湘湾村、豪山乡林场、廖家村、高源村、西康村、豪山乡茶场，高程米300米以上区域	中涧村、梅湾村、泮塘村、哨上村、里山村、东冲村、莲塘村南部、燎源村、广义村、源田村北部、高坊村中部、关王居委会，垣下村南部、栗山村、兴安村、赤滩村、大棚树村西部、赵源村北部，高程160米以上区域	317.0	206.0	111.0
五峰仙（五峰仙山脉-安仁段）	自然与人文景观保护	枫木垄工区，猴昙村西部，猴昙工区，灵官镇林场，荞山村，长江村，泮龙、碰田村西部，五峰村，高程300米以上区域	界背村、源山村、白泥村南部、青山村、新垅村、碰田村、石鼻村以西、泮垅村、合江村、消湾村、华王村、大塘村、东桥村北部，高程160米以上区域	64.0	22.0	42.0
龙脊山景区	自然与人文景观保护	新坪村，樊古村西部，石岭村北部，官陂村东部，榴霞村东部，芙蓉村、唐古村中部，高程160米以上区域	堪上村、五渡村、岩下村、长岗村、河西村、岩岭村、新坪村北部、芙蓉村、唐古村、龙海镇林场、龙海村、樊古村东部、石岭村西部、水坝村北部，高程120米以上区域	47.0	10.0	37.0

续表

自然生态红线区域名称	主导生态功能	红线区域范围界定		保护面积/千米²		
		一级管控区	二级管控区	总面积	一级管控区面积	二级管控区面积
丹霞景区	自然与人文景观保护	泮塘村东部，石脚村中部，石冲村以西，郁水村以北，高程<120米区域	泮塘村，石脚村，石冲村、浪石村以西、石云村，郁水村，过家村、长滩村、渡口村东部，渡口乡果木场，高程<120米区域	21.0	5.0	16.0
永乐江	湿地生态系统保护、水源水质保护、洪水调蓄、水土保持	①流经城镇建设用地或农村居民点密集区域部分控制两厢30米范围以内；②流经山体区域部分控制第一层山脊范围以内；③其他区域控制在两侧80～100米范围之内	—	—	—	—
永乐江"八大支流"（浦阳河、猴子江、莲花江、太平江、潭里江、排山河、宜阳河、白沙河）	湿地生态系统保护、水源水质保护、洪水调蓄、水土保持	—	①流经城镇建设用地或农村居民点密集区域部分控制15米范围以内；②流经山体区域部分控制第一层山脊范围以内；③其他区域控制在两侧30～50米范围之内			

（四）自然生态空间优化布局

通过以上对自然生态空间（蓝色、绿色生态空间）的保护、优化指引及生态红线的划定，再进行叠加、整合处理，从而得出安仁县的自然生态空间优化布局：它是一个有明确范围和保护界限的、林种结构适宜生态健康持续发展的、利于水源涵养和水土保持的布局形态（图8-13）。

四 农业生态空间保护与发展策略

（一）农业生产空间保护与发展策略

1. 农业生产空间现状与问题分析

安仁县是国家级农产品主产区，耕地资源丰富，总面积为31 418.25公顷，占安仁县总面积的 21.48%。主要集中分布在以县城为中心的醴攸盆地和以安平镇为中心的茶永盆地区域内的乡镇，以及沿其他区域山脚、水系树枝状分布。按国土局第二次全国土地调查数据，基本农田比重大，占农田面积的 90% 左右（图 8-14）。

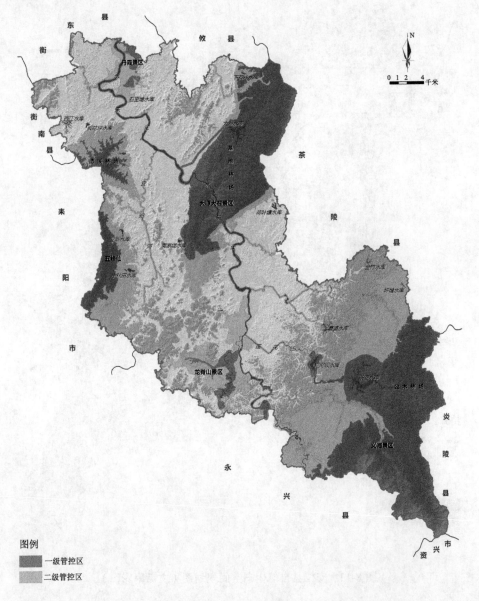

图 8-12 安仁县自然生态红线保护规划（文后附彩图）

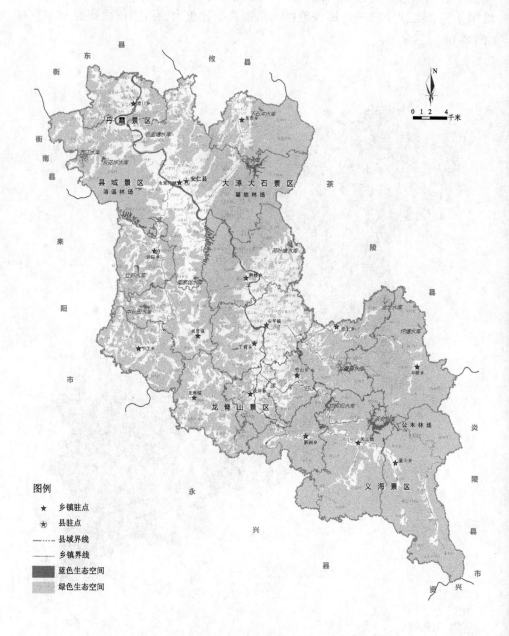

图 8-13　安仁县自然生态空间规划图（文后附彩图）

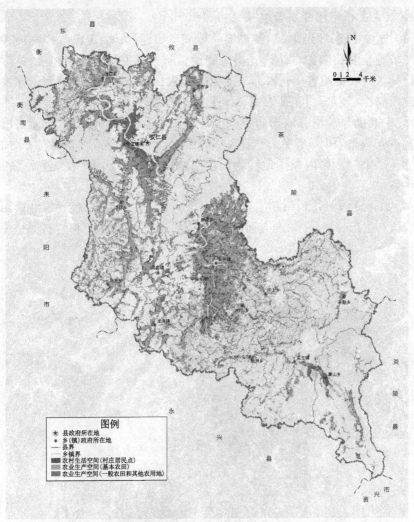

图 8-14　安仁县农业生态空间现状图（文后附彩图）

根据实际情况调查，安仁县农业生产空间存在的主要问题如下：

（1）部分地势较高、坡度较大（坡度 25°以上）地区农田呈树枝状分布于山脚或点状分布于山地中，该地区自然环境恶劣，交通不便，农作物产量低且不具生产规模，不便于提高农业综合生产能力。

（2）安仁县农业现状布局基本是依托农业水稻的自然分布布局，农田分布较散，以水稻为主，结构单一，附加值不高。农业收成依然受自然条件状况的影响较大，距离现代化农业产业的差距较大。

（3）S212、S320 沿线是农田分布的密集区，也是沿线乡镇城镇建设首当其冲的区域，在这个区域，城镇建设和农田保护的矛盾明显。

2. 农业生产空间保护与发展策略指引

（1）加快中低产田改造，推进连片标准良田建设，稳定粮食作物播种面积。

（2）健全农田防护林建设，沟渠路设置防护林带，干支渠和机耕道两侧配置2行林带，农渠配置1行林带，达到一级农田林网（每格200亩）建设标准。通过建设高标准农田，实现农田"地平整、土肥沃、旱能灌、涝能排、路相通、林成网"，既能显著增强农田防灾减灾、抗御风险的能力，也可方便农机作业，充分发挥农机抢农时、省劳力、增效益的作用，大幅度提高生产效率（图8-15）。

（3）严格控制区内农用地转为建设用地，禁止违法占用耕地，严禁擅自毁坏、污染耕地。

（4）加强资源节约利用和生态环境保护，减少水土流失，控制农业面源污染，发挥农田在生产、生态、景观方面的综合功能，实现农业生产和生态保护相协调。

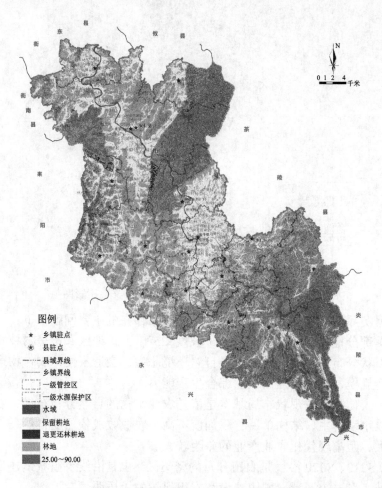

图 8-15　安仁县退耕还林规划图（文后附彩图）

3. 农业生产力发展策略指引

（1）根据安仁农田分布现状情况，拟在下述区域加大力度实施退耕还林政策，这些区域产量低或不稳定，且不成规模，不便于提高农业综合生产能力：①把坡度6°以上、海拔300米以上交通不便的山区或丘陵区，这些区域包括清溪森林公园、雄峰山国家森林公园、西部猴昌仙山、县域南部的豪山乡、关王镇等范围；②沿山脚呈树枝状分布或不成规模的农田区域，主要包括坪上乡、新洲乡、渡口乡、永乐江镇、猴昌仙山周边区域。

（2）在农田集中成片或产量较高农田分布地区提升农业规模化水平，引导优势和特色农产品适度集中发展，构建区域化、规模化、集约化、标准化的农业生产格局。该部分区域主要是以醴攸盆地和茶永盆地为主体的周边乡镇及县域北部的渡口乡和龙市乡部分区域。

（3）形成优势突出和特色鲜明的产业区，发展优势产业，突出特色产业，打造"一乡一品"特色农产品，坚持"传统+特色"的生态农业发展思路。

安仁县现状耕地面积为31 418.25公顷，根据2014年国务院批准实施的《新一轮退耕还林还草总体方案》，重要水源地附近区域自然生态红线保护管控区内，加大力度实施退耕还林政策，规划保留耕地 29 278 公顷，退耕还林耕地2140公顷，占现状总耕地面积的6.8%，占规划后绿色生态空间面积的2.0%。

（二）农村生活空间保护与发展策略

1. 农村生活空间现状与问题分析

村落分布与农田结构、传统农业生产体制紧密相关，农田分户的基本耕作方式使农户与耕地紧密联系以方便耕作，形成了农户随耕地布置的基本农居格局，水稻是区域主要农作物，形成农户依稻田、靠山脚和沿丘陵旱地分布的农田布局。

根据实际调查研究，安仁县农村生活空间问题分析如下。

（1）安仁县正处于城镇化加快发展阶段，农村人口进入城市，既增加了扩大城市建设空间的要求，也带来了农村居住用地闲置等问题。

（2）不具规模的散户多，不利于基础设施的集中建设，不利于农业规模化生产，也不利于人口集聚效应的产生。

（3）风景区核心区及海拔较高、生活交通不便地区分布了部分农村居民，不利于风景区的保护，也不利于居民的生活。

2. 农村生活空间保护与发展策略指引

在不大拆大建的前提下，按照依法自愿有偿的原则，允许农民采取转包、租赁、互换、转让和入股等形式进行土地流转，引导农业用地集约化、农业生产规模化发展，形成集中、集约布局。根据以上原则以及村庄各自的特点，将村庄分为就地城镇化型、改扩建型、保留型、迁移型四种类型进行村庄居民点调控（图 8-16）。

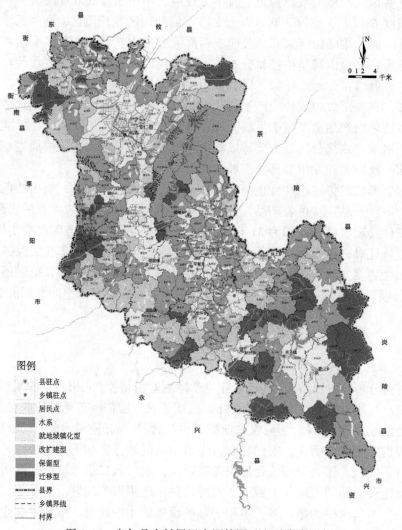

图 8-16　安仁县农村居民点调控图（文后附彩图）

（1）就地城镇化型：农村人口不向大中城市迁移，而是以中小城镇为依托，通过发展生产和增加收入，发展社会事业，改变生产生活方式，城镇周边产业发展较好的村落通常几率较大。

（2）改扩建型：是指规划中对发展条件优越且具备发展空间的现状农村居民点，确定对其进行改造和扩大规模成为规划中的村庄。

（3）保留型：是指因客观原因需维持现状，以及发展潜力一般且在规划期内难以搬迁的现状农村居民点。

（4）迁移型：是指综合考虑经济、社会与环境等因素后，规划确定需要迁移的农村居民点。

（三）农业生态空间优化布局

通过以上对农村生活空间和农业生产空间的规划指引，形成了农业生态空间的优化布局空间：它是一个农村居民点（农村生活空间）"大分散、小集中"，农田（农业生产空间）相对集中成片的空间布局形态（图 8-17）。

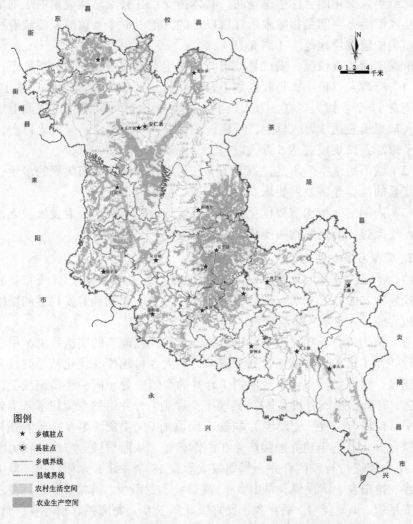

图 8-17 安仁县农业生态空间规划图（文后附彩图）

五 城镇生态空间发展策略

（一）城镇生态空间发展策略

1. 城市与乡镇生态空间现状与问题分析

安仁县城镇生态空间主体是包括县城在内的 17 个乡镇的城镇建设用地空间。安仁县城市生态空间是指县人民政府所在地——永乐江镇的中心区空间、居住空间、工业空间、商业空间、服务与办公空间、游憩活动空间及城市边缘人工化或半人工化的自然生态空间，具体指安仁县县城总体规划的规划范围。安仁县乡镇生态空间是指除永乐江镇以外的其他 16 个乡镇的乡镇政府所在地的城镇集中建设用地范围（图 8-18）。

根据实际调查情况，安仁县城市与乡镇生态空间主要问题分析如下：

（1）行政人口偏小，行政区划不合理。截止到 2013 年年底，全县 17 个乡镇中还有 11 个乡镇人口在 2 万人以下。根据省域城镇体系规划，原则上山区乡镇总人口规模应达 3 万人以上，丘陵区乡镇总人口规模应达 4 万人以上，平原湖区乡镇总人口规模应达 5 万人以上。

（2）城市用地空间不足，束缚了安仁县农村居民向城市集聚的步伐，不符合安仁县的社会经济发展要求。

（3）内部空间结构需要优化，老城区绿化面积不足，环卫设施缺乏，城市环境需要改善，交通结构需要梳理，交通设施需要增设等。

2. 城市与乡镇生态空间发展策略指引

结合《安仁县县城总体规划（2008—2020）》2012 年修改、《安仁县域村镇体系规划（2009—2030）》，以及已编制的乡镇总体规划确定安仁县的城镇生态空间边界线（表 8-7、表 8-8）。

（1）根据 2014 年湖南省委出台的《全面深化改革的实施意见》中湖南省新一轮并乡（镇）合村试点计划和精神，扩大乡村规模，优化基层政权和基层自治建设，根据经济流向一致原则（合并的乡镇应处于同一经济流线上，且联系紧密，有利于形成有机整体）、规模平衡原则（合并后的乡镇规模基本处于相当水平，有利于区域平衡发展）、资源互助原则（同类资源型乡镇或者互补资源型乡镇合并，有利于建立加强产业和协作产业，从而增强经济产业实力）对现有 17 个乡镇进行行政区合并，规划缩减形成 13 个乡镇：永乐江镇（城关镇、禾市乡、排山乡、清溪镇、军山乡）、渡口乡、龙市乡、牌楼乡、洋际乡、安平镇（安平镇、坪上乡）、平背乡、灵官镇、华王乡、龙海镇、承坪乡、竹山乡、金紫仙镇（关王镇、新洲乡、豪山乡、羊脑乡）。

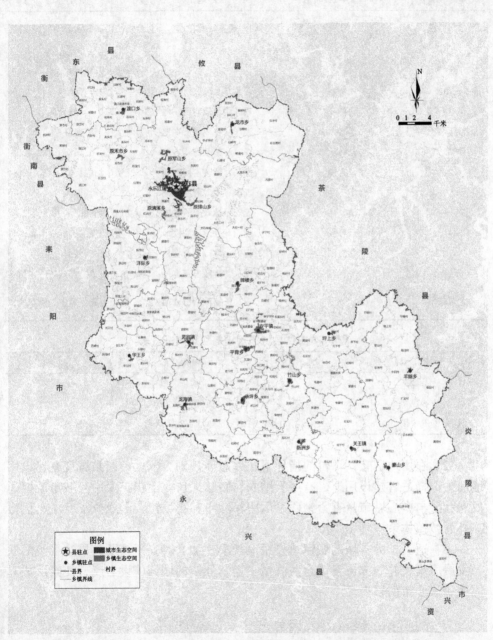

图 8-18　安仁县城镇生态空间现状图（文后附彩图）

表 8-7 安仁县行政区划调整意向一览表

规划乡镇	整合现乡镇范围	驻地	备注
永乐江镇	城关镇、禾市乡、排山乡、清溪镇、军山乡	现县城所在地	历史沿革扩大县城发展空间
渡口乡	渡口乡	现渡口乡政府所在地	保留，大力发展生态旅游与生态农业
龙市乡	龙市乡	现龙市乡政府所在地	保留
牌楼乡	牌楼乡	现牌楼乡政府所在地	保留
洋际乡	洋际乡	现洋际乡政府所在地	保留
龙海镇	龙海镇	现龙海镇政府所在地	保留
灵官镇	灵官镇	现灵官镇政府所在地	交通、加强灵官中心镇职能
华王乡	华王乡	现华王乡政府所在地	保留
安平镇	安平镇、坪上乡	现安平镇政府所在地	交通、加强安平中心镇职能
承坪乡	承坪乡	现承坪乡政府所在地	资源互助、规模平衡
竹山乡	竹山乡	现竹山乡政府所在地	保留
平背乡	平背乡	现平背乡政府所在地	历史沿革、经济条件一致
金紫仙镇	关王镇、新洲乡、羊脑乡、豪山乡	现关王镇政府所在地	加强金紫仙镇中心镇职能

表 8-8 安仁县城镇规模等级结构一览表

等级	城镇等级	数量	城镇名称
一级	县城	1	永乐江镇
二级	中心乡镇	4	安平镇、灵官镇、龙海镇、金紫仙镇
三级	一般乡镇	8	华王乡、平背乡、竹山乡、承坪乡、渡口乡、龙市乡、牌楼乡、洋际乡

（2）在用地适宜性评价的指导下，以总体规划为依据，在县城现有建设用地周边选择适宜建设用地，有序吸纳农村转移人口，逐步扩大中心城市规模，发展壮大与中心城市具有紧密联系的中小城市和小城镇，形成分工有序、优势互补的城镇体系。

（3）适当扩大县城的城镇建设用地规模，加大对安平镇及其周边乡镇的联合发展力度，并加强灵官镇、龙海镇、金紫仙镇的城镇建设力度，使其形成对周边一般乡镇的辐射。

（二）城镇生态空间优化布局

通过以上对安仁县城镇生态空间影响因素的分析，以及对其规模的预测，形成了其优化布局形式：它是以县城为中心、以安平镇为副中心，以灵官镇、龙海镇、金紫仙镇为乡镇发展极核的城镇生态空间布局（图8-19）。

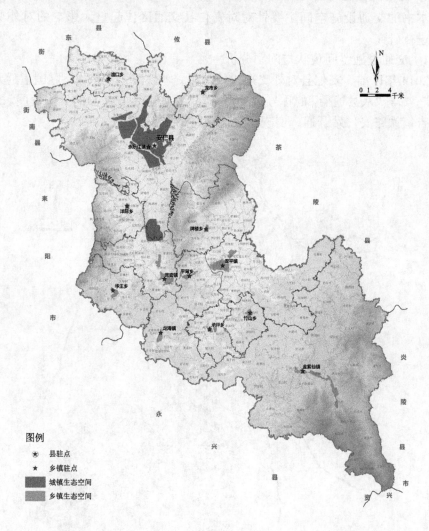

图8-19　安仁县城镇生态空间规划图（文后附彩图）

六 设施生态空间发展策略

设施生态空间是指在县域空间中比重较大、对空间划分起重大影响的带状公共设施空间。根据实际情况，安仁县的设施生态空间主要包括交通设施空间和电力设施空间两类。

1. 交通设施空间发展策略

本书的交通设施空间主要针对对安仁县交通区位起重大影响的对外交通设施进行研究。

1）交通设施空间现状与问题分析

2014 年以前，安仁县对外交通比较落后，零铁路、零高速、零国道的"三零状态"，与"八县通衢"的称号极度不符，严重影响了安仁县的经济发展。2014年，吉衡铁路安仁站开通，实现了安仁铁路零突破（图 8-20）。

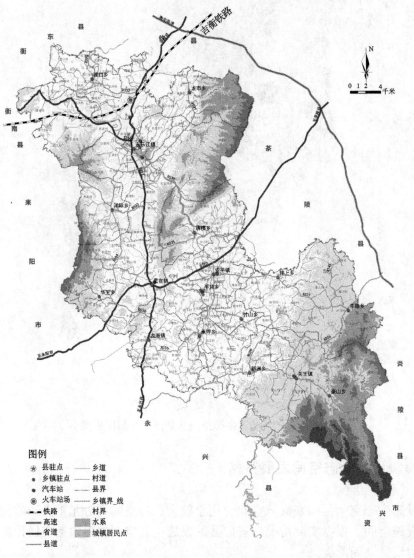

图 8-20　安仁县交通设施空间现状图（文后附彩图）

吉衡铁路：衡阳到江西的吉安，西接京广线，东接京九线，是连接两条南北铁路大干线的重要通道。是以井冈山为核心的红色旅游交通干线。

省道：安仁县现有 S212、S316、S320 三条省道，构成了安仁县公路网的主骨架。其中，S212（永兴至攸县）纵贯南北，S320（耒阳至吉安）横贯县域中部。

2）交通设施空间发展策略指引

主要交通设施空间，即为茶安耒常高速公路，该线路是联系闽南、赣南、湘南"三南"地区的重要纽带，以泉（州）南（昌）高速茶陵出入口为起点，经安仁县、耒阳市、常宁市至祁东县与益娄衡高速公路相接（图 8-21）。

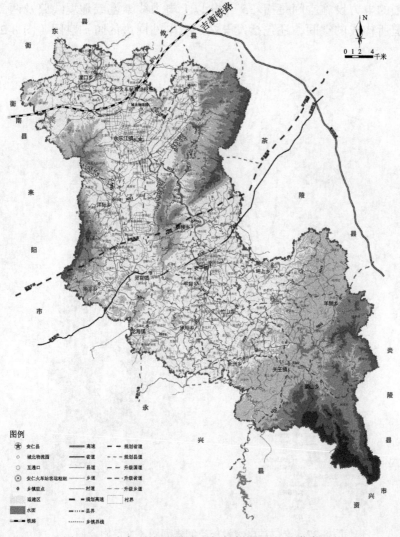

图 8-21 安仁县交通设施空间规划图（文后附彩图）

第一，规划升级道路。规划升级两条国道：①安平镇—坪上乡—羊脑乡东西横向路段（原 X027，西接 S320，东接衡炎高速路段）；②衡南县—安仁县城—灵官镇—龙海镇—永兴县南北纵向路段（原 S316 北段与原 S212 县城以南部分）。

第二，升级三条省道。①途径安仁县城—牌楼乡—安平镇—承坪乡—新洲乡—关王镇—永兴县道路段升级成省道 S212，并将穿过安仁县城的路段改线，沿县城周边绕行接至县道 X031；②安仁县城—龙市乡—攸县（原乡道路段）；③灵官镇—平背乡—竹山乡—关王镇—豪山乡—炎陵县（原 X028 路段升级成 S347）。

2. 电力设施空间发展策略

本书的电力设施空间是指 35 千伏以上电力线架空或地埋线路及两侧防护绿地廊道所构成的空间，还包括发电站、变电站周边的防护空间（图 8-22）。

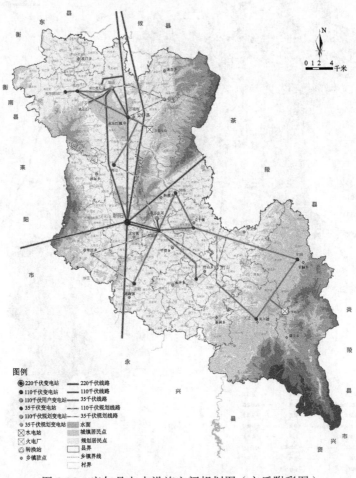

图 8-22　安仁县电力设施空间规划图（文后附彩图）

1）电力设施空间现状与问题分析

（1）电力设施空间现状分析。

现状电站：截至 2015 年，安仁电网仅拥有朝阳 1 座 220 千伏变电站。拥有万福庵变、韭菜坪变 2 座 110 千伏变电站。拥有 35 千伏公用变电站 8 座，35 千伏专用变电站 1 座。

现状线路：截至 2013 年，通过朝阳—焦岭与郴州大网联络，通过朝阳—龙塘、朝阳—大塘冲分别与衡阳电网、株洲电网联系的 3 条 220 千伏线路。通过朝阳—韭菜坪双回放射式结构，朝阳—万福庵—朝阳环网结构，万福庵—凯迪电厂、朝阳—韭菜坪、朝阳—万福庵与株洲电网联络的 4 条 110 千伏线路。洋际改 T 至万福庵—大石电站、禾市—禾市钢球厂、韭菜坪—牌楼—安平—韭菜坪形成的环网结构，仙下电站改 T 至关王—羊脑，安平—羊脑，韭菜坪—竹山、关王—竹山、韭菜坪—龙海段等 10 条现状 35 千伏线路。

（2）电力设施空间问题分析。

线路走廊预留前瞻性不足：随着安仁县城的发展，线路走廊获取难度增加，工程实施前电力部门应与规划部分充分沟通，避免增加额外的杆线搬迁改道或电缆下地工程。

电网建设与城市建设不协调：因城区面积的逐步扩展，原来部分线路跨越建筑物或靠近建筑物、城市绿化树木与修剪困难等因素造成线路安全距离不够，直接影响电网的安全稳定及经济运行。

2）电力设施空间发展策略指引

本书的电力设施空间是指 35 千伏以上电力线架空或地埋线路及两侧防护绿地廊道所构成的空间，还包括发电站、变电站周边的防护空间。

合理规划变电站及电力设施用地，充分预留高压走廊，协调处理好电力建设与城市发展的矛盾。根据安仁县电网现状，在规划期内初步建成 220 千伏高压电网，建成完善可靠的 110 千伏高压配电网、35 千伏中压配电网。

规划电站：至 2020 年，规划建设竹山、军山 110 千伏变电站 2 座，建设华王和高陂 2 座 35 千伏变电站。

规划线路：至 2020 年，规划通过韭菜坪—竹山 1 条 110 千伏线路。通过军山—高陂—万福庵链式结构，洋际—韭菜坪，韭菜坪—华王—龙海链式结构，通过形成经竹山变改 T 至安平—羊脑，接关王现状线路段经竹山改 T 至安平—羊脑 5 条规划 35 千伏线路。

七 复合生态空间优化格局

通过以上几类空间的优化布局规划，得出安仁县复合生态空间的优化格局：

自然生态空间保护界线明确，农业生态空间高效集中，城镇发展空间得到适当拓展与控制，设施生态空间安全便利，最终形成县域空间自然生态保护、耕地保护、城镇建设、设施建设的优化组合形态，以达到各类空间协调发展的目的（图 8-23）。

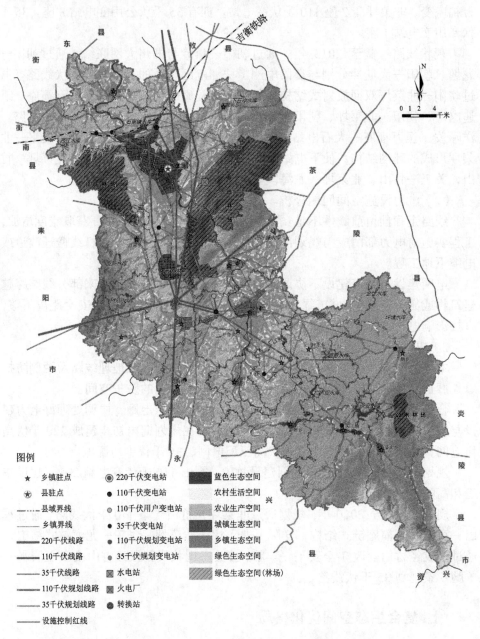

图 8-23　安仁县县域空间规划图（文后附彩图）

第六节　安仁县生态经济发展战略

一 生态农业发展规划

（一）生态农业发展分区

农业产业发展依托的主体空间是农业生产空间。安仁县的农业产业发展空间是以醴攸盆地、茶永盆地为主体的农产品集中生产区域，而周边各乡镇农田密集度相对较低，多以发展特色农产品为主。规划把安仁县各乡镇分为两个农产品产区：一个是位于两大盆地县域中部的多元农产品产区，另一个是位于县域周边及南部的特色农产品产区。

中部两大盆地乡镇为多元农产品产区，是以水稻为龙头，以油菜、油茶、烤烟、蔬菜、牲畜、林木、食用菌、药材等多种农产品为优势的多元农产品区。县域周边特色农产品产区乡镇包括洋际乡、华王乡、龙海镇、关王镇、豪山乡、羊脑乡、坪上乡、龙市乡，这些乡镇已经拥有成熟的或初具规模的特色农产品：渡口乡的油菜花（全乡有冬种油菜花的乡俗）、龙市乡的灯芯草（气候土壤适合种植，有300多年的种植历史，流传着"水田不种稻，全种灯芯草"的俗语，远销日本、中国香港等地）、洋际乡的中药材（农业龙头企业湘众药业的所在地，打造"枳壳之县"龙头乡镇，枳壳种植重点基地）、牌楼乡的"湘南牛"、华王乡的养殖业和茶油（拥有万亩茶油林海）、龙海镇的脐橙（农业龙头企业龙海脐橙所在地，万亩脐橙示范基地）、坪上乡的食用菌（农业龙头企业坪上食用菌所在地，被评为"全国十大食用菌农业农产业龙头企业"，有"中国食用菌之乡"之称）、关王镇的商品用材林（用材林蓄积量11.45万立方米，为全县主要商品用材基地）、羊脑乡的玫瑰红香柑、豪山乡的豪峰茶（农业龙头企业豪山豪峰茶所在地，宋朝时产的"冷泉石山茶"是当时的贡品，留下了"一叶泡九杯"的典故）（图8-24）。

（二）农业休闲综合体发展规划

1. 农业休闲综合体概述

农业综合体是以农业为主导，融合工业、旅游、创意、地产、会展、博览、文化、商贸、娱乐等三个以上产业的相关产业与支持产业，形成多功能、复合型、创新型产业结合体。农业休闲综合体是在"休闲农业"和"旅游综合体"的概念基础上形成的，是新型城镇化发展进程中都市周边乡村城镇化发展的一种新模式。农业休闲综合体是产业模式升级（由单一的农业生产到泛休闲农业产业化）、产品模式升级（从单一农产品到综合休闲度假产品）、土地开发模式升级（从传统住宅地产到休闲综合地产）三大升级共同作用的结果。

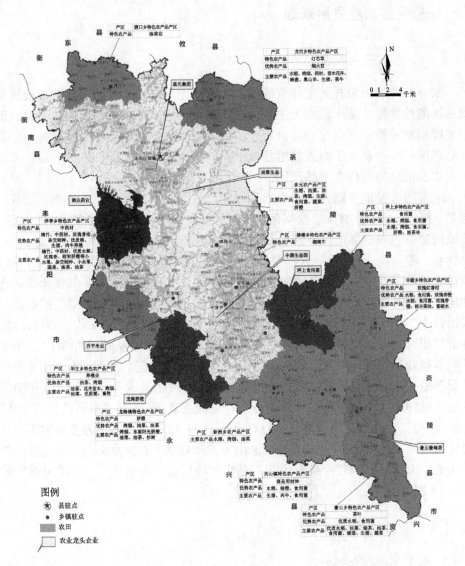

图 8-24　安仁县农业资源分布规划图（文后附彩图）

2. 农业休闲综合体规划

根据对安仁县全县域的现状产业基础、地形地貌特征、区位、交通、文化资源、村庄特色等情况进行的综合分析，在全县域规划七个农业休闲综合体，分别为稻田公园农业休闲综合体、宜阳河农业休闲综合体、渡口乡农业休闲综合体、承坪乡农业休闲综合体、龙海镇农业休闲综合体、关王镇农业休闲综合体、豪山乡农业休闲综合体。这些区域都位于安仁县农业主产区——醴攸盆地和茶永盆地之外的农业地带，周边特色村庄、山体、水系较多，景色宜人，文化资源丰富，是结合农业发展休闲、观光、乡村旅游的绝佳地方。这些地方的农用地不集中，呈狭长或斑块状，农业效力相对不高，如果能充分利用其历史文化资源和自然资源优势，发展农业休闲综合体，就能规避缺陷，发挥优势，最大限度地提升农业休闲产业的经济价值（图8-25）。

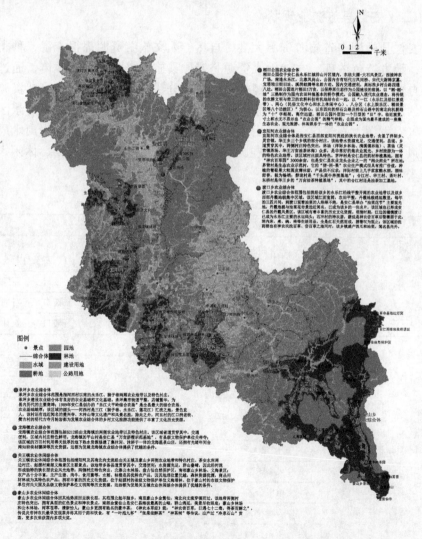

图 8-25　安仁县农业休闲综合体规划图（文后附彩图）

二 生态旅游发展规划

（一）生态旅游概述

生态旅游是具有保护自然环境和维护当地人民生活双重责任的旅游活动。生态旅游是以有特色的生态环境为主要景观的旅游形式，其内涵更强调对自然景观的保护，是可持续发展的旅游。

（二）安仁县旅游业现状

安仁县是湖南省旅游资源大县，自然、人文旅游资源都很丰富，种类比较齐全，地方特色浓郁。自然山水资源是安仁县旅游资源的主要载体，通过对安仁县自然生态红线的划定，已经能较明晰地分辨出安仁县旅游的自然资源。安仁县的旅游资源现状共分五大景区、八大景点类型。五大景区为丹霞景区、县城景区、大源大石景区、龙脊山景区、义海景区；八大景点类型为山水风光、田园风光、神农文化、文物古迹、宗教寺庙、红色文化、名人墓、休闲娱乐设施（表8-9，图8-26）。

表 8-9　安仁县景区现状主要景点一览表

风景区	景点	景点分类	分布地点
丹霞景区	油菜花风景点	田园风光景点	渡口乡：泮塘村、石脚村、石云村、石冲村
	渡口丹霞	山水旅游景点	渡口乡：石脚村
	狐狸面		渡口乡：石冲村
	洗药湖	神农景点	渡口乡：石冲村
县城景区	神农湖公园	神农景点	东周村
	阳古大屋	文物古迹景点	桥南村
	欧阳厚均故居		石玉村
	韩京墓		司山村
	侯氏宗祠		县城老正街
	陈南阳大屋		
	泉亭珠涌		渔场农科所
	稻田公园	田园风光景点	新丰村、排山村
	中药种植观光		茅坪村
	荷花公园		高陂村
	月潭	山水旅游景点	新丰村

续表

风景区	景点	景点分类	分布地点
县城景区	人民英雄纪念碑	红色旅游景点	县城
	轿顶屋		东郊村
	烈士陵园		北郊村
	城隍庙	宗教寺庙旅游景点	县城
	砂塘水库休闲农庄	休闲娱乐设施	禾市村
	樊家珑水库休闲农庄		新渡村
大源大石景区	大源水库	山水旅游景点	大源水库
	大石水库		大石一村、大石二村
	大石林场		大石林场
	熊峰山		
	老坦溶洞		龙源村
	天王殿	宗教寺庙旅游景点	大石二村
	熊峰庵		大石林场
	神农殿		
	万佛寺		
	药王寺		
	玫瑰香橙采摘园	田园风光景点	彭源村
龙脊山景区	月轮岩	山水旅游景点	樊古村
	龙脊山		
	榴霞民居群	文物古迹景点	榴霞村
	侯材骥故居及墓		万田村
	月轮崖寺	宗教寺庙旅游景点	樊古村
	关帝寺		龙海村
	龙海温泉山庄	休闲娱乐设施	山塘村
	山塘别墅山庄		龙海镇林场
义海景区	赤滩	山水旅游景点	赤滩村
	王母洞		大朋村
	大湖仙山		
	义海寺	宗教寺庙旅游景点	赵源村
	义海塔林	文物古迹景点	
	茶安水库	山水旅游景点	茶安水库
	公木林场		公木林场
	莲花江漂流	休闲娱乐设施	茶安水库一带

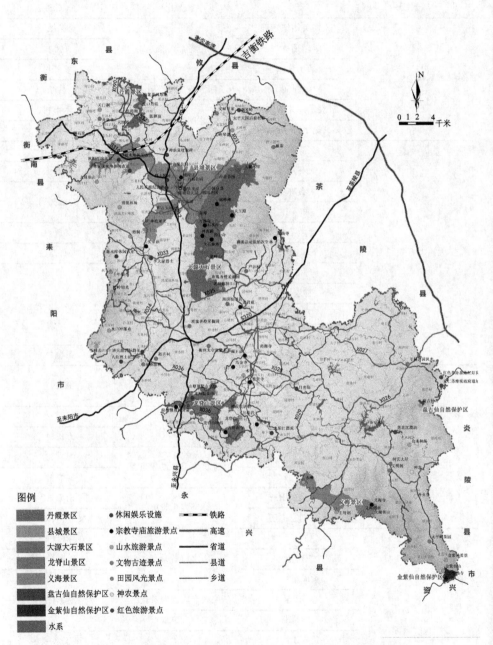

图 8-26　安仁县旅游资源分布图（文后附彩图）

（三）旅游业发展问题分析

（1）旅游资源开发程度整体较低，资源整合混乱，景区景点的联系和基础设施建设有待加强。

（2）宣传力度不够，各景区主题印象不突出，景点多且杂，除了熊峰山（国家 4A 级旅游景区）和渡口的油菜花，其他都没打造形成主题印象。

（3）安仁县把景点归纳为三条路线——神农文化、宗教文化和山水旅游线路，三条路线南北向纵贯安仁全县。这导致旅游线路拉得过长，而且很多没有直达的旅游景点道路，导致游客大多时间都浪费在路上，容易疲劳。另外是景区分散，没有梳理分区，没有打造标志性的景区主题，导致游客旅游没有目的性。

（四）旅游业发展战略规划

根据以上现状和问题分析，本次规划将景区归纳、整合，采取分区分片、突出主题的战略，把全县域景区分为五大景区，打造每个景区主题，增强景区的识别度和游客旅游的目的性，并做好景区主体宣传工作；优化每个景区与县城的交通联系，发展旅游巴士等旅游交通，使外来游客到达各景区更便利、更快捷；强化县城的旅游服务中心的地位，在每个景区规划设置旅游服务点，增加多档次的宾馆和饭店，为游客提供更全面、更周到的服务。景区的建设及旅游交通的建设都必须以生态保护为前提，结合景观资源区位及地形地貌特点进行布局，形成独具特色的景观空间（图 8-27）。

（1）丹霞景区：以其特有的丹霞地貌为特色，与周围村舍的油菜花观光结合为以生态农业观光为主题的特色旅游区。

（2）县城景区：打造一个以神农文化和宗教文化为特色的旅游区。

（3）大源大石景区：主要以原生态森林资源著称，是以神农文化为灵魂，集山、水、寺、植、林为一体的生态森林特色旅游景区，重要景点如大石水库、熊峰山、大石林场等。

（4）龙脊山景区：以龙脊山为依托，以宗教文化资源为辅助的休闲度假、温泉体验旅游区，结合神农药文化、丹霞地貌和龙海温泉进行综合性开发，重要景点如月轮岩、老君观、药湖寺、龙海温泉山庄、龙脊山峡谷等。

（5）义海景区：以豪山乡生态资源为优势，以茶安水库和公木林场为中心，以其红色文化资源为特色，集山水风光、神农药文化和宗教文化于一体，发展为以生态观光+红色文化为主题的旅游区，重要景点如金紫仙自然保护区、九龙庵、盘古仙自然保护区、义海寺等。

通过对各旅游景区的定位，形成了各个景区独特的旅游主题，给旅游者带来"不同景区不同体验"的感受。

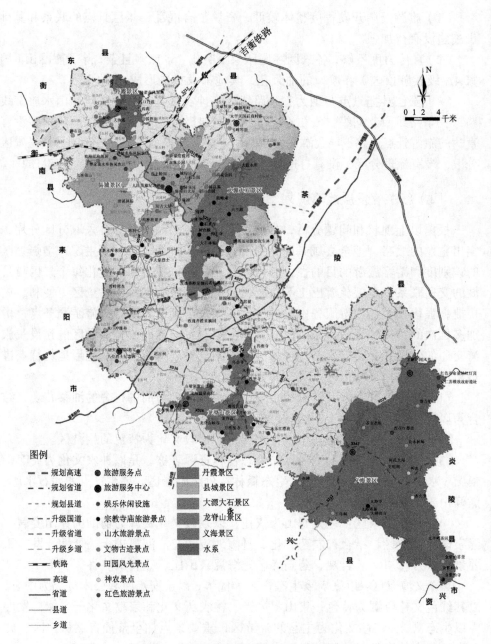

图 8-27　安仁县旅游规划图（文后附彩图）

三 生态工业发展规划

生态工业是以低消耗、低（或无）污染、工业发展与生态环境协调为目标的工业。发展生态工业要坚持两手抓，一手抓传统工业的提升，一手抓生态工业的发展。

城市工业发展的主要载体是城镇生态空间。2010 年以前，安仁县工业基础十分薄弱，已有优势产业如冶金行业为资源消耗型、高污染、高风险型产业，与地区资源优势难以结合。2010 年，安仁县重新定位工业在其经济发展中的地位，走集聚式发展道路，开始高标准科学规划安仁工业的新蓝图。

规划将安仁县工业划分为新型工业发展区和传统工业升级转型区。新型工业发展区是指永乐江镇的新工业集中区"一区四园"，工业定位为电子、皮具、服装为主导的产业转移承接地，发展高新无污染工业；安仁县传统工业升级转型区是指中部的灵官镇、龙海镇和安平镇等乡镇的工业发展区，该区工业以安仁县金属冶炼、建材加工等污染风险较大的传统工业为主，将该区定位为生态型传统工业区，加大投入对其进行技术升级和转型。

规划在永乐江镇建设新的工业集中区，总面积为 15 平方千米，产业定位是以一类工业为主，不设置三类工业，以电子、皮具、服装为主导产业，把安仁县工业集中区建设成为电子、皮具、服装为主导的产业转移承接地。布局为"一区四园"，四园即县城西郊的承接产业转移核心园（中园），面积为 3.1 平方千米，以电子信息、服装皮具、轻工一类工业为主；处于军山火车站的三一重工安仁产业园（北园），面积 1.9 平方千米，以机械制造为主；位于清溪青路的农业扶贫产业园（南园），面积 5 平方千米，以农副产品、电子、服装等劳动密集型企业为主；禾市片的大金山工业小区（西园），面积 5 平方千米，以新能源、精细化工等为主（图 8-28）。

金属冶炼、建材加工等资源依赖度高、对环境影响较大的传统工业向周边乡镇转移，集中分布在中部的灵官镇、龙海镇、平背乡和安平镇等地区，主要包括灵官工业集聚区、平背建材工业区、龙海冶炼工业区等工业园区。对该传统工业地区，着力发展有色金属冶炼、新型建材、电力、农产品加工等工业部门，加快发展物流、商贸等生产性服务业，以及交通运输、商业物流等，以工业带动服务业和农业发展，在低碳原则下，依靠先进技术引进，改造和提升传统优势产业，推进传统优势产业由粗放式增长向集约化发展转变，对冶金、水泥等有污染工业进行技术升级或转型，结合当地现有工业基础，大力打造生态型传统工业区，以实现地方资源开发与经济发展的良性互动。

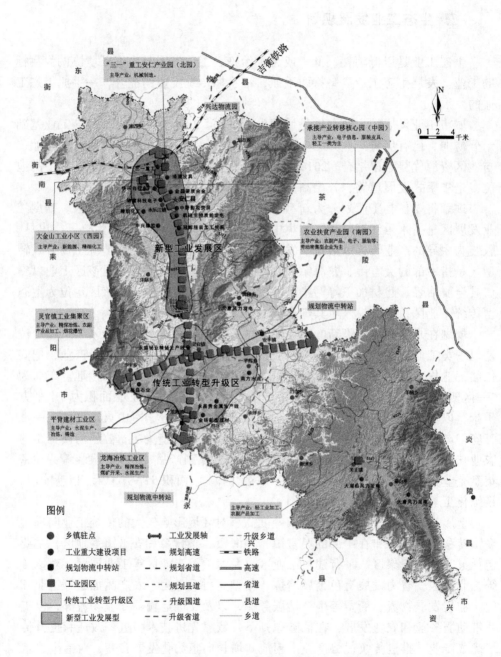

图 8-28　安仁县工业空间结构规划图（文后附彩图）

第七节 安仁县复合生态空间管制

具体内容详见第五章第二节县（市）域复合生态空间管制（图 8-29、表 8-10）。

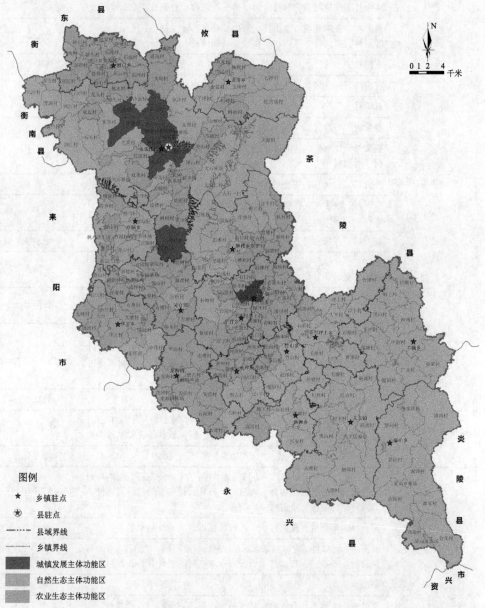

图 8-29 安仁县村庄主体功能区划图（文后附彩图）

表 8-10　县域村庄主体功能区划分一览表

主体功能区	村名	所属乡镇
自然生态主体功能区	樊古村、山下村	承坪乡
	高枧村	渡口乡
	赤滩村、大朋村、高坊村、关王居委会、红岩村、栗山村、燎源村、杞林村、坦下村、赵源村、专康村	关王镇
	高源村、公木林场、豪山村、豪山乡林场、金花村、廖家村、罗州村、潭湾村、西康村、湘湾村	豪山乡
	东桥村、小背村、长江村	华王乡
	官桥村、灵官镇林场、莽山村、新坳村、中秋田水库	灵官镇
	石岭村	龙海镇
	金盆村、石冲村、亭子坪村、杨柳村、玉峰村、柱古团村	龙市乡
	船头村、甘塘村、井下村、莲花村、龙源村、彭源村、谢古村、颜家村、月池村	牌楼乡
	朴塘村、台岗村、桐冲村	平背乡
	岸下村、曹婆村、曹婆水库、大平村、毛塘村、坪上村、桥石村、石禾村、竹塘村	坪上乡
	高石村、井塘村、莲塘村	新洲乡
	东冲村、福星村、广义村、里山村、莲塘村、梅湾村、坪塘村、哨上村、石壁村、源田村、中洞村	羊脑乡
	白泥村、枫木垄工区、猴昌工区、界背村、茅坪村、青山村、新市村、洋际村、洋际乡林场、宜阳村	洋际乡
	白沙村、大石二村、大石林场、大石一村、大源水库、东冲村、东周村、禾市村、红星村、黄竹村、镜塘村、冷水村、农科所、桥南村、清溪大石林场、山塘村、石玉村、泗江村、滩头村、潭湖村潭市村、西江村、渔场、长冲村	永乐江镇
	梨树村、涟源村、竹山村	竹山乡
城镇发展主体功能区	大来村、新渡村、军山村、新安村、柑橘场、种畜场、北郊村、松山村、城关镇、东郊村、清溪村、青路村、清溪镇林场、安平居委会	永乐江镇
	安子平村、山南居委会、上街居委会	安平镇
农业生态主体功能区	安平居委会、安子平村、坊岭村、旱半村、夹口村、枧平村、青岭村、三南居委会、上街居委会、石池村、石基头村、石门村、塘田村、沿滩村、药湖村、张古村、樟桥村	安平镇
	河东村、河西村、黄甲村、乐江村、榴霞村、新坪村、岩岭村	承坪乡
	陂头村、渡口村、渡口乡果木场、过家村、浪石村、泮塘村、坪口村、深塘村、石冲村、石脚村、石云村、双江村、松林村、长滩村	渡口乡
	豪山乡茶场	豪山乡
	茶叶村、大塘村、合江村、华王村、石毕村、五峰村、消湾村	华王乡

续表

主体功能区	村名	所属乡镇
农业生态主体功能区	古塘村、豪田村、荷树村、灵官镇茶场、南坪村、泮垅村、碰田村、算背村、锡山村、向荣村、宜河村、月塘村、樟木村	灵官镇
	茨冲村、芙蓉村、官陂村、龙海村、龙海镇林场、平山村、山塘村、水垅村、唐古村、万田村	龙海镇
	峰南村、山峰村、双泉村、田心村	龙市乡
	柏叶村、曾塘村、枞林村、何古村、联扩村、山口村、神州村、新塘村	牌楼乡
	黄田村、堪上村、平背村、石陂村、五渡村、向阳村、岩下村、长岗村	平背乡
	高田村	坪上乡
	渡河村、塘下村	新洲乡
	猴昙村、桐岗村、源山村	洋际乡
	大桥村、枫树村、芙塘村、高陂村、红光村、红溪村、黄泥村、乐友村、龙头村、罗山村、南湖村、排山村、司山村、新丰村、瑶泉村、永乐村、郁水村、茶山村、大马村、莲溪村、楠木村、松岗村	永乐江镇

县（市）域分村主体功能区规划根据村庄空间特征把安仁县的村庄进行了分类，这样就为针对每类行政村制定空间管制政策提供了前提。

第八节　规划实施与管理

● 一 分期建设

（一）建设时序

近期建设时间段为 2014～2020 年；中期为 2020～2025 年；远期为 2025～2030 年。

（二）近期建设规划

近期建设为 2014～2020 年，建设重点是永乐江镇的城镇生态空间的优化、生态经济的建设，以及道路升级、高速公路的建设。①城镇空间建设重点包括城镇空间的外部扩展和内部空间结构的优化调整；②生态经济的建设重点为生态农业和生态旅游的发展，包括稻田公园农业休闲综合体、宜阳河农业休闲综合体、渡口乡农业休闲综合体、承坪乡农业休闲综合体、龙海镇农业休闲综合体、关王镇农业休闲综合体、豪山乡农业休闲综合体七大农业休闲综合体的建设，以及生态旅游基础设施和主题建设；③道路升级工程建设、高速公路建设及城市内部道路系统的梳理。

二 实施保障对策

（一）经济政策保障

本书涉及面广、内容多。我国政府应针对复合生态空间规划需要，制定相关政策，建立相应的经济政策平台。首先要切实加大对复合生态空间建设和优化的投入，建立安仁县复合生态空间创建财政专项基金。统筹运用预算内资金，要将城市建设、水利、水土流失治理、生态公益林补助、环保有关专项资金和补助资金等专项资金的使用与生态市建设结合起来，对重点生态建设项目实行倾斜，统筹安排，提高资金使用效益。

（二）法制保障

分阶段制定地方性法规和政策规章，致力于制定规划内容法制化措施，努力将复合生态空间建设纳入法治轨道，以确保其建设的权威性、严肃性和延续性。严格限制不宜发展项目，合理引导资源和要素向鼓励发展产业、环境保护、社会事业、生态建设等优先项目集聚，推进空间结构调整和经济增长方式转变。

（三）技术保障

引进和培养 3S 技术、人工智能等人才，利用网络技术、先进信息技术，建立服务于安仁县复合生态空间决策支持信息系统，切实提高安仁县信息化水平，为安仁县复合生态空间建设提供科学化信息决策支持。

（四）社会监督保障

加大规划的宣传力度，为民众解读规划的好，坚持专业队伍、社会团体及公众参与相结合，积极发动、组织和引导社会团体及公众参与规划实施工作，让规划实施成为全体公民的自觉行动；建立公民监督途径，设立投诉中心和公众举报电话等监督设施，鼓励公众检举各种违反规划落实的行为，积极推行政府生态信息公开、企业环境行为公开等制度，扩大公民对规划实施的知情权、参与权和监督权。

参 考 文 献

曹靖, 王岚, 陈婷婷, 等. 2014. 从理想到现实: 城市基本生态空间构建——以《合肥市肥东县基本生态空间规划》为例[J]. 规划师, 06: 51-57.

柴彦威. 2000. 城市空间[M]. 北京: 科学出版社.

陈昌笃. 1986. 论地生态学. 生态学报, 6(4): 289-294.

陈芳, 魏怀东, 丁峰, 等. 2014. 干旱绿洲农业区社会-经济-自然复合生态系统可持续发展综合评价[J]. 中国农学通报, 30(11): 39-43.

陈亮, 王如松, 王志理. 2007. 2003 年中国省域社会-经济-自然复合生态系统生态位评价[J]. 应用生态学报, 15(8): 1794-1800.

陈述彭, 鲁学军, 周成虎. 1999. 地理信息系统导论[M]. 北京: 科学出版社.

陈小华, 张利权. 2005. 基于 GIS 的厦门市沿海岸线景观生态规划[J]. 海洋环境科学, 24(2): 53-58.

陈兴旺. 2007. 城市规划对城市复合生态系统的优化功能研究[D]. 西北大学硕士学位论文.

高军, 刘文新, 吴冬梅. 2006. 数字城市规划体系理论与实践[J]. 规划师, 22(12): 5-8.

国家发展和改革委员会. 2008. 农村基础设施建设发展报告[R]. 北京: 中国环境科学出版社.

胡继才, 万福钧. 1998. 应用模糊数学[M]. 武汉: 武汉测绘科技大学出版社.

黄秉维, 郑度, 赵名茶, 等. 1999. 现代自然地理学[M]. 北京: 科学出版社.

孔凡亭, 郗敏, 李悦, 等. 2013. 基于 RS 和 GIS 技术的湿地景观格局变化研究进展[J]. 应用生态学报, 24(4): 941-94.

李传武, 张小林, 吴威. 2010. 基于分形理论的江苏沿江城镇体系研究[J]. 长江流域资源与环境, 19(1): 1-6.

李德仁. 1997. 论 RS, GPS 与 GIS 集成的定义、理论与关键技术[J]. 遥感学报, 1(1): 64-68.

李荷, 杨培峰. 2014. 城市自然生态空间的价值评估及规划启示[J]. 城市环境与城市生态, 05: 39-43.

林毅夫. 2013. 解读中国经济[M]. 北京: 北京大学出版社.

刘超. 2014. 生态空间管制的环境法律表达[J]. 法学杂志, 05: 22-32.

刘大翔, 许文年, 黄晓乐, 等. 2009. GIS 在生态环境领域的应用研究[J]. 灾害与防治工程, (1): 57-62.

刘峻, 杨光辉, 滕弘飞. 2001. 运用系统工程方法处理复杂布局问题[J]. 机械科学与技术, 20(6): 933-935.

刘杨. 2012. 基于 SG-MA-ISPA 模型的区域可持续发展评价研究[D]. 重庆大学博士学位论文.

刘瑜. 2008. 基于模糊综合评价法的城市土地集约利用评价研究——以南通市主城区为例[D]. 南京师范大学硕士学位论文.

龙花楼. 2013. 论土地整治与乡村空间重构[J]. 地理学报, 08: 1019-1028.

陆大道，樊杰. 2012. 区域可持续发展研究的兴起与作用[J]. 中国科学院院刊，03: 290-300, 319.

陆大道，樊杰，等. 2011. 中国地域空间、功能及其发展. 北京: 中国大地出版社.

陆大道，郭来喜. 1998. 地理学的研究核心——人地关系地域系统——论吴传钧院士的地理学思想与学术贡献[J]. 地理学报，53(2): 97-105.

陆守一，唐小明，王国胜. 1998. 地理信息系统实用教程[M]. 北京: 中国林业出版社.

罗海钦. 2010. 虚拟现实系统在柳州市城市规划管理中的应用[J].测绘与空间地理信，33(1): 127-130.

马世骏，王如松. 1984. 社会-经济-自然复合生态系统[J]. 生态学报，(1), 1-8.

马世俊，王如松. 1993. 复合生态系统与持续性发展的复杂性研究[M]. 北京: 科学出版社.

裴亚波，胡英. 2001. 基于 GIS 的广州市用地管理决策支持系统[J]. 测绘通报，304(05): 18-21.

彭天杰. 1990. 复合生态系统的理论与实践[J]. 环境科学丛刊，03: 1-98.

任学昌. 2002. 兰州城市生态系统研究[D]. 西南交通大学硕士学位论文.

沈渭寿，张慧，邹长新，等. 2010. 区域生态承载力与生态安全研究[M]. 北京: 中国环境科学出版社.

隋志坚. 2007. 固原市县域人口与经济资源相对承载力分析[J]. 商情（教育经济研究），02: 185-186.

孙家炳，舒宁，关泽群. 1997. 遥感原理、方法和应用[M]. 北京: 测绘出版社.

孙露，耿涌，刘祚希，等. 2014. 基于能值和数据包络分析的城市复合生态系统生态效率评估[J]. 生态学杂志，33(2): 462-468.

唐文周. 1998. 我国遥感地质工作的现状和近期展望[J]. 国土资源遥感，2: 26-29.

唐颖璐. 2013. 多尺度土地资源配置研究[D]. 昆明理工大学博士学位论文.

仝致琦，谷蕾，马建华. 2012. 关于环境科学基本理论问题的若干思考[J]. 河南大学学报（自然科学版），02: 167-173, 197.

王宝钧，宋翠娥，傅桦. 2009. 城市生态空间与城市生态腹地研究[J]. 河北师范大学学报（自然科学版），33(6): 825-830.

王金山，谢家平. 1996. 系统工程基础与应用[M]. 北京: 地质出版社.

王如松. 2000. 转型期城市生态学前沿研究进展[J]. 生态学报，20(5): 836.

王如松，欧阳志云. 2012. 社会-经济-自然复合生态系统与可持续发展[J]. 中国科学院院刊，03: 254, 337-345, 403-404.

王勇，王隽. 2002. 规划用地红线的数字化管理[J]. 地球科学-中国地质大学学报，27(03): 315-317.

邬建国. 2000. 景观生态学——概念与理论[J]. 生态学杂志，01: 42-52.

吴兆录. 1994. 生态学的发展阶段及其特点[J]. 生态学杂志，05: 67-72.

肖青. 2008. 组件 GIS 二次开发技术研究[J]. 软件导刊，7(11): 148-150.

严金明. 2002. 简论土地利用结构优化与模型设计[J]. 中国土地科学，(8): 20-25.

杨承训，杨承谕. 2015. 试论城乡连体循环大农业——基于生态空间结构立体视阈[J]. 中国农村经济，08: 4-10.

杨宏鹏，王阿川，王妍玮. 2008. GIS 二次开发方法与实现[J]. 信息技术，8: 65-66.

杨士弘. 2003. 城市生态环境学[M]. 北京: 科学出版社.

彩 图

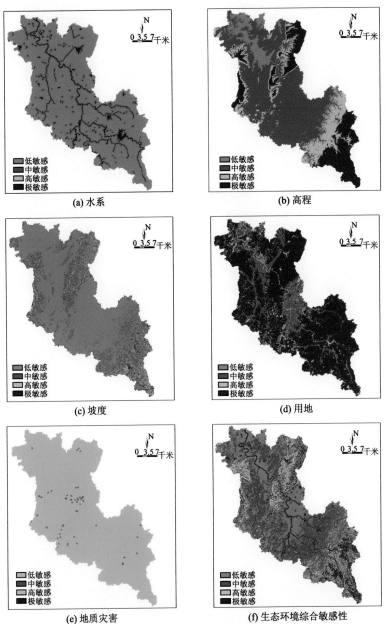

(a) 水系

低敏感
中敏感
高敏感
极敏感

(b) 高程

低敏感
中敏感
高敏感
极敏感

(c) 坡度

低敏感
中敏感
高敏感
极敏感

(d) 用地

低敏感
中敏感
高敏感
极敏感

(e) 地质灾害

低敏感
中敏感
高敏感
极敏感

(f) 生态环境综合敏感性

低敏感
中敏感
高敏感
极敏感

图 3-2　安仁县生态敏感性各因素分析图

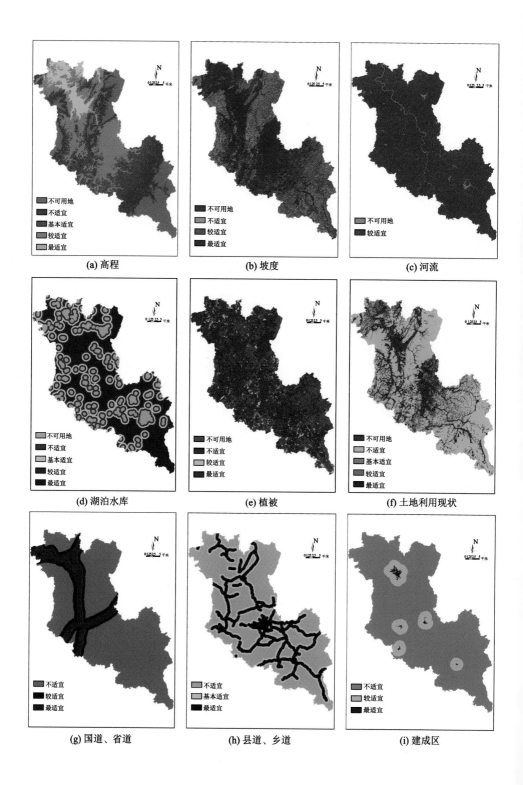

(a) 高程　　　　　　　　(b) 坡度　　　　　　　　(c) 河流

(d) 湖泊水库　　　　　　(e) 植被　　　　　　　　(f) 土地利用现状

(g) 国道、省道　　　　　(h) 县道、乡道　　　　　(i) 建成区

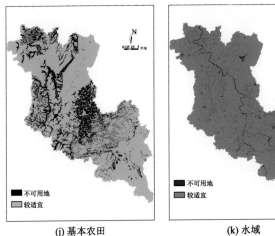

(j) 基本农田   (k) 水域

图 3-3　单因子评价结果图

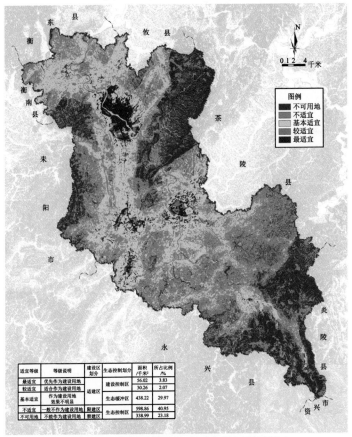

适宜等级	等级说明	建设区划分	生态控制划分	面积/千米²	所占比例/%
最适宜	优先作为建设用地	适建区	建设控制区	56.02	3.83
较适宜	适合作为建设用地			30.26	2.07
基本适宜	作为建设用地效果不明显		生态缓冲区	438.22	29.97
不适宜	一般不作为建设用地	限建区	生态控制区	598.86	40.95
不可用地	不能作为建设用地	禁建区		338.99	23.18

图 3-4　安仁县用地生态适宜性评价结果

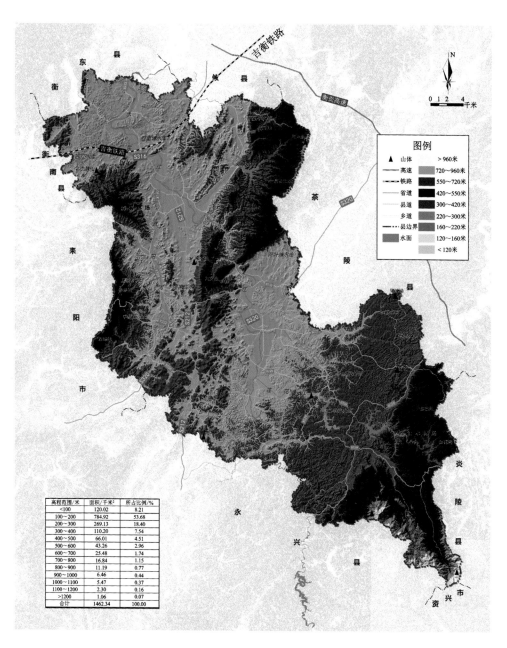

高程范围/米	面积/千米²	所占比例/%
<100	120.02	8.21
100~200	784.92	53.68
200~300	269.13	18.40
300~400	110.20	7.54
400~500	66.01	4.51
500~600	43.26	2.96
600~700	25.48	1.74
700~800	16.84	1.15
800~900	11.19	0.77
900~1000	6.46	0.44
1000~1100	5.47	0.37
1100~1200	2.30	0.16
>1200	1.06	0.07
合计	1462.34	100.00

图 8-2 安仁县地形地貌图

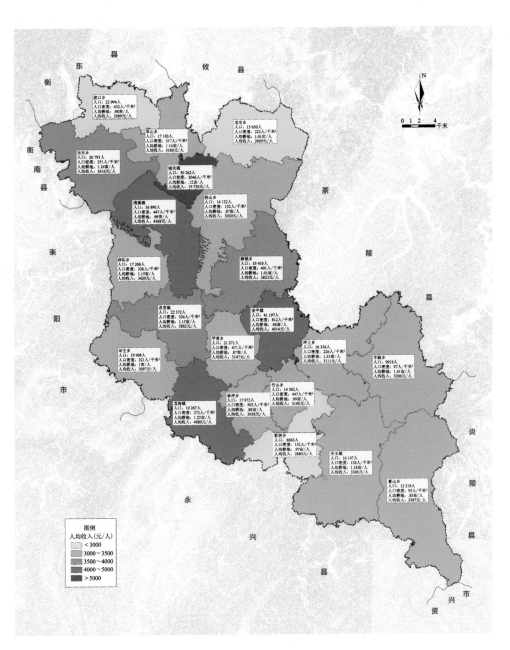

图 8-3　安仁县人口经济分布图

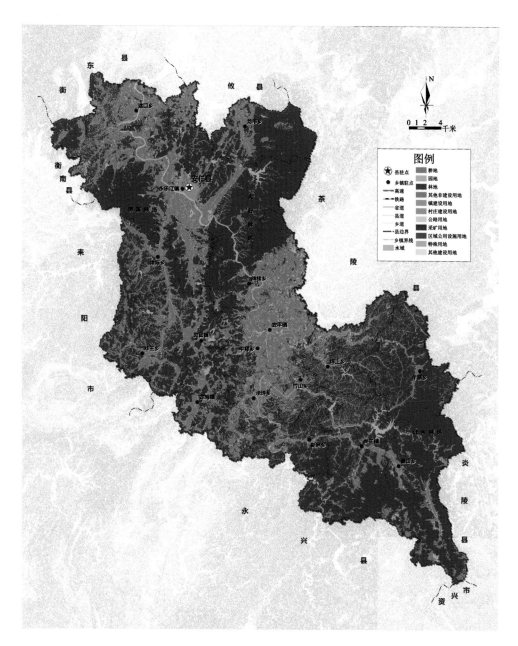

图 8-4 安仁县土地利用现状图

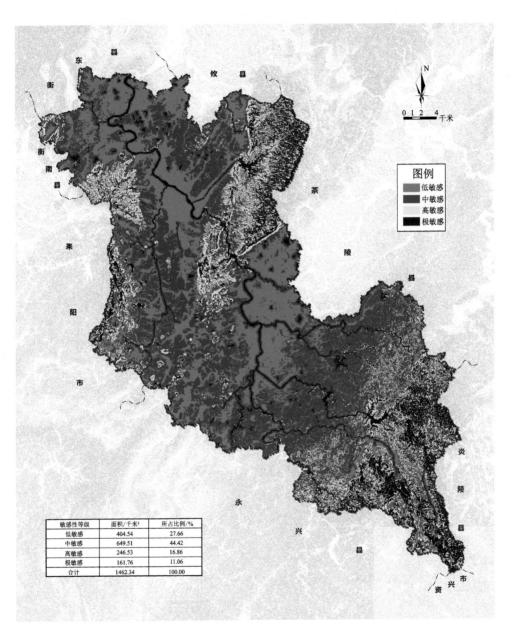

敏感性等级	面积/千米²	所占比例/%
低敏感	404.54	27.66
中敏感	649.51	44.42
高敏感	246.53	16.86
极敏感	161.76	11.06
合计	1462.34	100.00

图 8-5 安仁县生态敏感性分析图

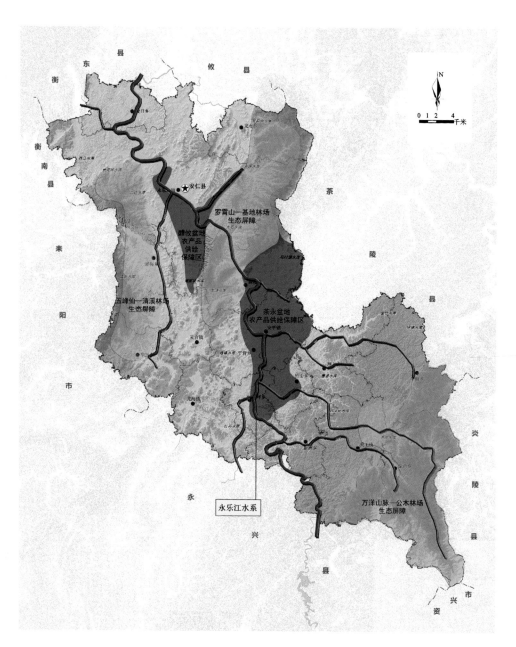

图 8-6　安仁县生态安全格局图

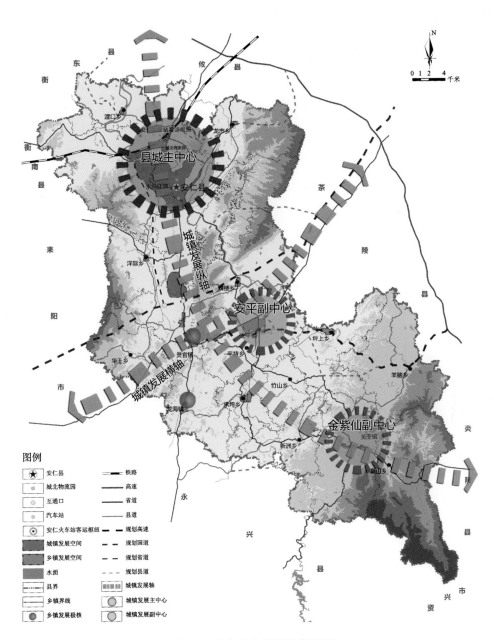

图 8-7 安仁县空间发展格局图

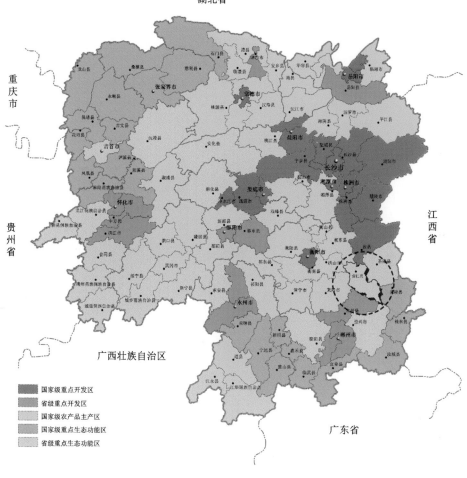

（a）

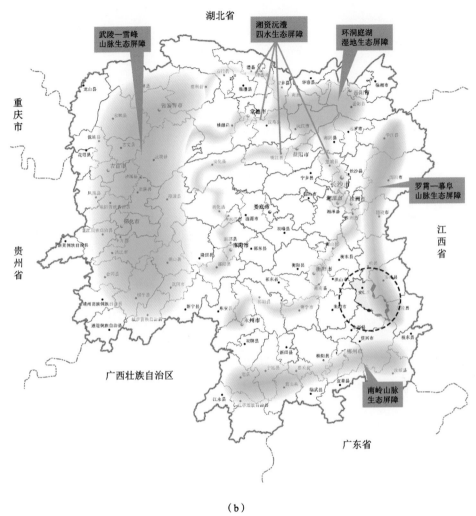

（b）

图 8-8　安仁县在湖南省主体功能区定位图

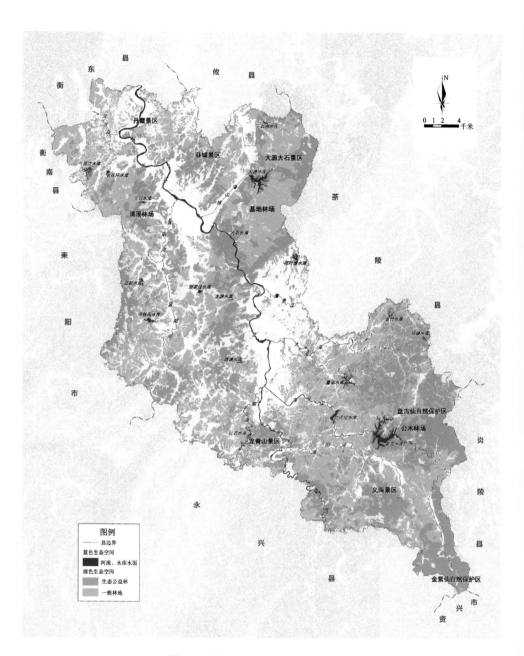

图 8-9　安仁县自然生态空间现状图

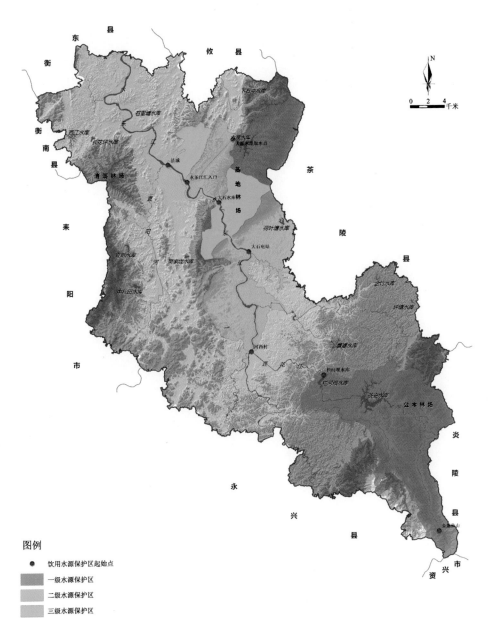

图例

● 饮用水源保护区起始点

　一级水源保护区

　二级水源保护区

　三级水源保护区

图 8-10　安仁县水源保护规划图

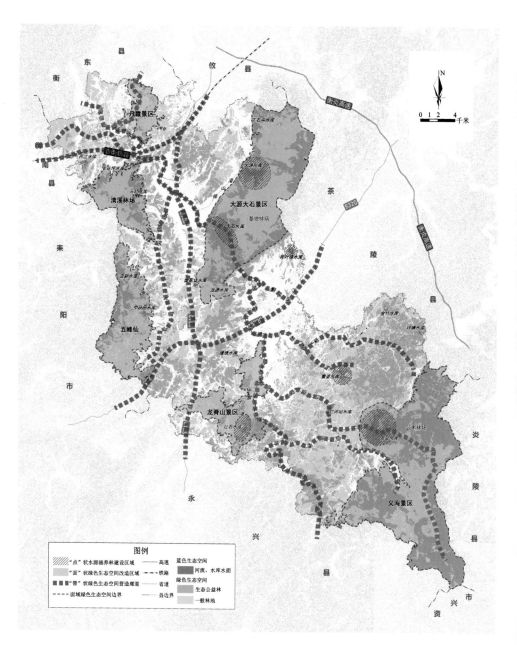

图 8-11 安仁县绿色生态空间规划图

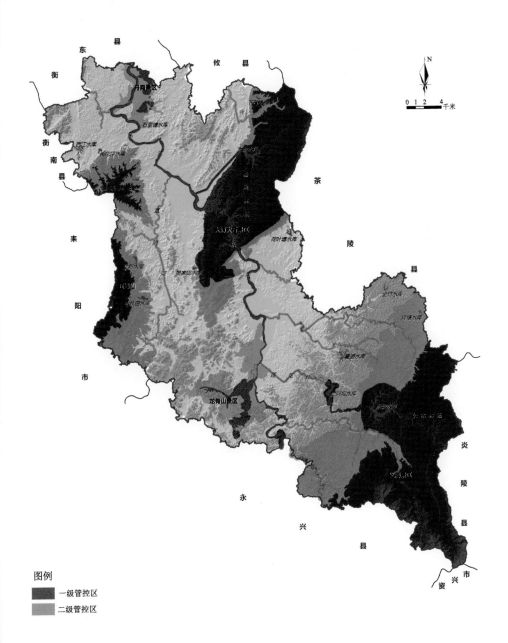

图例

■ 一级管控区

■ 二级管控区

图 8-12 安仁县自然生态红线保护规划

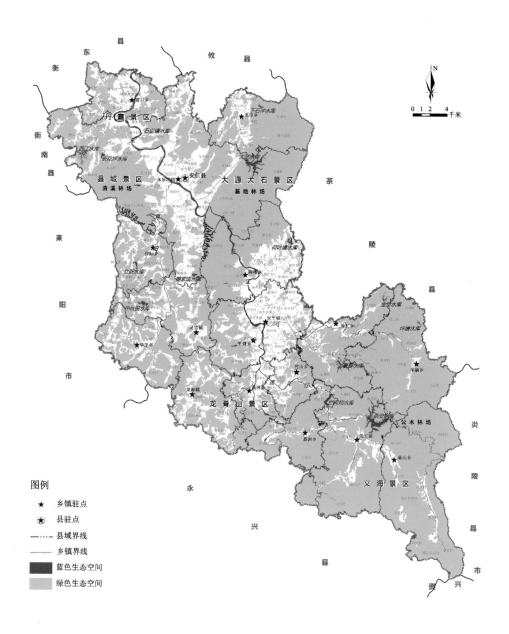

图 8-13 安仁县自然生态空间规划图

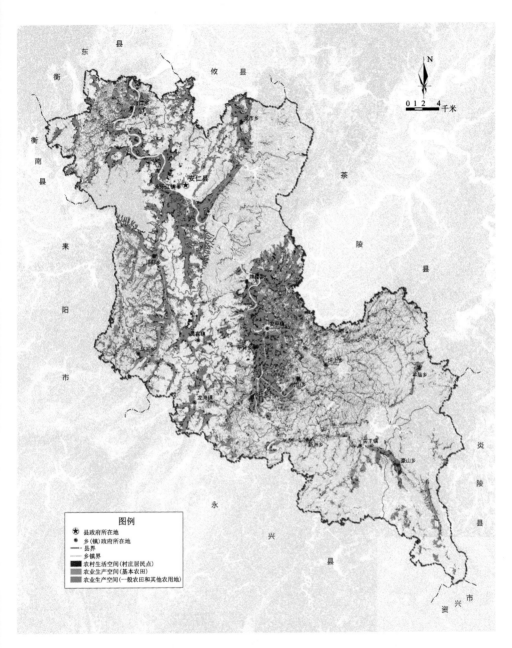

图 8-14　安仁县农业生态空间现状图

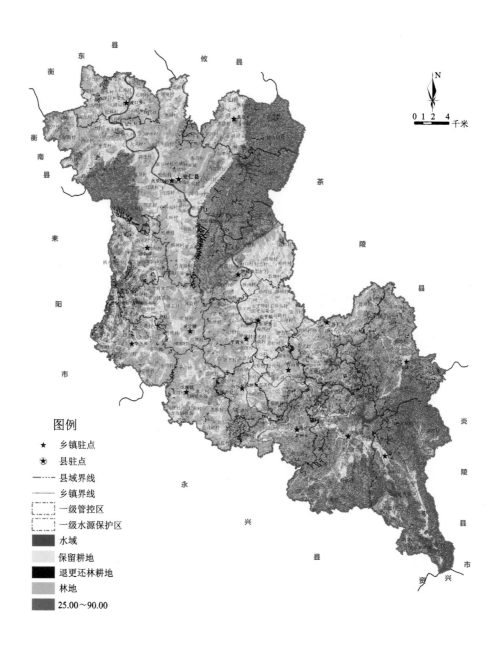

图 8-15　安仁县退耕还林规划图

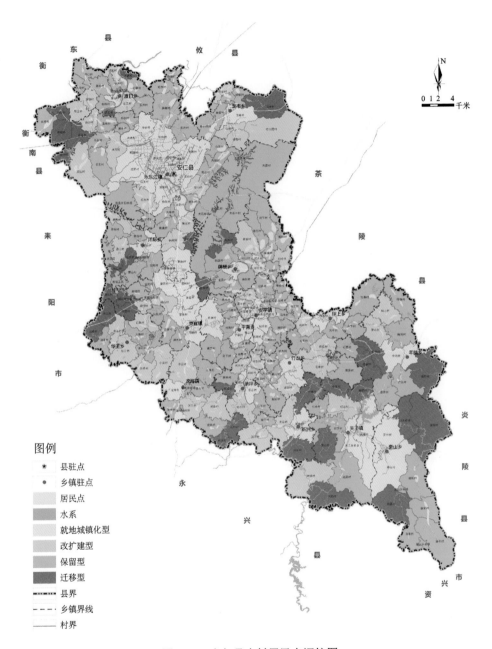

* 县驻点
• 乡镇驻点
居民点
水系
就地城镇化型
改扩建型
保留型
迁移型
▪▪▪ 县界
--- 乡镇界线
—— 村界

图 8-16　安仁县农村居民点调控图

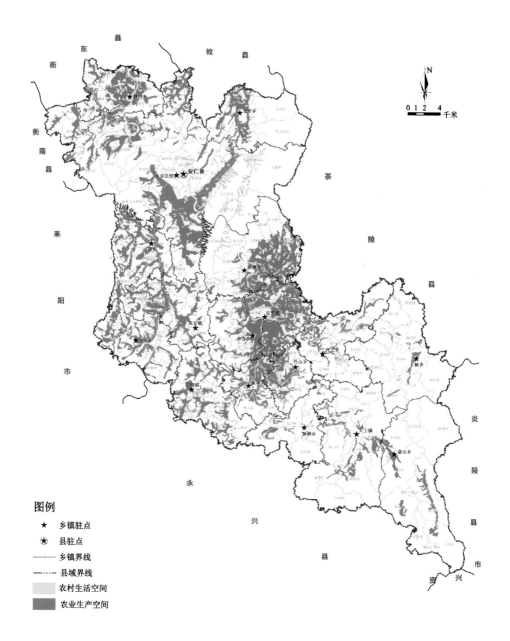

图例

★ 乡镇驻点

✪ 县驻点

········ 乡镇界线

─··─ 县域界线

▨ 农村生活空间

▨ 农业生产空间

图 8-17　安仁县农业生态空间规划图

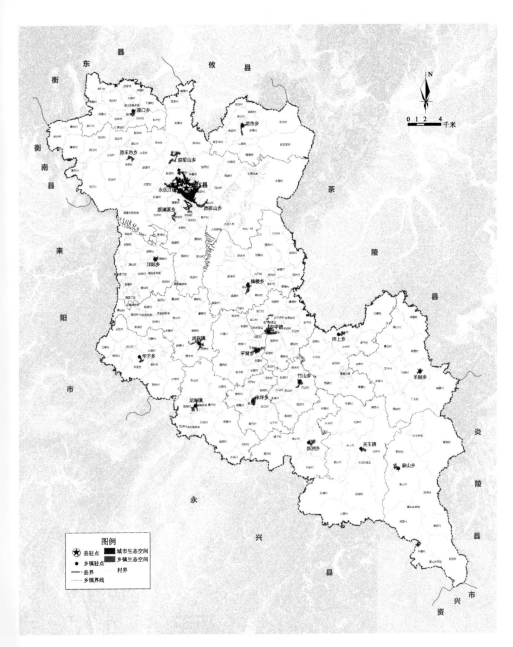

图 8-18　安仁县城镇生态空间现状图

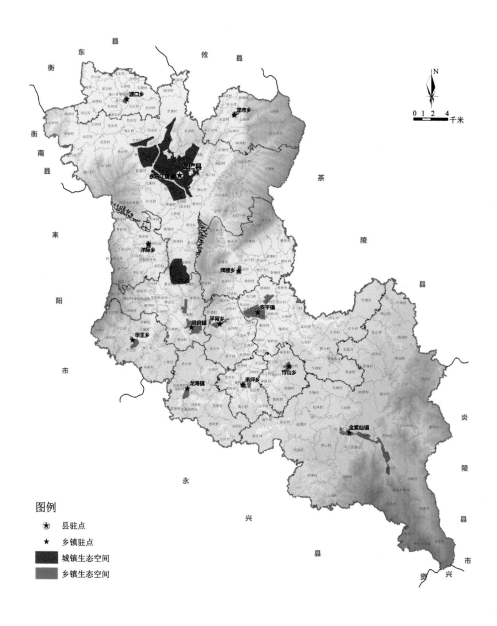

图 8-19　安仁县城镇生态空间规划图

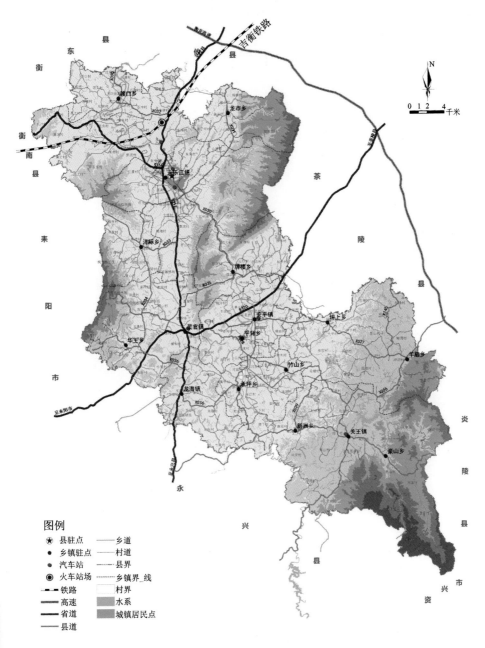

图例

★ 县驻点　　　—— 乡道
● 乡镇驻点　　—— 村道
● 汽车站　　　---- 县界
◎ 火车站场　　----- 乡镇界_线
—■— 铁路　　　□ 村界
—— 高速　　　▨ 水系
—— 省道　　　▧ 城镇居民点
—— 县道

图 8-20　安仁县交通设施空间现状图

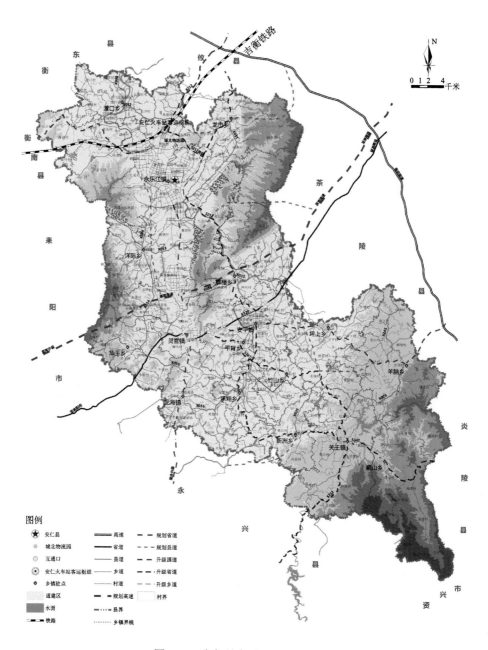

图 8-21 安仁县交通设施空间规划图

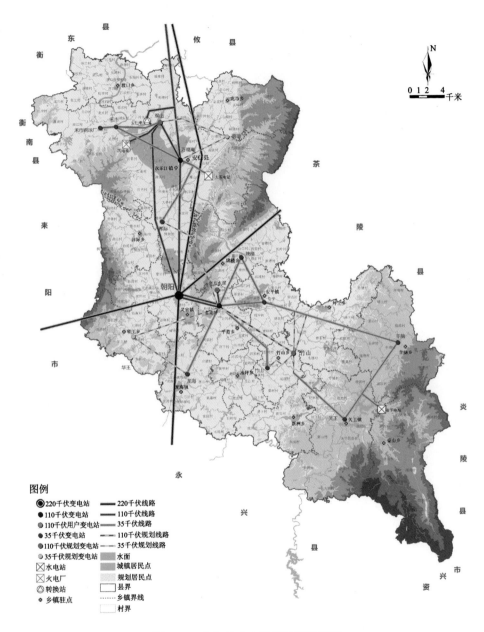

图 8-22 安仁县电力设施空间规划图

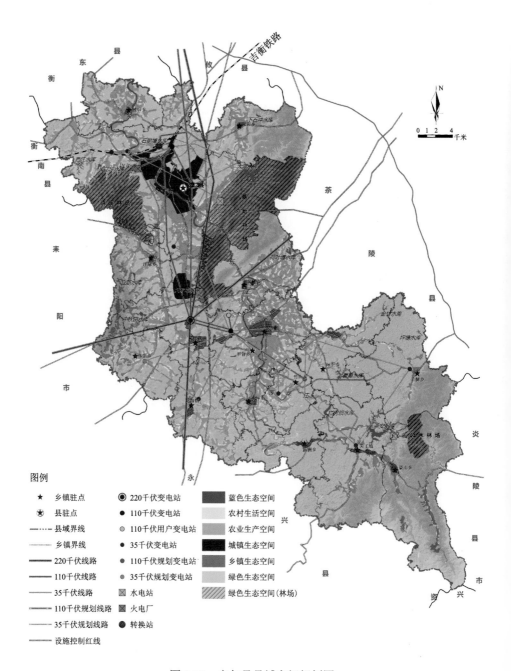

图 8-23　安仁县县域空间规划图

图例

★ 乡镇驻点	◉ 220千伏变电站	蓝色生态空间
✪ 县驻点	● 110千伏变电站	农村生活空间
—·—·— 县域界线	○ 110千伏用户变电站	农业生产空间
········· 乡镇界线	● 35千伏变电站	城镇生态空间
—— 220千伏线路	◉ 110千伏规划变电站	乡镇生态空间
—— 110千伏线路	○ 35千伏规划变电站	绿色生态空间
—— 35千伏线路	⊠ 水电站	绿色生态空间(林场)
—— 110千伏规划线路	⊠ 火电厂	
—— 35千伏规划线路	● 转换站	
—— 设施控制红线		

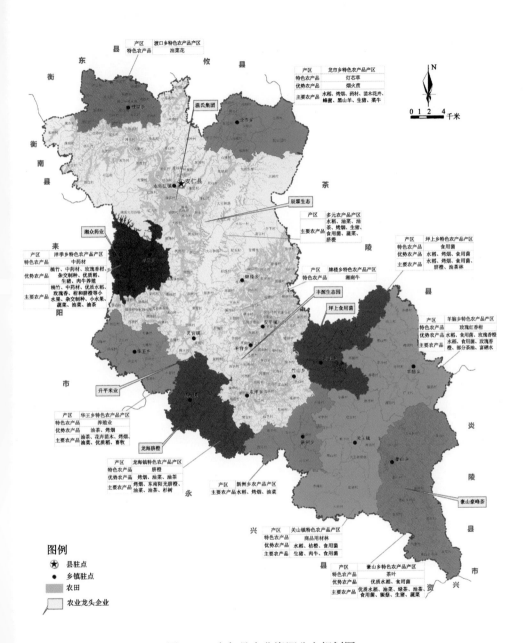

图 8-24　安仁县农业资源分布规划图

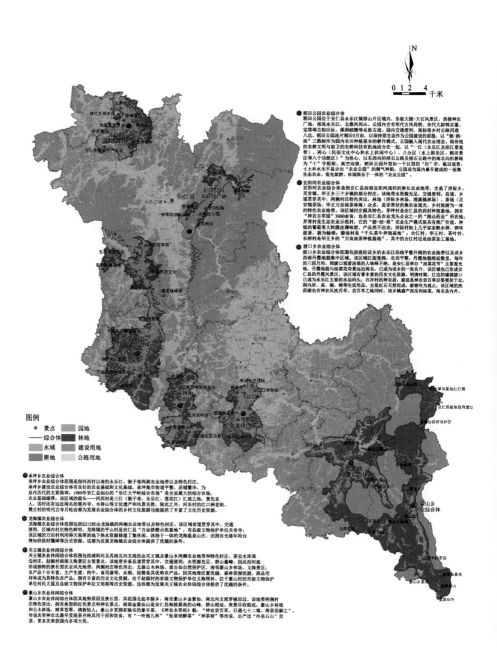

图 8-25 安仁县农业休闲综合体规划图

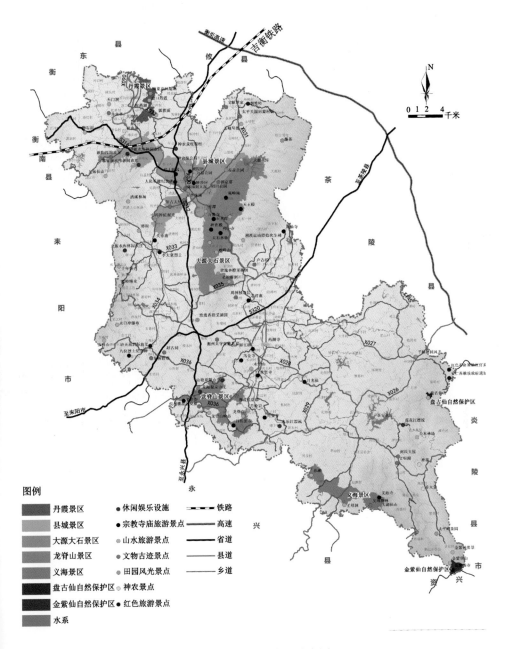

图 8-26　安仁县旅游资源分布图

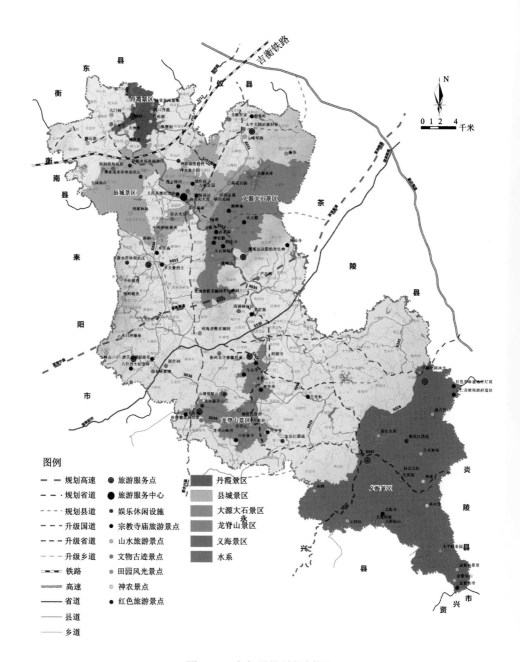

图例

- ‑‑ 规划高速
- ‑‑ 规划省道
- ‑‑ 规划县道
- ‑‑ 升级国道
- ‑‑ 升级省道
- ‑‑ 升级乡道
- ━ 铁路
- ▓ 高速
- ━ 省道
- ━ 县道
- ━ 乡道

- ◉ 旅游服务点
- ● 旅游服务中心
- ◆ 娱乐休闲设施
- ◈ 宗教寺庙旅游景点
- ○ 山水旅游景点
- ✿ 文物古迹景点
- ◉ 田园风光景点
- ○ 神农景点
- ● 红色旅游景点

- 丹霞景区
- 县城景区
- 大源大石景区
- 龙脊山景区
- 义海景区
- 水系

图 8-27　安仁县旅游规划图

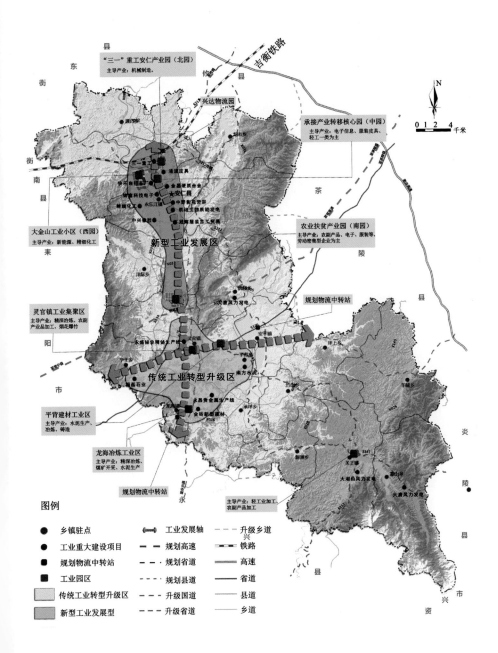

县
东

衡

"三一"重工安仁产业园(北园)
主导产业:机械制造。

兴达物流园

吉衡铁路

承接产业转移核心园(中园)
主导产业:电子信息、服装皮具、
轻工一类为主

N

0 1 2 4 千米

衡
南
县

三重工
快所信程电
金属硬质合金
铸密科技电子
水东江电
精细化工
中兴微腔

安仁县
中野新质贸屏
机械生物质能发电
基础服装加工贸易

茶

陵

大金山工业小区(西园)
主导产业:新能源、精细化工

新型工业发展区

农业扶贫产业园(南园)
主导产业:农副产品、电子、服装等,
劳动密集型企业为主

县

莱

X031

洋际乡

灵宫镇工业集聚区
主导产业:精深冶炼、农副
产业品加工、烟花爆竹

朔岭乡乡

大唐风力发电

规划物流中转站

洋乐乡

X045

阳

市

永盛铀业精铀生产线

交商镇

S315

安平镇

X038

传统工业转型升级区

南方流

承洋乡

福盛石业

永昌贵金属生产线

金转新型建材

X036

平背建材工业区
主导产业:水泥生产、
冶炼、铸造

新塘乡

关王镇

S347

龙海冶炼工业区
主导产业:精深冶炼、
煤矿开采、水泥生产

炎

陵

大湖山风力发电

澌山乡

大唐风力发电

规划物流中转站

永

主导产业:轻工业加工、
农副产品加工

S312

县

兴

图例

兴

县

资

● 乡镇驻点   ▨ 工业发展轴   ---- 升级乡道
● 工业重大建设项目   — — 规划高速   ▥▥ 铁路
■ 规划物流中转站   — — 规划省道   == 高速
■ 工业园区   ---- 规划县道   — 省道
▢ 传统工业转型升级区   — — 升级国道   — 县道
▨ 新型工业发展型   — — 升级省道   — 乡道

市

图 8-28 安仁县工业空间结构规划图

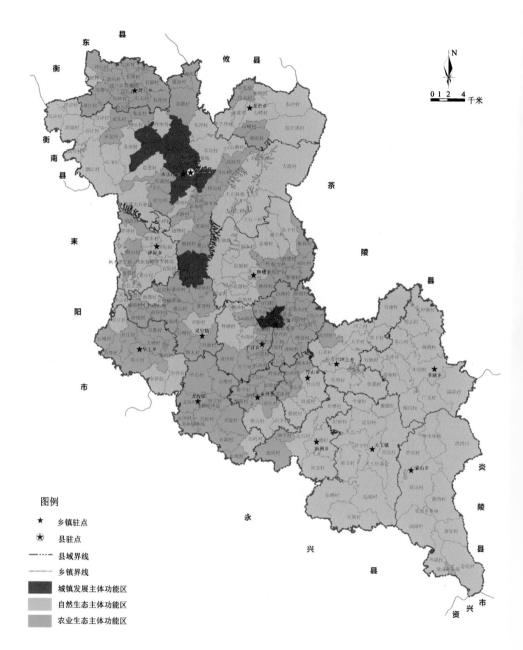

图 8-29 安仁县村庄主体功能区划图